经典名著小书包

姚青锋　主编

给孩子读的国外名著 ①

伊索寓言

［古希腊］伊索◎著　胡　笛◎译　书香雅集◎绘

当代世界出版社
THE CONTEMPORARY WORLD PRESS

图书在版编目（CIP）数据

伊索寓言 /（古希腊）伊索著；胡笛译 . -- 北京：
当代世界出版社, 2021.7
（经典名著小书包：给孩子读的国外名著 . 1）
ISBN 978-7-5090-1580-3

Ⅰ . ①伊… Ⅱ . ①伊… ②胡… Ⅲ . ①寓言 – 作品集
– 古希腊 Ⅳ . ① I545.74

中国版本图书馆 CIP 数据核字 (2020) 第 243356 号

给孩子读的国外名著.1（全5册）

书　　名：伊索寓言
出版发行：当代世界出版社
地　　址：北京市东城区地安门东大街70-9号
网　　址：http://www.worldpress.org.cn
编务电话：（010）83907528
发行电话：（010）83908410（传真）
　　　　　13601274970
　　　　　18611107149
　　　　　13521909533
经　　销：新华书店
印　　刷：三河市德鑫印刷有限公司
开　　本：700毫米×960毫米　　1/16
印　　张：8
字　　数：85千字
版　　次：2021年7月第1版
印　　次：2021年7月第1次
书　　号：ISBN 978-7-5090-1580-3
定　　价：148.00元（全5册）

打开世界的窗口

　　书籍是人类进步的阶梯。一本好书，可以影响人的一生。

　　历经一年多的紧张筹备，《经典名著小书包》系列图书终于与读者朋友见面了。主编从成千上万种优秀的文学作品中挑选出最适合小学生阅读的素材，反复推敲，细致研读，精心打磨，才有了现在这版丛书。

　　该系列图书是针对各年龄段小学生的阅读能力而量身定制的阅读规划，涵盖了古今中外的经典名著和国学经典，体裁有古诗词、童话、散文、小说等。这些作品里有大自然的青草气息、孩子间的纯粹友情、家庭里的感恩瞬间，以及历史上的奇闻趣事，语言活泼，绘画灵动，为青少年打开了认识世界的窗口。

　　青少年时期汲取的精神营养、塑造的价值观念决定着人的一生，而优秀的图书、美好的阅读可以引导孩子提高学习技能、增强思考能力、丰富精神世界、塑造丰满人格。正如我国著名作家赵丽宏所说："在黑夜里，书是烛火；在孤独中，书是朋友；在喧嚣中，书使人沉

静；在困慵时，书给人激情。读书使平淡的生活波涛起伏，读书也使灰暗的人生荧光四溢。有好书做伴，即使在狭小的空间，也能上天入地，振翅远翔，遨游古今。"

多读书，读好书。希望这套《经典名著小书包》系列图书能够给青少年朋友带来同样的感受，领略阅读之美，涂亮生命底色。

本书主编

2021年5月

目录
CONTENTS

狗和他的影子

　　有一天，狗从肉铺偷偷叼走了一大块肥肉，急急忙忙往家跑，准备好好享用。但过河的时候，他忽然看见水里也有一只狗，也叼着一块似乎更大的肥肉。狗望着水中那只狗叼着的肉，馋得口水都要流下来了，便凶恶地朝他扑了过去，想将狗嘴里的肥肉夺过来，结果却一头扎进了水里，连他嘴里的肉也掉进了水中，被湍急的河水冲走了。

　　寓意：不论在什么情况下，都不能过于贪心。

会下金蛋的鸡

很久以前，有一个运气特别好的人生活在森林边。他养了一只十分奇特的鸡，这只鸡每次下的蛋都是一只金灿灿的金蛋。邻居们对此不知道有多羡慕。但是，他却觉得每天只能收获一颗金蛋，实在太少了，他十分渴望自己可以迅速拥有更多财富。

他想，既然这只鸡可以生金蛋，那么它的肚子里肯定藏有很多黄金。于是，他就跟老婆商量，一起动手将这只鸡杀死了，并果断地将鸡腹部剖开，希望可以获得更多黄金。可是，他们找来找去却发现这只鸡和其他鸡没有什么不同，肚子里根本就没有黄金。最终，这对贪婪的夫妇不仅失去了那只奇特的鸡，也失去了金蛋。

寓意：贪婪会使人变得残忍，甚至使人失去已拥有的一切。

蝰蛇和锉刀

有一天，一只蝰蛇乞讨时钻入了一家铁匠铺，铺子里的各种工具都前来解囊相助。没过多久，蝰蛇便获得很多接济，他心里十分高兴。

他看到锉刀还没送他东西，就跑到对方跟前乞讨。锉刀不仅没送给他，还说起了风凉话："你真是自讨无趣！要东西都要到我头上来了？难道你没有听说过我从不施舍的吗？"

寓意：想要让吝啬鬼贡献一点东西，是根本不可能的。

驴的影子

一个年轻人从赶驴人那里雇了一匹驴，想要骑驴去麦加赶赴盛会。

天气燥热，太阳火辣辣地炙烤着大地。年轻人和赶驴人都浑身大汗，便停下来歇了一会儿。附近实在没有什么遮阳的地方，只有驴影子里略微凉快些，于是年轻人便坐在了影子里。赶驴人马上生气了，想要把他赶走。

赶驴人冲着年轻人高声叫嚷，说他没有权利独享这份好处。年轻人听完立刻火冒三丈地问："这头驴究竟是不是我雇的？"

赶驴人愤怒不已地答道："没错，是你租的，但你只是租了那匹驴，可并没有租驴影子所在的那块地啊！"

两人互不相让，扭打了起来。就在他们大打出手的时候，驴却悄悄地溜走了。

寓意：人们通常会为了一点小事斤斤计较，从而在不经意间丢了最重要的东西。

卖雕像的人

有个人带着赫耳墨斯的雕像去集市上出售。由于没有遇见一个买主，他便大声叫卖起来。他说，他卖的雕像是财神，不管被谁买去，财神都可以庇佑他财运亨通、财源滚滚。

一位路人说："朋友，财神如果真像你说得那样可以使人财运亨通，你为什么还要卖掉他呢？"

他一脸正色地答道："噢，这么跟你说吧，朋友。我现在非常需要现金，而财神的巨大恩赐是会持续不断的。"

寓意：这个故事是在讽刺那些为了自身利益而不择手段的人。

三个手艺人

很久以前，有座城市遭到敌人的攻击，情况十分紧急。国王立即将城里的居民召集起来，讨论如何护城抗敌，人们都踊跃献计献策。就在这时，一个年纪不大的泥瓦匠站了出来，并说砖头是用来护城的最好材料。一个木匠听了这话，马上表态说最好选择木头。就在两人吵得不可开交的时候，一个皮匠连忙站出来打断他们的话，他说："请安静一下，你们已经把你们想说的话都说了，现在轮到我了。世界上所有的材料都不如皮子好。"就在大家争吵得没完没了的时候，

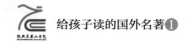

城被攻破了。

寓意：有些人总是先从自身角度思考问题，太过于自我，以至于过分高估自己的能力，导致受挫。

守财奴

一个财主变卖了所有的家产，换成了大量金子并将其藏到了一个隐秘的深洞里。可是，财主对这个隐藏之地非常不放心，经常要去查看一下金子是否还在。财主的行为终于被好奇的长工盯上了，他心里算准了洞里肯定藏着值钱的东西。

一天，财主刚刚离开藏金子的地方，长工便马上溜了过来，偷走了所有金子。第二天，财主发现洞里所有金子都没了，十分难过地痛哭起来。一个邻居听到以后过来询问这件事，然后劝慰道："朋友，不必太难过，你可以随意找来一些石子埋在这里，将它当作你的那些金子，反正你也不准备使用这些金子。"

寓意：财物的价值体现在使用之中，如果不使用，就算是金子也失去了价值。

一个男人和他的两个妻子

　　很久之前，一个头发花白的中年男人娶了一老一少两位妻子。这两个女人和他的感情都很好。

　　年轻妻子恰是青春年纪，希望丈夫可以看起来跟她一样年轻。另一个妻子年纪大一些，常常忧心丈夫与自己不般配而遭遇冷落。于是，年轻妻子一看到丈夫的白头发就马上给他拔掉，而年纪大些的妻子则对丈夫的每根黑发都难以接受。

　　每天一大早，两个妻子都会一起为他梳理头发，并分别将他的黑发与白发拔去。男人尽管非常痛苦，但一想到两位妻子都这么爱他，也就不去在意什么了。可是，一天清早，男人忽然发现，自己的头发已经被拔得一根不剩了。

　　寓意：如果脚踩两只船，最后通常什么都得不到。

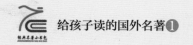

贪吃的狐狸

一只肚子饿得咕咕叫的狐狸在森林里到处转悠，他已经三天没吃一点东西了。忽然之间，他发现牧羊人储存在树洞里的面包和肉，于是喜出望外，用尽浑身解数挤进树洞里，大口大口地吃了起来。狐狸一口气将所有食物都吃了个精光，肚皮撑得像个大大的西瓜。他心满意足地腆着鼓胀的肚皮准备从树洞里钻出来，可这时却发现不管怎么钻都钻不出来。猎人可能过一会儿就要回来了，狐狸后悔得肠子都要青了。

另一只狐狸发现了卡在洞穴里的狐狸，不禁说起了风凉话："老兄，你还是老老实实待在树洞里吧，等你的肚子瘦下去再出来。那有什么难的！"

寓意：凡事都不可太贪婪，否则一定会付出沉重代价。

狮子和报恩的老鼠

一天，狮子躺在洞穴里呼呼大睡，一只小老鼠一不留神掉进了洞里，正好摔在了狮子的鼻子上。狮子十分生气，一把抓住这只小老鼠，打算一口吃掉他。老鼠向狮王苦苦乞求："大王，请您别生气，放过我吧。只要您留我一条命，总有一天我会报答您的恩情。"狮子

不屑地大笑起来，便顺手放走了小老鼠。

没过多长时间，狮子在树林里寻找食物的时候，一不留神掉进了猎人的捕网，身体和脚爪都被绳索套得牢牢的。狮子拼尽全身力气挣扎，绳套却似乎越来越紧，没有一点逃脱的希望。老鼠听到狮子绝望的哀嚎，马上赶到现场，麻利地用尖利的牙齿咬断绳结，很快就把狮子放了出来。

寓意：有时候强者也需要弱者的帮助。

捕鸟人和云雀

一个捕鸟人找到一片空地，支了一张网，又在网下撒了一些谷子，准备捕鸟。

一只云雀看见网后好奇心大发，便问他："你这是打算做什么呢？"

"我正打算在这儿建造一座新宫殿。"捕鸟人话音刚落，便走开藏了起来。

可怜的云雀对捕鸟人所说的话一点也不怀疑，马上飞到网下吃起了谷子。可是，他立即发现有条绳索已经牢牢地套住了他的腿。云雀十分气愤地指责捕鸟人："你这个家伙真是太狡诈了！你建造的宫殿肯定不会有人来住的。"

寓意：做事时若不假思索，吃亏上当便在所难免。

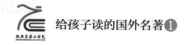

驴和狼

驴悠闲地在草场上吃草，忽然发现一只狼正虎视眈眈地盯着他，于是马上装作瘸子，一瘸一拐地走起路来。狼朝他扑了过来，正准备吃他的时候，好奇地问他为什么脚瘸了。驴说，他经过一片篱笆的时候，一不留神脚上扎了一根尖刺，吃他之前最好先将刺拔出来，免得卡住了喉咙。

驴的劝告果然奏效，于是狼抬起驴子的脚，聚精会神地寻找驴蹄上的尖刺。驴子看准时机，拼尽全力踢了狼一脚，狼的下巴受伤，牙也被踢掉了。趁此机会，驴赶紧跑掉了。

狼护着受伤的下巴，十分难过地说："我真是头脑发昏了。我的父亲只传授过我做屠夫的本事，我为什么要逞能去当医生呢？"

寓意：做自己不擅长的事，难免会自食苦果。

狮子和狐狸打猎

为了获取更多猎物填饱肚子，狐狸和狮子好好地商议了一番，并制定了协议，根据各自的优势和能力各尽其责。狐狸负责搜寻猎物，狮子的职责则是对猎物追捕、猎杀。

可是，到了分配猎物的时候，狮子仅将一点点猎物分给狐狸。时

间久了，狐狸对狮子越来越不满。他觉得自己的本领与狮子相比，一点都不逊色。而他再也不乐意搜寻猎物了，他

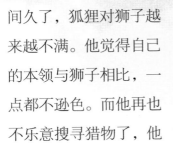

说从今以后他只负责捕猎。第二天，当他独自去偷袭羊群时，不料却被猎人擒获了。

寓意：千万不要做自己能力范围之外的事。有些事情需要合作，只有合作才能成功。

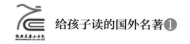
牧羊人和大海

　　一个牧羊人引着他的羊来到海边放牧，看着风平浪静的大海突然产生了一个念头——他要去航海。于是他卖掉所有的羊，买了许多

枣，将枣装上船便起航了。可是，他的船尚未行驶多远，突然海上狂风大作，巨大的浪涛掀翻了他的船，他的枣和财产一起沉到了海底。牧羊人九死一生，终于捡回了一条命。

过了一段时间，牧羊人在海边遇到了朋友。朋友看着风平浪静的大海，夸赞大海的温柔宁静，牧羊人马上说道："大海表面好似平静如水，实际却波涛汹涌。它正准备吞掉你的财物呢。"

寓意：任何事物都有两面性。我们应以积极的眼光看待所有事物，但也要注意不好的一面。

驴和哈巴狗

一个农夫喂养了一头驴和一只哈巴狗。驴一直生活在驴厩里，那里的燕麦和干草可以随意吃，日子过得还算不错。哈巴狗一直追随主人，每天东奔西跑，摇尾乞怜。主人对他十分宠爱，伙食自然很好。

一段时间过后，驴开始不满起来。尤其当他看见哈巴狗懒懒地趴在主人膝盖上，主人用手爱怜地抚摸着他，心中的怒火更加不可遏制了。一想到他每天都要辛勤劳作，做很多农活儿，白天拉木头，夜里推磨，驴心中的不满便越积越多，时不时地抱怨自己命苦。

一天，驴看见哈巴狗正在主人身边自在地踱着步，便想同他比试一下究竟谁更能得到主人的宠爱。驴用力挣脱缰绳，一下子冲到主人屋里，模仿哈巴狗的模样，甩着尾巴又蹦又跳。他一脚跳上主人的桌子，却没想到力气太大踢坏了桌子，桌上所有的盘子和碗都摔得粉碎。然后他又一下子跳到主人的背上，用他那笨拙的蹄脚蹬踹着主人。

就在驴子肆无忌惮撒野的时候，仆人们都急忙赶了过来，救下了主人，并操起棍棒使劲儿抽打他。驴被打了个半死，躺在地上动弹不得。此刻，他后悔不已地喘息道："我为什么不安心地过我自己的日子，非要去学一只没用的小狗呢？我真是自作孽啊！"

寓意：别去羡慕别人，适合别人的东西未必适合自己。

一只老狮子

　　一只年纪很大的狮子衰弱地躺在草地上，吃力地喘着粗气，往日的威风和霸气早已消失得无影无踪。一只野猪见此情景，便立刻来到狮子身边，用长长的獠牙用力戳他，以报复狮子曾经对他的伤害。过了没多久，一头野牛也前来报复他曾经的死对头，用他的尖角顶狮子的身体，以消解积压已久的怒气。一头瘦小的驴刚好从这里经过，看见以往威风凛凛的狮子此刻毫无还手之力，便一边用蹄子踢狮子的头，一边用难听的话羞辱狮子。垂死的狮子愤怒地吼叫起来："我向来忍受不了那些猛兽对我的羞辱，现在却要忍受你们这种下三滥的凌辱。我真是生不如死啊！"

　　寓意：小朋友应从小学会谦虚谨慎，不能骄傲自大，更不能称霸。

狗和厨师

　　一天，一个富人举行宴会，邀请很多好友参加。他的狗也悄悄地邀请了自己的朋友。

　　那只被邀请的狗高兴极了，他兴致高昂地想着："真是太棒了！这种机会可不是经常能遇到的。今晚我一定要吃个痛快，这样明天都不会饿了。"他得意忘形，一边摇着尾巴一边暗自庆幸。谁知，一个厨子意外看见了这只狗，并快步冲过去，一把抓住他的腿，把他从窗

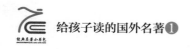

口丢了出去。这只可怜的狗被重重地摔在了大街上。他嗥叫着，一瘸一拐地回了家。

第二天，其他狗都来向这只狗打听晚宴的盛况，他的表情十分难堪，笑道："晚宴真是丰盛极了，但我喝了很多酒，完全不记得自己是怎么从那座房子里走出来的。"

寓意：爱慕虚荣的人总爱打肿脸充胖子，从而自食其果。

公牛和野山羊

一头公牛被狮子拼命追逐，逃到一个山洞里躲了起来。

洞里生活着一群野山羊，而野山羊们生怕公牛占了自己的家，就使劲儿用角顶公牛，想要将他从山洞里轰出去。

公牛忍着疼痛，十分耐心地对他们说道："我一直在这里忍耐着，并不是因为惧怕你们，而是惧怕那等在洞口的狮子。"

寓意：为了逃避大灾难，必须忍受小痛苦，正如俗语所说"小不忍，则乱大谋"。

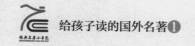

鹰和屎壳郎

　　一只老鹰发现了一只兔子，便拼命地追赶，兔子被追得无路可逃，便跑到屎壳郎的洞口极力哀求："快救救我！有一只老鹰就要抓住我了。"屎壳郎很干脆地答应了，连忙朝着飞扑而来的鹰求情道："鹰先生，你就饶过兔子一命吧，他跟我是多年的好朋友。你就看在宙斯神的面子上放过我的好朋友吧。要不然，作为兔子最好的朋友，我一定会对你不客气的。"鹰觉得真的太好笑了，她从来都没有将这个小小的屎壳郎放在眼里。她扇了扇翅膀，一下子就将屎壳郎扇得老远，然后扑向兔子，狼吞虎咽地将他吃掉了。屎壳郎眼睁睁地望着鹰吞食了自己的朋友。他痛下决心，要狠狠地报复鹰。

　　从此之后，屎壳郎紧紧地盯着鹰的一举一动，留意她把巢穴建在什么地方。只要鹰一在窝里产下蛋，他就趁机爬上树，将蛋一颗一颗地推出巢，摔得稀巴烂。鹰既难过又生气，只好将家搬到更高的树上。这怎么能阻止顽强的屎壳郎呢？他仍然一颗蛋也不放过。无奈的鹰别无他法，只好去找天神宙斯调解。宙斯应允了鹰的请求，让鹰在他的衣袋里产下一窝蛋，由他负责照看。屎壳郎听说了这个消息，连忙滚了一个粪球，想尽一切办法将它抛进了宙斯的衣兜。宙斯连忙翻动自己的衣兜，结果粪球抖了出来，可鸟蛋也跟着一起摔了个粉碎。

　　从那以后，鹰只会在没有屎壳郎的季节产蛋孵蛋。

　　寓意：不要瞧不起任何人，没有人弱小到无法为自己所受的屈辱报仇。

狼和羊

　　草场上生活着一群羊和几只狗。每当狼快要接近羊的时候，护卫狗便使劲儿叫吠，所以狼的阴谋总是实施不了。为了轻松地捕获羊群，狼想到了一条妙计。

　　一天，他们派遣了一个特使去访问羊群。狼特使对羊说："我们之间一直不和，其实罪魁祸首是那些讨厌的狗。他们无休无止地朝我们吼叫，挑衅我们。如果你们可以轰走他们，我们就可以长久地和睦相处了。"

　　愚蠢的羊居然听信了狼的鬼话，遣散了狗群。失去了狗的保护，羊马上就被背信弃义的狼吃得一只不剩了。

　　寓意：若相信了敌人的誓约，便等于舍弃了自己的安全保障。

狮子和其他动物打猎

　　一天，狮子与别的动物相约外出打猎。在众多野兽的协作之下，他们很快捕获了一头健壮肥硕的鹿。众兽都眼巴巴地等着，希望自己可以给分得一点。

就在这时，狮子站了出来。他将鹿一分为三，大方地说："这第一份，理所应当属于我，因为我是大王。这第二份呢，自然应该还是我的，因为是我亲自将它捕获到手的。至于第三份嘛，"狮子一边说一边露出尖利的牙齿，"那就要看谁有这个胆子来拿了。"

寓意：有些人可以一起吃苦，却不能一起享乐。

马和负重的驴

有个人赶着一匹马和一头驴远行。因为对马十分偏爱，于是他就将所有的行囊重物都让驴驮着。

驴驮着重物走了一段时间后，逐渐坚持不住了，便央求马帮他一把："朋友，请你帮一帮我吧。如果现在你可以为我减轻一点负担，用不了多久我就能恢复状态。假如你不帮我，我可能很快就要没命了。"

马走在前面，装作什么都没听到。可怜的驴子只好一步一步艰难地往前挪，没过多久便真的累死了。主人也别无他法，只好把沉重的物品和驴的尸体全都放到马背上，继续向前走。马吃力地一边走一边暗暗叫苦："哎哟，我真是活该啊！要是早一点听驴子的话，稍微帮他一下，也不至如此遭遇。我真是罪有应得啊！"

寓意：有时候，帮助别人也是在帮助自己。

朋友和熊

有一天，两个非常要好的朋友一起去外地旅行。途中，他们意外遇到了一只熊。一人见情况不好，于是立即飞快地爬上树躲了起来。另一人逃跑不及，便灵机一动，躺在地上装死。他听说熊向来对死人不感兴趣，便屏住呼吸纹丝不动地躺着。熊走到他跟前，用鼻子在他身上闻了又闻，最后离开了。

躲在树上的朋友看到熊远远地离开了，便马上从树上跳下来，好奇地问朋友刚刚熊在他耳边说了什么话。朋友不客气地说："熊什么都没说，只是告诫我今后要当心，千万不要跟不能患难与共的人结伴而行。"

寓意：不能患难与共的人，算不上真朋友。

青蛙和黄牛

一只黄牛正在沼泽地里专心吃草，不小心将一只幼蛙踩死了，其他幼蛙赶紧跑去将这个消息报告给他们的爸爸。一只小青蛙说："爸爸，那家伙真是太高大了，简直称得上庞然大物。""庞然大物？"青蛙爸爸高声地问道，同时用力地鼓了鼓肚子，"就像……就像我现在这么大？""哦，他要比您大很多。"小青蛙答道。青蛙爸爸又十分努力地鼓了鼓肚子，问道："那么，是像我现在这么大吗？"小青蛙着急了，说："爸爸，就算您鼓破了肚子，也赶不上他的一半大。"青蛙爸爸听了非常生气，他再一使劲儿，肚子"砰"的一声，真的鼓破了。

寓意：好高骛远，自不量力，最终会惨遭失败。

乌鸦和狐狸

一只乌鸦不知从哪里捡到一块肉，叼着肉飞到了大树上，准备好好享用。这时，一只狐狸恰好经过，看见乌鸦嘴里的肉，馋得口水都流下来了。狐狸眼珠子一转，打算骗走乌鸦嘴里的肉。

"乌鸦先生，您好啊！瞧，您那对翅膀简直太美了，两眼也炯炯有神。您的脖颈优雅极了，您的胸脯就像雄鹰一样。您瞧，您的那双利爪简直举世无双呀！"乌鸦听了狐狸的赞美之词，心里别提多开心了。

狐狸看出了乌鸦的心思，便接着说："像您这么漂亮的鸟，肯定是位不可多得的歌唱家。乌鸦先生，请您为我高歌一曲吧。"乌鸦听了，高兴得忘乎所以，并迫不及待地想给狐狸露两手。不料，乌鸦刚一张嘴，肉就掉在了地上。狐狸冲上前，叼起肉就跑。乌鸦这才发觉自己上了当，急得哇哇叫。

狐狸回头瞧了瞧可怜巴巴的乌鸦，得意地笑道："亲爱的朋友，我想得到的就是这块肉，感谢你赠予我的礼物。作为回报，我也送你一句忠告吧——千万别愚蠢到连自己是谁都忘了。"

寓意：这个故事是在讽刺那些蠢笨而又爱慕虚荣的人。

蜜蜂和黄蜂

蜜蜂找到一棵空橡树，并在树干里造了一个蜂巢，黄蜂们却四处散播说这巢是他们造的，应该属于他们。蜜蜂十分气恼，只好请来啄木鸟评判是非对错。啄木鸟思考了一会儿，说道："这蜂房的建造者究竟是谁，我一时半会儿也说不清。但是我有一个好办法，不如你们带着自己的蜂群重新建造一个新巢，我来对比一下就能知道真相了。"蜜蜂们对于这个主张十分赞同："假如我可以建造一个完全相同的蜂巢，一切问题不就迎刃而解了吗？"蜜蜂的新巢没过多久便建成了，而无赖的黄蜂早已不知去向。

寓意：一切行动胜于言论。

池边的鹿

　　一只鹿跑到池边喝水，水中倒映出了他的影子。鹿对自己头上美丽的双角满意极了。可当他低头观看自己纤细的长腿时，心情又顿时低落起来。

　　当鹿只顾观看水中美丽的倒影时，一群猎人带着猎狗追了过来。鹿拼了命地逃，跑得快极了，像飞一样，眼看就要逃过这场劫难，不料他的双角不小心被灌木丛死死地缠住了，猎人很快追上了他。他自认为了不起的双角，却最终断送了他的性命。

　　寓意：不要随意轻视一些小细节，因为很可能关键时刻时被派上用场。

农夫和他的儿子们

　　一个农夫病得特别厉害，不久就要离开人世了，他最放心不下的人就是他的儿子们。

　　一天，他将几个儿子都叫到床前，告诉他们："孩子们，我很快就要离开人世了，我把一辈子积累的财富都藏在了葡萄园里。"没过多久，老人真的去世了，几个儿子便拿起锄头去葡萄园里寻找父亲所说的宝贝。他们把葡萄园各个角落都翻了个底朝天，但是根本没有发现任何宝贝。

让大家感到意外的是，虽然一个财宝也没有找到，园里的葡萄长势却非常好。这一年，葡萄获得了前所未有的大丰收。这是因为兄弟们翻了土，葡萄更好地从土里吸收了营养。这一刻，兄弟们这才真正明白父亲临终时所说的那些话的意义。

寓意：劳动可以创造一切财富。

看家狗和狼

　　一只狼已经很多天都没有捕到猎物了，消瘦至极，肚子都饿变了形。于是，他趁着晚上月色明亮出去寻找食物，半路碰上了一只肥肥胖胖的看家狗。

　　狼羡慕不已地问狗："嘿，朋友，你的身体可真壮实啊，皮毛光泽明亮，你的伙食肯定很不错吧？你看看我，我可真是太惨了，整天整夜地到处忙碌，常常连肚子都吃不饱。"狗说："如果你想跟我一样，那可就简单多了，只要你可以做我的工作，为主人看家护院就行。"狼马上说："说实在的，每天在树林里受冻挨饿的日子，我早就过够了。只要有一个可以遮风挡雨的住所，有盘能够果腹的可口饭菜，让我做什么我都乐意。"

　　于是，狼便跟着狗走进了主人的庄园。走着走着，狼忽然看见狗脖子下面有块很深的印记，便好奇地问是怎么回事。狗说："没

什么，这不值一提。或许是我的链子蹭的……"狼打断他的话，惊讶地追问道："什么？链子？难道你在主人家一直是被链子拴着的吗？"狗说："作为看家狗，我肯定不能随意走动，你看，我的模样长得很凶猛。白天他们必须把我拴起来，但是到了晚上我就可以自由行动了。每天主人用他盘子里的食物喂我，仆人们也不会对我不好。""哦，我还是跟你告别吧，朋友，我还是去我的森林里吧。我宁愿自由自在地挨饿受冻，也不愿被人拴着链子过看似舒适的生活。"狼一边说着，一边转头跑了。

寓意：为了安乐而出卖自由，是不可取的。

一捆木柴

几个兄弟时常因为一点小事而争吵，父亲多次劝说都无济于事，于是想了个办法准备整治整治他们。

他找来一捆扎得很紧实的木柴，让儿子们徒手折断。兄弟几个拼尽了全力，累得大汗淋漓，那捆木柴还是老样子。父亲叫他们将这捆木柴解开再折，兄弟们没费什么力气就折断了。

父亲语重心长地说："我的孩子们，假如你们能齐心协力，像一捆扎紧的木柴，你们就会所向无敌。但是，假如你们不团结，势单力薄，就很容易地被人打败。"

寓意：兄弟齐心，其利断金。

天鹅和家鹅

很久以前，有个很有钱的人养了一群天鹅和一群家鹅。他饲养天鹅是想要每天欣赏他们的叫声，而饲养家鹅则是为了吃肉。

一天夜里，来了几个客人，主人便让厨师杀一只鹅以款待朋友。可是这个厨子特别懒惰，再加上天黑得什么也看不清，根本无法辨别哪只是天鹅哪只是家鹅，于是随便抓了一只。它挣扎着，绝望地嚎叫起来。厨子听出是天鹅的声音，就将他放走了。

寓意：关键时刻，一定要及时将该说的话说出来。

农家姑娘和她的牛奶罐

一个农家姑娘头上顶了一罐牛奶，准备带到市场上去卖。她一边走一边幻想："卖牛奶的钱够买几十只鸡，如果她们每天下一颗蛋，那我每天就能收获几十颗鸡蛋。我再将鸡蛋带到市场上去卖，到了年底的时候，就能买一件长袍了。对了，该买什么颜色的好呢？我可得好好想想。绿色还是红色？要不就要绿色的吧。我要穿着它到市场上逛逛，那里的年轻小伙子肯定会留意到我，甚至向我求婚。不行，无论他们怎么恳求，我一定得拼命摇头，不要答应他们。"想到这里，姑娘忍不住摇起头来。她一摇头，牛奶罐就摔到了地上，牛奶洒了一地。姑娘刚刚所有美好的幻想也就此破灭了。

寓意：想要实现梦想，必须要脚踏实地。

鹰、寒鸦和牧羊人

鹰从高高的山岩上直冲下来，抓起一只羊羔冲上天空。寒鸦见了很是羡慕，也想试一试。他铆足了劲儿扇着翅膀，落在一只公羊的背上，用力叼着羊毛，竭尽全力向上提，不料他的爪子却被羊毛缠住了。寒鸦扑打着翅膀使劲儿挣扎也没能脱身。一个牧羊人恰好经过这里看到了寒鸦，于是毫不费力地捉住了他。

牧羊人用剪刀剪断了寒鸦的翅膀，将他带回去送给孩子玩。孩子们看了看这只倒霉的鸟，好奇地问道："他是什么鸟？"牧羊人高声笑了起来："这是一只不知天高地厚、自不量力的鸟，他以为自己是只鹰呢！"

寓意：不可好高骛远，不要去追求不切实际的东西。

猴子和海豚

有个人为了排遣旅途的寂寞，带了一只猴子。途中，忽然间海上刮起了风暴，滔天的波浪掀翻了船只，船上的人都落入了大海。这时，一只海豚刚好经过这里，赶紧游到猴子身下，驮着他游向岸边。海豚和人类是很好的朋友，经常帮助那些不幸掉入水中的可怜人。

快游到岸边的时候，海豚忽然好奇心大发，问猴子："你是雅典人吗？"猴子一听却开始装腔作势起来："那是自然的，我不仅是雅典人，还出身于雅典的名门望族呢！"海豚又问道："那你听说过皮雷埃夫斯吗？"猴子不知道这是个海港的名字，便吹牛说："我不仅跟他认识，还是他最好的朋友！"海豚一听，顿时明白猴子在说谎，便生气地抛下他游走了。猴子最终丧命于大海。

寓意：撒谎吹牛，终归要自食其果。

驴驮盐

从前，有个小贩喂养了一头驴，靠常年贩盐维持生活。他听说海边的盐价格比较低廉，便赶着驴去海边购买盐，然后运到城里卖掉。为了可以多赚些钱，他使劲儿地往驮子里装盐。驴非常吃力地出发了，路过河边的时候一不留神脚下一滑，跌倒在水中。驴挣扎着回到岸上，突然发现驮子似乎比先前轻了很多，于是一路欢快地走回了家。

过了几天，小贩又赶着驴去海边买盐。这一次，他让人把驮子装得更满，驴驮得更加吃力了。他们很快抵达河边，当驴走到上次不小心跌倒的地方时便故意倒在了河里。驮子里的盐又融化了很多，驴又高高兴兴地回了家。主人发现了驴的诡计，暗自想一定得好好整治一下他。

几天之后，小贩再次赶着驴来到海边。这次他并未让人在驮子里装盐，而是装了很多很多海绵。当他们又一次抵达河边的时候，驴十分开心地施展自己的伎俩。可是，让人意外的事情发生了。落入河中的海绵吸水吸得鼓鼓的，变得特别沉重，驴拼命挣扎，却怎么也爬不起来，最终被水淹死了。

寓意：做人不要自作聪明，有时聪明反被聪明误，害人终害己。

大力神和车夫

在一条泥泞不堪的小路上，一个车夫正赶着货车吃力地向前走，忽然车轮深深地陷入了烂泥，拉车的马只好暂停下来。车夫绝望地望着货车，高声呼叫大力神前来帮助。大力神却对他说："朋友，你还是凭你自己抬车轮吧，再让你的马给你加把劲儿。天神只会帮助那些竭尽全力努力奋斗的人。假如你除了祈祷，而不付出任何实际行动的

话，你所做的一切都是没有任何意义的。"

寓意：自力更生，自强自立，才能更好地克服困难。

牛栏里的鹿

　　一只鹿被一只猎狗猛然追赶，无路可逃时躲进了一个农家院里，小心地溜进牛栏，准备躲到墙角草堆里。牛见了他，好心地提醒道："老弟，你躲在这里或许可以逃过猎狗的追捕，却无法逃脱牧人的罗网啊。"鹿不以为然地说："伙计，只要你不去告发我，牧人是不可能发现我的，我自然会见机行事。"

　　天渐渐黑了下来，牧人来喂养牲口，由于牛栏里的光线特别暗，牧人并没有察觉到鹿的存在。其他长工和管家进进出出，也没有人留意到鹿。鹿觉得自己已经安全了，便对牛表达了感激之情。牛警告他："老弟，还是先不要高兴得太早。我是很想帮助你，可是这里还有一个人，他的眼睛可是比猎狗还要厉害，假如你被他看到，一定会性命不保。"

没过多长时间，主人进牛栏检查。他对仆人们做事不太放心，对所有事情几乎都要再亲自察看一遍。他先瞧了瞧饲料，又翻了翻草料，还咒骂角落里的蜘蛛网为什么没人清扫。他东看西瞧，忽然间看到了高挑的鹿角，于是马上叫人过来，鹿便被活捉了。

寓意：逃避一种危险时，千万不要忘记另一种危险的存在。

毛驴和神像

农夫想要将一座神像运送到城里的神庙，便让毛驴驮着神像在前面走。一路上，人们都对着神像虔诚地顶礼膜拜。毛驴见到这种情形别提多高兴了，以为人人都在对他行礼，便骄傲地摆起了架子，一步也不愿走了。

农夫对毛驴的习性十分熟知，他生气地抡起鞭子，一边使劲儿抽打，一边高声骂道："你真是一头愚蠢至极的驴子！你以为大家都是拜你的吗？他们是参拜神像的！"

寓意：人要有自知之明，否则可能会沦为他人的笑柄。

龟兔赛跑

　　兔子时常嘲笑乌龟行动迟缓，乌龟心里不服，于是他们决定比一场赛，看看最终谁会胜利。

　　比赛开始了，乌龟朝着目标慢吞吞地爬动，而兔子马上撒开腿飞跑起来。没过多长的时间，兔子就将乌龟远远地甩在了身后。正午时候，兔子满头大汗，感到十分疲惫，喃喃自语道："乌龟跑得太慢了，我睡一觉，等他一会儿也不算晚。"说着便躺在树荫下呼呼大睡起来。

　　乌龟顶着太阳一刻不停地坚持爬行。他爬到兔子旁边的时候，只见兔子正沉沉入睡。乌龟摇了摇头，继续往前爬。兔子醒来后看不到乌龟的影子，急忙往前飞跑，而乌龟早已经抵达终点。

　　寓意：虚心使人进步，骄傲使人落后。骄傲自满，轻视他人，可能会一败涂地。

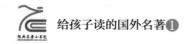

老人和死神

老樵夫肩上扛着一捆木柴急匆匆地在山间赶路，走着走着，觉得肩上的担子似乎越来越重了。老人实在挪不动步子了，只好放下木柴，呼喊死神赶紧将他从苦海中解救出来。死神听到他的声音立即赶到这里，问他为什么呼喊自己。老人沉思了一会儿，幽默地说："您好，先生，能不能帮我将这捆柴放在肩上？"

寓意：与珍贵的生命相比，身体的劳累根本不值一提。每个人都应热爱生活、热爱生命。

渔夫和小鱼

渔夫每天都要出海打鱼。一天，他很早起床，一直忙到晚上，却什么都没有捕到，最后总算捕到一条小鱼。"求求您，饶我一条性命吧。"小鱼哭哭啼啼地向渔夫求告，"先生，你就放我一条性命吧。我现在太小了，简直不够你塞牙缝。等我长大了你再来钓我吧，到时候你就能够好好地享用一顿美餐了。"

"不，不可能。"渔夫冷若冰霜地说，"这次我已经捕到你了。如果现在放了你，下次我还能再捕到你吗？"

寓意：已有的幸福即使再小，也胜过不切实际的幻想。

蚊子和狮子

　　一只狮子正在专心埋头吃草，这时一只蚊子围着他嘤嘤嗡嗡地飞舞，然后停在了狮子的头上。过了一会儿，当蚊子打算飞走的时候，他嗡嗡地叫着，不停地问狮子："你介意我落在你头上吗？如果我现在离开，你会有什么感觉呢？"狮子没好气地回答："噢，你什么时候来的我都不清楚，你什么时候走我自然也不会在意。"

　　寓意：对待任何事情，都不要骄傲自大。做人要谦虚谨慎。

乌龟和野鸭

　　一只乌龟对自己的沙滩生活非常厌倦，他羡慕野鸭可以在天上自由飞翔，便央求野鸭教他如何飞行。野鸭笑了笑，说："你的想法真是太奇特了，你没有翅膀，是不可能飞起来的，别再白日做梦了。"乌龟不死心，还是苦苦请求，并发誓只要野鸭肯教他，他愿意将大海里一切的宝贝都拿来做报酬。野鸭被央求得没有办法，只好答应了他的请求。

　　野鸭在乌龟的嘴里横着放了一根木棍，然后告诉他："咬紧啊，一定不能松口！"说完，两只野鸭分别架起棍子的两头，眨眼之间便飞上了高空。乌龟感觉太棒了，兴奋地大叫："我会飞了！我终于能飞起来了！"与此同时，咬着木棍的嘴巴松开了，乌龟瞬间从空中摔了下去。不幸的乌龟掉在了一块岩石上，摔得粉碎。

寓意：得意忘形的人，往往没有好下场。

财神和樵夫

一个樵夫来到河边砍伐大树，一不留神将斧子掉到了水里。河水深不见底，樵夫想了各种办法，还是无法捞回斧子。樵夫在河边难过地叹息起来。

财神听到了樵夫的哭声，急忙赶来询问缘由。财神听后特别同情樵夫的遭遇，连忙潜入河中，不一会儿举着一把金斧游出了水面，问他是否是那把丢失的斧子。樵夫连连摇头，说："不是这把。"财神又一次潜入河中，捞出一把银斧再次询问樵夫，樵夫还是不停地摇头，说："不是。这把也不是我的。"财神第三次捞出来的斧子，一下就被樵夫认出是自己丢失的那把。樵夫对财神再三道谢，然后接过斧子。樵夫的诚实和忠厚令财神非常感动，他高兴地将金斧和银斧全部赠送给樵夫作为礼物。

到家之后，樵夫将这段神奇的经历告诉了同伴们。另一个樵夫也想碰碰运气，于是跑到河边的老地方，将斧子故意扔进河中，然后也坐在河边号啕大哭起来。不一会儿，财神真的像他预料的那样出现了。听完

他的哭诉，财神也跟上次一样潜入河中，财神从水中捞出一把金斧，还没开口问他，那人就激动地连连答道："哎呀，这把就是我的斧子。"一边伸手就去抓。财神特别厌恶这个不诚实的家伙。为了对他略施惩罚，财神不但拿走了金斧，还拒绝帮他找回他的斧子。

寓意：诚实是做人的基本德行，任何时候都不要以欺骗的方式换取不义之财。

披着狮皮的毛驴

有一天，毛驴在山洞里意外捡到一张狮子皮，于是将狮子皮裹在身上，扮成了一头狮子。毛驴得意扬扬地到处走动，吓唬那些不知道他是谁的动物。动物们都把他当成了一头真正的狮子，吓得四处逃窜，毛驴心里别提多高兴了。

毛驴远远看到老对头狐狸走来，便准备跑过去吓唬吓唬他。看着狐狸惊恐的模样，毛驴便忘形地大叫起来。狐狸听到驴叫，便大笑道："原来是你这个鬼东西，哈哈哈！要不是你真实的声音出卖了你，我也会被你吓破胆儿。"

寓意：再巧妙的伪装总有一天会露出马脚，谎言总会被拆穿。

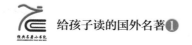

男孩游泳

　　有一天，一个小男孩正在河中游泳，忽然遭遇了危险，眼看就要一命呜呼了。他在水中使劲儿挣扎，大呼救命。这时候，一个过路人看见了这一情形，一脸严肃地教训起男孩来，说他不该如此鲁莽，小小年纪就敢到河里游泳。小男孩眼看就要沉没了，便苦苦哀求道：

"先生，我请求您，您先把我救起来，再批评我可以吗？我马上就要命丧于此了！"

寓意：行动大于言说，不要只说空话却不解决实际问题。

老鼠和青蛙

一只青蛙喜欢上了一只老鼠。一天，青蛙想约老鼠一同去外地旅行。为了避免老鼠出意外，青蛙把老鼠的脚拴在了自己的后腿上。他们一起在草地上散步，玩得别提多高兴了。后来，青蛙一下跳到了水中，开心地拖着老鼠游泳，没过多久，他们便游到了河中央。突然，青蛙兴奋地扎入河底，可怜的老鼠被拖进河底淹死了。

不久，老鼠漂到了水面上，但他的脚依然跟青蛙绑在一起。此时，恰好被一只鸢留意到了。鸢直冲向水面，飞快地抓起老鼠，和老鼠的脚绑在一起的青蛙也被一并带走，成为鸢的美食。

寓意：人与人之间的相处，要适度。

老鼠开会

为了彻底脱离猫带来的困扰，老鼠们一直努力地思考解决办法。一天，他们聚集到一起，准备通过开大会来商讨对策。到会的老鼠都踊跃发言，表达意见，但是一直都没有想出一个好办法。忽然间，一只小老鼠鼓起勇气站起来提议："我觉得我们可以在猫的脖子上挂一只铃铛。只要他一走动，铃铛就会发出响声，我们听见这个声音就可以立即逃跑！"

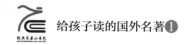

小老鼠的话刚刚说完，会场里马上响起一阵激动和赞许的尖叫声，大家都觉得这个办法真不错。这时候，一直没有说话的最年长的老鼠发话了："这个主意确实很不错，可是我们派谁去挂铃铛呢？"

老鼠们又开始陷入了沉思。

寓意：有些事说起来容易做起来难，能够实现的主意才是好主意。

狼和小羊羔

狼来到小溪上游喝水，忽然看见一只小羊羔从下游经过。狼想吃掉那只肥嫩的小羊，便凑上前凶恶地说："小家伙，你竟敢弄脏我的水？"小羊温和地说："狼先生，我并未弄脏您的水呀。您看，水是从上游流到我这儿来的。"狼高声喊道："也许是吧，但是还有一件事我要找你算账，你去年还骂过我呢。"小羊连忙解释："狼先生，您一定是记错了，一年前我还尚未出生呢。"狼气得跳起脚来："噢，如果不是你，就肯定是你的爸爸。父债子偿，这是理所应当的。难道你这样擅于辩解，我就会放了你，不吃你了吗？"说着便扑了过去，吃掉了那只可怜的小羊。

寓意：坏人想要做坏事，理由千千万。

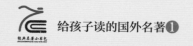

毛驴、狐狸和狮子

毛驴和狐狸是一对好友，他们时常相约一起外出觅食、游玩。

有一天，他们刚走出门，就被一只肚子极其饥饿的狮子盯上了。机灵的狐狸发觉狮子正不怀好意地埋伏在草丛里，很快就意识到马上要大难临头了。他连忙跑到狮子的身旁，悄悄地向狮子哀告："大王，求你饶过我吧！只要你放了我这一次，我立即将我的朋友毛驴抓来交给大王处置。"

狮子点头应允了。狐狸转身去寻找他的朋友毛驴，将他一步一步引入狮子的陷阱。当他眼睁睁地看着毛驴挣扎着掉进陷阱的时候，不由地暗自庆幸起来。谁料，狮子见毛驴已经不可能逃脱，便一头扑向狐狸，几口就将他吃掉了。

寓意：出卖朋友的人，是没有什么好下场的。

牧童和狼

牧童每天在村子附近的山坡上放羊。

一天，牧童感到特别无趣，突然灵机一动，朝着山下的农夫叫道："狼来了！狼来了！"大人们听见他的叫声，连忙操着锄头赶了过来。牧童看到大家慌忙奔跑的样子，哈哈大笑，说："我只是

逗大家玩的。"大人们都感到非常生气，又回田地里劳作去了。牧童经常将这样的玩笑挂在嘴边，时间久了，大人们早已习惯了，便不再搭理他。

有一天，真的来了几匹狼。牧童使劲儿地大喊救命，村民们都以为他又在恶作剧骗人，谁也没有搭理他。伤心的牧童懊悔不已，可是为时已晚，狼已经吃掉了他所有的羊。

寓意：谎话说多了，即使说真话也没有人信了。

山鹰和狐狸

山鹰和狐狸成了朋友。为了增进友谊，山鹰把巢穴搭建在高高的树枝上产卵孵蛋，狐狸则定居在树下的洞穴中养育幼崽，从此两家成了邻居。

山鹰为了给饥饿的孩子补充食物，趁狐狸外出寻找食物时飞下树叼走一只狐崽，小狐崽被小山鹰吃进了肚子里。山鹰十分得意地自言自语道："可怜的狐狸，我把你的孩子叼走了，你能拿我怎么样！"

狐狸返回家里，发现有个宝贝不见了，然后向树上看了看，发现了血迹，她很快明白了。伤心的狐狸妈妈一边咒骂着山鹰的无情无义，一边望着高高的鹰巢，没有一点报仇的办法。从此以后，她只好小心翼翼地照看幼崽，心中暗地思索怎么报复。

没过多长时间，厄运就降临到了不仁不义的山鹰头上。这天一大早，附近的村庄宰杀牲畜，祭祀神灵。霸道的山鹰自以为很威猛，不顾一切地俯身扑向祭坛，叼了一大块带有火苗的羊肉，回到了家。这时，一阵大风忽然刮来。没过多久，大树丫上的鸟窝燃起了大火。山鹰看着尚未长全羽毛的雏鹰连同烧毁的鸟巢一起摔在地上，急得团团转。狐狸马上蹿了出来，当着山鹰的面，把烤熟的雏鸟一个个全都吃下了肚子。

寓意：贪图利益，不仁不义，必将受人唾骂。

跳蚤和人

有个人为一只跳蚤烦恼了很长时间，这天他终于抓住了跳蚤。

这人对跳蚤道："你这个家伙真是胆大妄为，将我的全身咬了个遍，我一定要弄死你！"

跳蚤苦苦哀求："我这也是为了活下去呀！先生，求您不要弄死我。我这么一小丁点儿，对您根本不会造成太大的伤害，您就放了我吧！"

那人哈哈大笑了一阵，然后说："今天你必死无疑！因为恶是不分大小的！"

寓意：善恶不分大小。勿以恶小而为之。

百灵鸟和她的孩子们

百灵鸟妈妈将巢穴安在了一块麦田里。天气渐渐热了，麦子就要成熟了。每天百灵鸟妈妈到外边寻找食物的时候，都叮嘱孩子们要听清麦田主人所说的话，等她回来再告诉她。

一天，麦田的主人来到麦田查看，他对儿子说："已经是时候了，去请邻居来帮我们收麦子吧。"百灵鸟妈妈刚回到家中，孩子们就吵着闹着要妈妈赶紧搬家。百灵鸟妈妈不以为然，笑道："孩子们，不必着急。他们只说要请邻居帮忙，肯定还早呢。"

第二天，主人又来到地里。他看麦子更成熟了，便多次对儿子说："这麦子已经熟了，不能再等了，我们不能再指望邻居们，只能找亲戚帮忙了。"小百灵鸟们吓坏了，百灵鸟妈妈一回到家，他们便催着妈妈赶紧搬家。百灵鸟妈妈说："孩子们，不必害怕，还不到搬家的时候呢，他们只是要请他们的亲戚来帮忙。"

第三天，主人再次来到田里。他看见有的麦粒已经掉在了地上，地里却依旧无人干活儿，急得团团转，便对儿子们说："我们不能再继续等邻居和亲戚了，快去雇几个工人，明天清早我们就动手吧！"

百灵鸟妈妈刚到家，孩子们又连忙报告。百灵鸟妈妈听了，严肃地说："现在真的到了搬家的时候了。再不搬就真的来不及了。麦田的主人这次不打算请别人，而是决定亲自动手，这说明他们已经到了非收不可的地步。"

寓意：一个人不对他人怀抱希望，而是要亲自动手干，这才是真正打定了主意，下定了决心。

牛和车轴

在一条乡间的小路上，几头牛努力地往前拉着货车，车轴吱吱呀呀地响个不停。赶车人听到声音觉得有些烦躁，便回过头对车轴叫道："喂，你在这里叫什么苦？牛拉这么重的货物都没有抱怨一声，你倒不停地叫！"

寓意：越肩负重担的人，往往越谦卑。

狮子恋爱

　　一头狮子喜欢上了樵夫的女儿，他请求樵夫将女儿嫁给他。樵夫
很不情愿，但又对狮子的凶残忌惮不已，一时不敢拒绝。于是，樵夫
假装高兴地讨好道："我很荣幸您能看上我的女儿。但您的牙齿实在
是令人惧怕，爪子也过于尖利，而我的女儿胆子特别小。如果您诚心
想娶她的话，不如先将您的大牙拔去，再将您的利爪剁掉。"坠入情
网的狮子听到樵夫这么说，马上照办。

　　可是，当狮子欢欣不已地再来求婚时，樵夫再也不惧怕了。樵夫
抢起棍棒，立刻将狮子赶出了家门。

　　寓意：有些人抛弃自己的优点，轻易信任别人，结果被原来畏惧自己
的人所击垮。

狐狸和装病的狮子

狮子年纪大了，再也没有力气去捕猎了。为了每天都能吃到新鲜的肉，他想出一条绝妙之计——躲进山洞，躺在地上装病。

狮子生病的消息很快传遍了森林。动物们都很关心狮子的病情，纷纷前来探望。于是，狮子便在洞中轻易地将他们一个一个吃掉了。许多动物就这么离奇地失踪了。

看到洞口各种动物的足迹，细心的狐狸识破了狮子的诡计。他远远地站在洞外，高声问候。狮子答道："我身体还行。你为什么要远远地站在洞外呢？快请进来吧。"狐狸说："不，非常感谢您。我发现这里全部的脚印都是朝向洞里的，没有一个是朝向洞外的，我就不进去啦。"

寓意：聪明的人总是擅于从细节中发现真相。

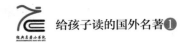

马和鹿

马独自占领着一片广阔的草原。

一头鹿忽然闯了进来，希望可以跟马共同分享这处肥美之地。马怒火中烧，想狠狠地整治一下鹿。

机会终于到来了。

一天，马碰到了路过此地的猎人，便向他求助。

猎人爽快地答道："没问题，只要你可以让我在你的嘴里放一个嚼子，让我骑到你的背上，我就能找来最好的武器去对付鹿。"

马毫不犹豫地同意了。

当猎人为马戴上嚼子，并骑到马背上的时候，马才真正意识到，仇尚且未报，自己反倒成了猎人的奴隶。

寓意：针对别人提出的要求，要慎重考虑再答应，否则很容易使自己陷入困局。

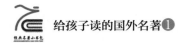

猫和老鼠

猫年纪大了，再也不能随心所欲地抓老鼠了。他前思后想，终于想到了一个好办法。他钻进一个口袋，把后腿拴到一根很低的木桩上，倒挂装死。他打定主意，当老鼠们毫无觉察地靠近他时，他便可以突然出击，抓到很多老鼠了。一只智慧的老耗子看穿了他的把戏，远远地躲在一旁，悄悄地对朋友们说："快看，我活了这么一大把年纪，头一次见口袋里有只装死的猫。"另一只老鼠对着猫大声说："您好，傻猫，你就这样挂着吧，我们才不会受骗呢。"群鼠们纷纷远离他，绕走了。

寓意：永远不能心存侥幸，不能被表面的假象所欺骗。

狮子、狼和狐狸

　　一头老狮子气息奄奄地躺在洞里。除了狐狸之外，别的动物们都纷纷前来看望。趁此机会，狼开始在狮子面前陷害狐狸："这可恶的狐狸，对您向来不尊重。您生病了，他都不来看您。"

正在这个时候，狐狸进来了，恰好听到狼正在说自己的坏话。狐狸马上对狮子说："敬爱的大王啊，有谁能像我这般，全心全意地为您考虑呢？这几天，我几乎踏遍了名山大川，为您访遍名医，找寻治病的妙方。"

狮子赶快请狐狸说出药方。狐狸说："活剥狼皮，并穿上新做的热乎乎的狼皮大衣。"狼还没有反应过来，就被狮子的手下拖出去生剥了皮。

寓意：大家和睦相处，相互理解，彼此尊重，才能长久相处下去。

狐狸和樵夫

为了逃脱猎人的追击，一只狐狸拼命地狂奔，不料却跑到了一片空地。眼看就要丧命，他突然看见一个樵夫正在砍树，于是高声向樵夫求救，乞求对方能够找一处地方将他藏起来。

樵夫让狐狸躲到了自己的小屋里。狐狸屏住呼吸，安静地缩在墙角。一眨眼的工夫，猎人们带着猎狗跑了进来。猎人问樵夫刚刚是否看见一只四处逃窜的狐狸。樵夫一边说"没有"，一边悄悄伸出手指了指狐狸躲藏的地方。

猎人们行色匆匆，根本没有注意到樵夫的暗示。他们对樵夫的话没有丝毫怀疑，又朝着远处追去。狐狸听到外面已没有了脚步声，知道猎人都远远地离开了，便从小屋里走出来，一句话没说，打算悄悄

溜走。

樵夫生气地责备道："你这只狐狸简直太没良心了，对救命恩人连句感谢的话都没有！"狐狸不客气地说："假如你的手势跟你所说的话一致，我就会好好感谢你了。"

寓意：不论在任何场合，心口不一的人不可信、不可交。

橡树和芦苇

芦苇和橡树在一起争论不止。

橡树嘲笑芦苇没有力量，太过纤弱，不管来自哪里的风都可以轻易把他吹倒。

芦苇见橡树那么猖狂，便跟他商量，等风再吹来时一决高下。

过了一会儿，一阵飓风刮来，芦苇轻轻弯腰，顺风而倒，飓风便从芦苇身上刮了过去。

风刮过后，芦苇依然能将腰杆儿挺直，没有受到一点伤害。而橡树迎着风，使尽全力抵抗，结果被飓风刮得连根拔起。

寓意：做人要如同故事里的芦苇一样，虽然渺小，但机智勇敢。应保持平常心，不要自高自大。

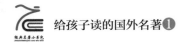

城里老鼠和乡下老鼠

一只城里老鼠跟一只乡下老鼠成了很要好的朋友。一天，乡下老鼠请老朋友城里老鼠来家里做客。乡下老鼠生活十分简朴，为了接待老朋友，将自己平时舍不得吃的东西都拿了出来：豆子、荞麦、乳酪皮和坚果……希望见过世面的老朋友可以好好享用。然而城里老鼠却根本没有放在眼里，不耐烦地说："哎，朋友，你的生活可真是无趣至极，你应该进城见见世面。一只老鼠能活几年？我们必须抓紧时间享受生活，不然都对不住自己。"

乡下老鼠心动了，便跟着城里老鼠一起进了城。他们偷偷摸摸溜进城时，天已经黑得伸手不见五指，半夜时才抵达城里老鼠的家。乡下老鼠吃惊地四处望着，红彤彤的天鹅绒窗帘，精致漂亮的象牙雕刻，简直奢侈极了。桌上摆放着许多从全城搜集来的美味佳肴，乡下老鼠目瞪口呆，大为惊讶。

城里老鼠非常高兴地将乡下老鼠安排到上座，将食物一盘一盘地端上来，热心款待着乡下朋友。乡下老鼠为得到这么好的待遇而感到惊讶，正准备享受美食时，忽然有个人猛地推门而入，吓破胆的两只老

鼠连忙跳下饭桌，躲到附近的角落里。过了一段时间，他们壮着胆子正准备爬出来，一阵狗叫声又吓得他们魂飞魄散，缩了回去。过了好长时间，终于恢复了平静。乡下老鼠浑身颤抖地爬出来向城里老鼠告别："哎哟，我的好朋友，我还是回家里好好享用我的荞麦吧。提心吊胆的日子，我过得不踏实。"

乡下老鼠说完后，赶紧逃回了自己的家，继续吃着五谷杂粮，过着舒适安闲的生活。

寓意：看起来很华丽的东西，其实不一定是美好的，也不一定适合所有人。富裕不是快乐的唯一标准。

太阳结婚

一个夏日的午后，太阳要结婚的消息传得沸沸扬扬。鸟类和兽类都高兴不已，就连池塘里的青蛙也高兴得不得了。只有一只老青蛙看起来有些忧愁。大家询问原因，他说："伙计们，根据我的观察，此事极可能没有什么希望了。"

大家都十分吃惊，说："为什么这么说呀？"他对大家解释道："一个太阳都快烘干沼泽和池塘了。如果他结婚了，今后再生出几个小太阳，我们可怎么活下去呀？"

寓意：一件事是好是坏，要看具体情况。

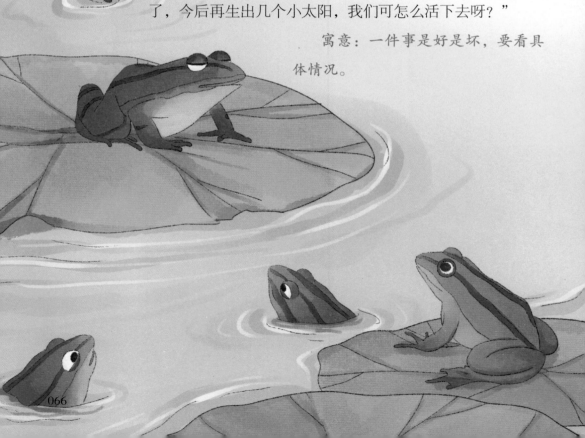

披着羊皮的狼

　　一天，狼在野外看到一张羊皮，眼珠骨碌碌一转，心想：何不把自己装扮成绵羊混入羊群？这样不仅可以逃避猎人的追捕，还能获得美味的羔羊。于是，他便将这张羊皮裹在了自己身上，装扮成绵羊，偷偷潜进了羊群。狼走在羊群中，低着头装作专心吃草的样子，瞒过了牧羊人的眼睛。

　　夜幕来临的时候，被牧羊人关入羊圈里的狼正想好好美餐一顿时，牧羊人打开了羊圈，打算杀一只羊作为自己的晚餐，看来看去发现墙角那只狼假扮的羊有点奇怪，便抓住他，一刀杀死了。

　　寓意：职明反被聪明误，偷鸡不成反倒丢了性命。

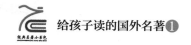

老鼠们和鼬鼠们

老鼠们和鼬鼠们时常在一起打架，老鼠一方总是溃败。于是，老鼠们宣布停止战争，进行议事。老鼠们总结了失败的原因，决定选出一些纪律感极强的新将领。于是，一些英勇善战、灵活狡诈的老鼠被挑选出来，率领编排有序的大群老鼠再次向鼬鼠宣战。为了让老鼠们知道谁是将领，于是将领们的头上都绑了两个显眼的犄角。

不料，战事却连连失败，老鼠们拼命地逃回洞里。而那些不幸的将领们却因头上的双角而行动不便，未及时逃走，很快被消灭了。

寓意：多此一举，得不偿失。

野鹿和葡萄藤

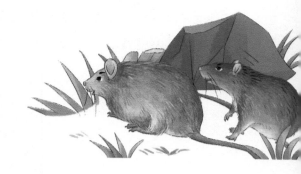

疲于逃命的野鹿忽然看见一架葡萄藤，便匆忙钻到藤下躲了起来。猎人赶来时没有找到野鹿，便向远处追去。躲在葡萄藤下的野鹿听见猎人的脚步声越来越远，以为已经躲过了危险，便得意忘形地吃起葡萄藤上的叶子来。

不料它被跑在最后的猎人发现，那人转身一箭射中了它。它忏悔道："我真是该死！葡萄藤救了我的命，而我却伤害起救命恩人来。"

寓意：滴水之恩，应涌泉相报。恩将仇报，终将得不到好结果。

有钱人与硝皮匠

　　一个富人购买了一处产业，但不巧的是，宅子挨着一个硝皮铺子。有钱人非常讨厌硝皮厂散发出的刺鼻气味，便多次逼迫硝皮匠搬家。硝皮匠实在没有办法，只好应诺，想办法拖延搬家时间。就这样，时间渐渐地过去，慢慢地，有钱人也习惯了硝皮厂的气味，再也不提搬家的事了。

　　寓意：习惯成自然。习惯能消弭对事物的反感。

断了尾巴的狐狸

　　有一天，一只狐狸悠闲自在地在森林里寻觅食物，一不留神掉进了猎人的陷阱，尾巴不幸被捕兽夹夹住了。狐狸拼命挣扎，总算捡回了性命，但是漂亮的尾巴却被夹断了。

　　失去了尾巴，狐狸觉得仿佛受到了很大的侮辱，于是四处躲藏，不愿意见人。

　　为了彻底摆脱这种尴尬困境，狐狸前思后想，终于琢磨出了一条妙计。他将全体狐狸都召集来开大会，假装诚恳地劝说大家都来学学他，也割去尾巴。

　　他假模假样地说："你们瞧，我现在活动起来多么灵活啊。简直不

可想象！尾巴看起来既不雅观，又浪费精力。我亲爱的朋友，请务必相信我，今天就割掉你们那多余的尾巴，享受一下轻松自在的感觉吧。"

这时候，一只老狐狸突然回应道："喂，朋友，假如这件事对你没有什么好处的话，你一定不会如此煞费苦心地劝我们割掉尾巴的。"

寓意：如果一个人突然过于热情，可能并非出于好意，而是藏着不可告人的目的。

燕子和法庭

　　燕子将自己的巢穴搭建在法庭的房檐下，并在巢里孵出了七只雏燕。燕子自认为将窝搭在这里，孩子们的安全问题就可以完美解决了。

　　一天，一条毒蛇趁燕子离巢外出，爬进巢里吃光了里面的雏燕。可怜的燕子回来后发现巢穴空了，悲痛地大哭起来，哭声吸引了邻居的注意。大家纷纷安慰她，因为他们也曾遭遇类似的处境。

　　燕子听了大家的劝慰，哭得更加伤心了。燕子说："正是因为我将窝搭在了法庭的房檐下，我才哭得这么难过。我不仅仅是为无辜丧命的孩子们哭泣，更是为我自己的错误而痛心。我实在不应该将家安在一个不为受害者主持公道的地方。"

　　寓意：灾难发生在自认为最安全的地方时，最让人难过。

青蛙找水

    池塘里生活着两只青蛙。夏天来临，池塘里的水都被晒干了。青蛙只好离开水池，找寻新的家园。

    一天，他们到达一口深深的水井旁，一只青蛙着急地就要往里跳，另一只青蛙却谨慎地拉住他，劝说道："这口井我们不能跳。如果这口井的水也干了，我们就不可能再跳出来了。"

    寓意：做事一定要三思而后行，事缓则圆。

江湖艺人和农夫

很久以前，罗马城有一个非常有钱的人，为了给百姓增加一些娱乐活动，便张榜四处找寻民间表演高手。

有个十分机灵的江湖艺人吹嘘自己怀有非常高超的技艺，该消息马上四处传开，人们纷纷赶来，争着观看他的表演。

这天，剧场里座无虚席，舞台上却没有任何设备和助手，好奇的观众们安静地等待着。过了一段时间，江湖艺人终于出现。

他将头埋进大袍里，学起了小猪崽的叫声。他的叫声太逼真了，大家都以为他的袍子里藏了一头小猪崽。表演获得了成功，观众的欢

呼声一浪高过一浪。

只有一个农夫不屑地说："这有什么了不起的！要说起我的本领，那可比他高多了！明天你们看了就明白了。"

第二天，到场的观众更多了。

江湖艺人先上台进行表演，依然受到大家热烈的欢迎。当农夫和艺人一起出现时，观众们都只为江湖艺人喝彩。

轮到农夫表演了。他假装将一只小猪藏在袍子里（实际上袍子里的确藏有一只小猪），用手使劲儿揪小猪的耳朵，让它发出尖叫声。这时，台下有人高声斥责农夫，说他模仿的叫声根本比不上江湖艺人，甚至还有人起哄着要将他赶下台。

农夫当着观众的面，从袍子里抱出了那只小猪，大声说："瞧吧，亲爱的观众们，你们可称得上是世界上最伟大的评判者！"

寓意：这个故事是讽刺那些不加思考、看不清事物本质而无知起哄的人。

老妇人和她的女仆们

很久以前，有一个非常爱干净的老寡妇，她雇佣了两个女仆来侍奉。每天一大早公鸡一叫，老寡妇就叫女仆起床干活儿。两个女仆每天有许许多多的活儿要做，感到特别疲惫，对那只公鸡恨之入骨，她们想，如果公鸡不再啼叫，她们就不用早起干活儿了。于是，她们决定杀掉公鸡。可事与愿违，没有了公鸡啼叫报时，女主人反而起得更早了，每天天不亮就将女仆叫醒干活儿。

寓意：偷鸡不成蚀把米，只能落下个事与愿违的后果。

磨坊主、他的儿子和他们的驴

有一天，磨坊主和他的儿子一起牵着驴到市场上卖驴。没走多长时间，就看见一群姑娘在路边聊天说笑。一个姑娘高声说道："快看啊，这两个人可真是傻子，明明有驴却偏要徒步走路。"老人一听，马上让儿子骑上驴，自己跟在后边走着。

没过多长时间，他们碰到了一群老人。老人们激烈地争论：

"哎，现在的孩子可真是太懒惰了，太娇生惯养了，自己骑在驴身上，老年人却只能可怜地跟在后边走。赶快下来，你这孩子真是太不孝顺了！"老人听了又赶紧让儿子下来，自己骑了上去。

他们继续向前走，又碰到了一群妇女和孩子。几个妇女你一言我一语地喊着："嘿，你这个老头儿可真是好吃懒做！你自己美滋滋地骑着驴，可怜的孩子却徒步走着？"磨坊主马上将儿子叫过来，两个人一同骑在驴背上。

快到市场的时候，一个城里人高声喊道："哟，瞧这驴可真是命苦啊，它是你们的驴吗？"另一个人也凑过来说："谁能想到你们竟然这样骑驴？依我看，不如你们两个一起抬着它走吧。"老人和儿子赶紧从驴背上跳下来，用绳子将驴的腿捆上，把驴子抬走了。

这时候，桥头上的一群人看见父子俩气喘吁吁地抬着驴，便哈哈大笑起来。驴子受了惊吓，挣脱绳子拼命奔逃，不料却失足掉进了河里。磨坊主只好空手返回家中。

寓意：人要有自己的主见，不要随意被他人的言论所左右。

蝙蝠、荆棘和海鸥

很久以前，蝙蝠、荆棘和海鸥一起做生意。蝙蝠借了许多钱作为启动资本，荆棘奉献出了许多布料作为商品，海鸥则投资了很多的铜货源。一切准备妥当之后，他们一起乘船出海，不料海上忽然刮起了风暴，船被吹翻了，货物和钱财全都没了踪影。虽然蝙蝠、荆棘和海鸥都幸运地保住了性命，但是生意肯定是不能做了。

从那之后，海鸥总是不停地在海边徘徊搜索，企图找回丢失的铜块；蝙蝠再也不敢在白天现身，生怕遇到那些曾经借钱给他的债主，只敢晚上出来活动；荆棘则不管有谁从它身边经过，都要用刺将来者的衣服抓住，看看那是不是它遗失的布料。

寓意：与自己利害相关的事情，总是让人更在意。

蝙蝠和黄鼠狼

一只蝙蝠不小心跌在地上，恰好被黄鼠狼逮住了。蝙蝠苦苦哀求黄鼠狼千万不要杀死自己，黄鼠狼说："不行，一切鸟类都是我的猎物，我不可能放过你。"

蝙蝠连忙说："可我不属于鸟类啊！实际上我是鼠类。"

黄鼠狼听了蝙蝠的话，放走了它。

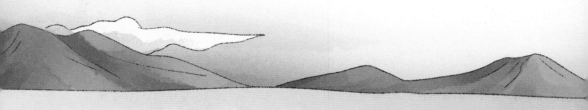

过了一阵子，蝙蝠又一次摔在地上，被另外一只黄鼠狼抓住了。那只黄鼠狼说："我非常痛恨一切鼠类，今天一定要将你吃掉！"

蝙蝠又开始辩解："但我根本不是一只鼠哇，你看，我只是一只名字叫作蝙蝠的鸟罢了。"

黄鼠狼瞧了瞧它，觉得它的确很像一只鸟，于是便放走了。

就这样，蝙蝠两次都免于一死。

寓意：遇到危险的时候机智多变，或许可以化险为夷。

落难者和大海

有个人坐船出海，不幸遇到了海难，被海浪卷到了岸边。他因太过疲惫而昏昏睡去，等他苏醒的时候，大海已经变得波平浪静，一副温情脉脉的模样。他生气地埋怨大海："现在你倒装出这副样子引诱人们了！一旦你将人引入海中，你就卷起巨浪，将人的性命玩弄于股掌之间！"

大海回答道："朋友，这你可不能责怪我呀，真正应该责怪的实际上是风。我本来就是一副十分平静的样子，是风将我激得波涛汹涌、暴戾恣睢的。"

寓意：有些人惯于找借口，推卸责任。

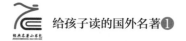

买驴

有人想购买一头驴，却不知道它是不是自己想要的类型，便先牵回家试一试。他把新买的驴和家中的其他驴都牵到食槽边，新驴见到别的驴便远远地躲开了，唯独对一头又懒又胖的驴非常亲近，一直同它站在一起。一整天，新驴就呆呆地站在胖驴的旁边，什么也不做。

于是，买驴人又将它牵了出来，还给了卖主。卖主说："你这试法真的可行吗？不要再试一试吗？"

买驴人说："不必再试了。我一看它选择什么样的伙伴，就知道它是什么货色了。"

寓意：物以类聚，人以群分。

驴和农夫

农人饲养了一头驴。驴嫌农活儿太重，每顿又吃不饱，就向宙斯祈祷，希望可以远离农庄，再寻找一个新主人。

宙斯答应了驴的请求，把它送到了一个陶工家里。过了一段时间，驴又对现状不满意了。陶工的活儿也很重，它的身上时常要背着黏土和陶器，比以前更加辛苦。驴再一次向宙斯祈祷，要求换一个主人。

这一次，驴的主人干脆换成了一位皮匠。这么一番更换后，驴竟然发现，越换越糟糕！它哀叹道："我还不如就待在原主人那里呢。

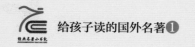

我现在已经看出来了，这个皮匠主人早晚得把我的皮鞣了不可呀！"

　　寓意：千万别身在福中不知福，切忌好高骛远。

小偷和他的母亲

　　很久以前，有个小孩在学校里偷了其他同学的写字板，拿回家交给了母亲。母亲不仅没有责怪他一句，反而表扬了他。第二次，他又偷了一件外衣，交给了母亲，母亲也对他极尽夸赞。后来，小孩长大成人，开始偷更贵重的东西。终于有一天，他在行窃时被别人当场抓住，扭送到法官那里，被判了死刑。

　　行刑那天，他被反绑着双手送到刽子手那里，他母亲跟跟跄跄地跟在后面，痛哭个不停。小偷停下来，示意他可以与母亲说几句话。母亲赶忙来到他身旁，把耳朵贴到他的嘴边。就在这个时候，小偷忽然咬住了母亲的耳朵，狠狠地咬了下来。

　　母亲责怪他不孝，说他不仅犯了罪，还害得母亲变成了残疾。小偷回答道："当初我偷写字板的时候，如果你能够生气地揍我一顿，我也不至于沦落成这样！"

　　寓意：如果小错误不能够及时更正，迟早会酿成大罪过。

鹦鹉和猫

有个人买了一只鹦鹉，带回家里喂养。鹦鹉曾经受过专门的训练，一进门就飞到了高高的炉台上，站在那里兴高采烈地叫起来。这时候，主人养的猫听到了动静，踱步走来，问道："你是谁呀？你来自哪里呀？"

鹦鹉答道："我是主人刚刚从集市上买来的。"

猫很不开心地说："你这东西真是不知羞耻，主人刚将你买回来，你就在这里胡乱叫唤。我一生下来就生活在这座房子里，主人可从不许我在这里又吵又嚷的。假如我像你这样叫唤，肯定会挨打，还会被丢到门外。"

鹦鹉不以为然地说："哎呀，猫管家，你赶紧走开吧，你和我根本不能相比。我的歌声可不像你的怪叫声那样难听！"

寓意：拿自己的短处跟别人的长处相比，是自取其辱。

黄蜂、鹧鸪和农夫

一只黄蜂和一只鹧鸪非常口渴，便飞到农夫面前想问他要点儿水喝。为了达到目的，它们许诺肯定会好好报答农夫。鹧鸪说："我能为你种植的葡萄树松土，让葡萄树更加旺盛地生长。"黄蜂说："我

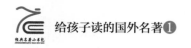

可以在你的葡萄树四周到处巡逻，用毒刺叮那些企图来偷吃的人。"

农夫回答道："我自己拥有两头牛，它们虽然从未对我说过什么诺言，却什么活儿都愿意做。我觉得与其将水拿给你们喝，还不如给我的牛呢。"

寓意：行动往往比许诺来得更真实。

航海者

一群人坐船出海航行，途中遭遇特大风暴，眼看着船就要沉入水中，所有人危在旦夕。于是，乘客们纷纷呼唤着家乡神灵的名字，祈求神明保佑，并许诺假如这次可以脱离危险，日后一定会将丰盛的祭品奉献出来以回报神灵。

不久之后，风暴果然停息下来了，大家的性命保全住了。乘客们都非常开心，摆起了酒宴庆贺，高兴得手舞足蹈。这时，一位神色自若的舵手面对着狂欢的人群高声说道："朋友们，你们就纵情享受吧。如果风暴再一次降临，希望我们还可以和现在一样。"

寓意：天有不测风云，即使风平浪静，也要时刻警惕惊涛骇浪。

蝉和狐狸

蝉在高高的树上高声唱歌，狐狸恰好路过此处，想把蝉当作一顿美餐。狐狸故意站在树下赞美蝉的声音，说："您飞下来让我瞧一瞧您的真容吧，我想知道到底是什么样的天生尤物能够唱出这么美妙的歌声！"

蝉觉得其中有诈，便假装答应，然后丢了一片树叶。狐狸以为是蝉，便猛地扑了上去。

蝉冷笑道："朋友，你真的觉得我会下去吗？那可真是大错特错了。自从我在狐狸的粪便里看到了蝉翅之后，就对你格外提防了。"

寓意：聪明的人总是善于汲取他人的教训。

鼹鼠和妈妈

鼹鼠的眼睛天生看不见东西。有一天，一只小鼹鼠告诉妈妈："妈妈，真是太棒了，我可以看见东西了！"

为了验证孩子所说的话，鼹鼠妈妈取出一粒乳香放在小鼹鼠面前，让它看一看这到底是什么。小鼹鼠回答道："我看到了，这是一颗圆石头。"

鼹鼠妈妈悲伤地叹息道："唉，我的孩子呀，你不仅没有看到我

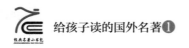

拿给你的东西，还失去了原本的嗅觉！"

寓意：连最基本的事情都做不好，却爱吹牛说大话，结果只会贻笑大方。

燕子和众鸟

当槲寄生树开始发芽的时候，燕子预感到众鸟将要迎来一场灭顶之灾。于是它把大家都召集到一处，劝说它们将生长在橡树上的槲寄生全部砍掉，假如不能完成这个任务，就干脆求助于人类，求他们

千万别用槲寄生制作的粘网来捕杀自己。

众鸟听了燕子的话都不以为然，反而嘲笑它过分担心。无奈之下，燕子只好放弃建议和劝说，独自飞到人类那里寻求庇护。人类觉得燕子非常机灵，便收养了它，并在家中给燕子留出了一个栖身的地方供它筑巢。至于其他鸟类，运气可就没那么好了，逐渐遭到了人类的捕杀。

只有燕子，到今天还可以得到人类的庇护，从而毫无顾忌地在人类房檐下搭窝筑巢。

寓意：人无远虑，必有近忧。

射手和狮子

一个射手技艺非常高超，有一天他去山上打猎，动物们全都逃走了，谁都不敢靠近他，唯独狮子向他挑战。

射手根本没有出手，但他的使者只发了一箭就射中了狮子。使者说："先让你尝尝本使者的厉害，过一会儿射手本人会亲自来制服你。"

狮子听了这话立刻逃走了。狐狸在背后叫住它，劝道："你是百兽之王啊，应该勇敢地迎战，怎么能这么逃跑呢？"

狮子回答道："你别想拿这种话来诓骗我。射手的使者，技艺都这么厉害了，他本人若真的出手，我还能保住性命吗？"

寓意：做冒险的事情之前要考虑清楚后果。

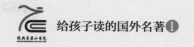

山羊和驴

有人饲养了一只山羊和一头驴，给驴吃的饲料要好于给山羊的，这引起了山羊的不满和嫉妒。它总是对驴说："你瞧瞧你，每天推磨负重，干得都是重活儿，简直看不到出头之日。"驴内心有些摇摆不定的时候，山羊又说道："你不如装作自己得了癫痫病，然后摔一跤，最好是摔到沟里，这样不就可以趁受伤的机会好好休息一下吗？"

驴听信了山羊的话，某天干活儿的时候装作不小心掉进了沟里，摔得遍体鳞伤。主人请了兽医为驴医治。兽医检查完说："这也不难治，但需要用羊肝来配药才能治好。"主人听后便宰了山羊，取出羊肝来给驴做药。

寓意：设计谋害别人的人，终会招致灾祸。

凭空许愿的人

有个穷人病得非常严重，医生们都治不好他，眼看他就要活不下去了。穷人坐起身来，对着众神许愿道："神哪，假如您可以让我康复，我愿意用一百头牛作为供品来报答您！"

穷人的妻子听见后，接口道："你可别说胡话了，咱去哪儿找那么多牛还愿呢？"

穷人回答："你就放心好了，就算我真的康复了，神也不会真的问我们索要那么多供品的。"

寓意：许诺要慎重，不要信口开河。

马和骑兵

有个骑兵一直都特别细心周到地喂养自己的马，为的就是能让马跟随自己冲锋陷阵。马也特别争气，在战场上时十分英勇，与骑兵一起出生入死。

战争结束之后，骑兵就再也不像从前那样，每天让马负重干活儿，也不再给他喂食精饲料了。

过了一段时间，战争又一次爆发，骑兵连忙骑上马又冲上了战场。这次没跑几步，马就一个跟头栽倒了，骑兵也重重地摔了下来。马对骑兵说："主人哪，你现在还是去参加步兵吧，我已经不能再驮着你打仗了。因为你已经把我从原来的战马变成了驴，我怎能再像以前那样英勇作战呢？"

寓意：居安思危，才可以适时地化险为夷。

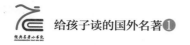

被蚂蚁咬了的人

　　某只航船上有一个对神不恭敬的人，结果这只船遭遇风暴，沉到了海底。沉船事件的目击者觉得神灵处理此事很不公平，就向赫耳墨斯申诉，他说："为了将一个对神不恭敬的人置于死地，就杀死了一船无辜的人，真是太不公平了。"

　　目击者说这些话的时候，一群蚂蚁恰好经过这里，其中一只蚂蚁在他腿上咬了一口，他痛得跳了起来，抬起脚踩死了一群蚂蚁。

　　赫耳墨斯说道："现在你是不是意识到了？其实神处置人类的方式，同你处置蚂蚁的方式没有什么区别呀。"

　　寓意：向别人提出意见和建议的时候，应该先反省自己有没有相似的问题。

猎狗和家犬

　　一条家犬被主人视作猎狗来训练。主人对它极其看重，精心喂食，它的身体非常健壮，也很有力气。有一天，主人将它和别的猎狗一同放去作战时，它却挣脱项圈逃离了。

　　街上其他狗看见它时都觉得奇怪，问

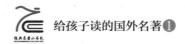

道："你长得这样威武健壮的，为什么还要逃走啊？"

家犬回答道："别看我衣食无忧，被养得肥肥壮壮的，但我心里非常清楚，如果让我去跟野兽搏斗，那我肯定必死无疑了！"

听了这话之后，其他狗开始议论起来："还是咱们的日子好哇，虽然吃得不是特别好，但至少也不用被驱使着跟野兽打斗啊。"

寓意：做人要有自知之明，不然将付出很大代价。

野兔和狐狸

野兔知道狐狸非常有本事，就想努力去巴结狐狸。他说："听说您被誉为智多星，我对您真是仰慕极了。我想问问，您平时都是如何打发无聊时光的？"

狐狸回答道："你这样夸奖，我愧不敢当。如果你对这个问题真的很好奇，那不如晚上来我家吃饭，到时你就知道我究竟是怎么打发无聊时光的了。"

野兔听了之后，晚上时真的跟着狐狸回家了。一进门，野兔发现

狐狸家里连一点吃食都没有准备，便马上明白了。野兔悔恨不已，哀叹道："真是太不幸了，我竟然为了增长见识，赔上了自己的性命。现在我终于明白为什么你会被大家叫作智多星了！"

寓意：好奇心，害死人。

狼和狗

一群狗为牧羊人看守羊群。一群狼经过这里，对狗说道："哎，你看我们各方面竟然如此相似，完全可以像兄弟一样好好相处嘛！

我们之间唯一的差距就是生活方式不同。你们可以逆来顺受，任人鞭打奴役，帮人类辛苦工作；吃饭的时候他们吃的是香喷喷的肉，你们却只能吃他们剩下的骨头，这又何必呢？不如咱们结成一伙，美美地吃上一顿羊肉，怎么样？"

狗觉得狼说得非常在理，就大开方便之门。不料狼群冲进羊圈以后，最先咬死的就是看守羊群的狗。

寓意：背叛之徒是没有好下场的。

狼和驴

一只狼当了狼群的首领后，马上立下法令，说从今以后所有狼捕到的猎物都由狼群一起分享，均等分配，这样大家就不会因争夺食物而彼此争斗不休了。

这时候有头驴路过这里，听到狼这么说，便抖了抖自己的鬃毛，笑着问道："您的立法可真是英明极了。既然如此，那为什么你却把昨天你捕到的猎物藏在窝里呢？为什么不把猎物拿出来跟你的兄弟们一同分享呢？"

狼的秘密就这样被戳穿了，一时羞得面红耳赤，只得将这条法令作废。

寓意：为了彰显法律公正，立法者更要以身作则。

旅人和"实话"

有个旅人行走在沙漠里，突然看到一个孤身女子。旅人问道："你是谁呀？"

女子回答道："我的名字是'实话'。"

旅人又问："你怎么一个人在这儿？这里远离城镇，你不觉得很恐惧吗？"

女子回答道："我也别无他法啊。城镇谎言盛行，已经没有实话存在的空间了，我只能来到这荒僻之地。"

寓意：如果谎言盛行起来，那么实话将无立锥之地。

狮子和海豚

一头狮子悠闲地在海边散步，刚好看见一只海豚从海面上露出头来。于是狮子就劝说海豚与他结成盟友。他说："你看，咱俩结盟可真是再完美不过了。我是陆地上的百兽之王，而你呢，是水中动物的霸主。"

海豚非常高兴地答应了，二者正式结成盟友。不久以后，狮子与野牛产生了矛盾，争斗起来，一时难分高下。狮子高声叫喊海豚，希望海豚可以帮助一下自己。海豚虽然很乐意帮忙，只可惜心有余力不

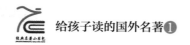

足，只得眼巴巴看着。

战后，狮子对海豚的不作为非常不满，责怪他明明是盟友却不肯相助。海豚回答道："这可真的不能怪我，要怪就怪大自然。是大自然要我必须待在水里，因为我只是水生动物，不能上岸行走。"

寓意：寻求帮助的时候，也得看看求助对象是否具备相应的能力。

普罗米修斯、狮子和大象

普罗米修斯在创造狮子的时候，将他设计得又高大又威猛，使他既拥有尖利的牙齿，又拥有强劲有力的爪子。但他居然却痛诉普罗米修斯："尽管我这般厉害，但是我害怕公鸡。"

普罗米修斯无奈地说："那你怎么能责怪我呢？我已经把一切优点和长处都安排到你身上了。你害怕公鸡，从根本上来说是因为你内心脆弱。"

"唉，我真是不幸，我觉得自己好像一个十足的蠢货，一个十足的胆小鬼。这么大的身躯竟然会怕一只小小的公鸡，我还不如现在就去死了呢！"正在狮子抱怨不休的时候，一头大象来到他的面前，他便拉着大象闲聊起来。聊天过程中，狮子发现大象总是不停地扇着大耳朵，便问道："你这是做什么？为什么不让耳朵稍微歇一会儿？"

　　"不行啊。"大象回答道。这时，正好又有一只蚊子嗡嗡叫着飞过来，大象又急忙扇耳朵，并对狮子说："你看见了吧？我是在提防这个会嗡嗡叫的小东西呀。"

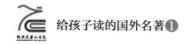

狮子听了这话，心情顿时好了。他喃喃自语道："我真是太蠢了，竟然因为这么一点小事寻死觅活的。鸡叫也不过每天一次，而蚊子却是无时无刻地骚扰着大象。这么的话，我可比他幸运多了。"

寓意：在这个世界上，每个人都有自己的烦恼。

蚊子和狮子的决斗

一只蚊子嗡嗡嗡地飞到狮子面前，向他叫嚣："我一点儿都不害怕你，你丝毫不比我强。如果你对我的话不服气，那就展示一下你的力量吧！你除了会用爪子抓、用牙齿咬，还会做什么？我可比你强了不知道多少倍，不信咱们就来比试一下！"说完，蚊子嗡嗡叫着朝狮子快速飞去。他专挑狮鼻子周围没长毛的地方叮咬，狮子简直快将自己的脸皮抓破了，还是伤不到蚊子一丝一毫，无奈之下只得认输。

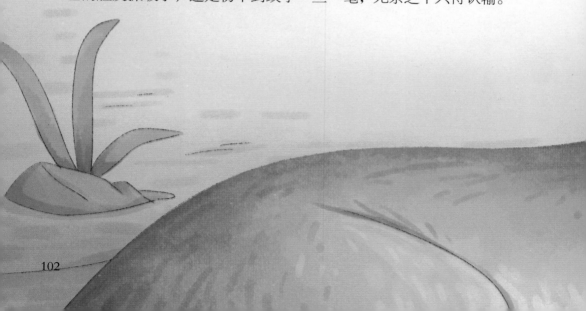

获胜的蚊子得意地往回飞，然而一不留神撞进了蜘蛛的大网里，怎么也挣脱不了。在即将被蜘蛛吞掉的时候，蚊子叹道："我真是太不幸了！狮子那么强大，我都可以战胜，却不小心栽到了小小蜘蛛的手里。"

寓意：顺利时得意忘形是可怕的。

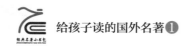

农夫和蛇

　　农夫的儿子不幸被一条蛇咬死了。农夫心中十分悲痛，抄起一把板斧跟跟跄跄地走到蛇的洞穴口，准备等蛇一现身就将它砍作两截，为儿子报仇。过了一段时间，蛇探出头来，农夫将斧头高高抡起，然而没有砍中蛇身，却将蛇洞口的一块大石头劈作了两半。

　　农夫报仇未果，怕蛇会来报复，于是转而向蛇乞求，希望可以跟蛇和解。

　　"这根本不可能，"蛇回答道，"从今以后，每当我看到洞口那块被劈开的大石头，就会恨从心起。同样，每当你看到你儿子的墓穴，你也如此。"

　　寓意：做人一定要分清善恶，对恶人千万不能心慈手软。

狮子和公牛

　　狮子为了捕杀公牛想了一个计谋。他假装好心地对公牛说："我杀了一只绵羊，想邀请你跟我一起品尝美食呢！"狮子准备等公牛来他家赴宴的时候，借机

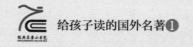

杀死公牛。

不久之后，公牛应邀来到狮子家中，看到四周摆放着很多大铁叉和大铁锅，唯独没有看见绵羊的踪影。公牛快速思索了一下，便悄然离开了。

狮子责备公牛："我又没有伤害你，你怎么一声不吭离开了？"

公牛说："哦，我离开是有原因的。因为我看到你所摆的阵仗，好像并不是要吃羊，而是要吃牛。"

寓意：不要因他人的花言巧语而受到蒙蔽。

女人和她的酒鬼丈夫

女人的丈夫是个嗜酒如命的酒鬼，她为了帮丈夫改掉这个坏习惯，于是想了一个办法。有一天，她趁丈夫醉得不省人事的时候，把丈夫背起来，将他放到了墓穴里。估计丈夫快要苏醒的时候，女人故意去敲了敲墓穴的门。

"谁在敲门？"丈夫迷迷糊糊地问道。

"是我呀，"女人假装难过地回答，"我来给去世的人送食物。"

"这样啊，那你还是别来送什么吃的东西了，干脆给我拿些酒来吧。没有酒喝，我备受折磨呀。"

听到丈夫如此说，女人顿时心灰意冷了。她自言自语道："我的命可真是太苦了！我费尽心机想出这么个办法，没想到不但没能让你改掉

以前的坏毛病，反倒让你更过分了。我看你这嗜酒如命的毛病无论如何也改不了了。"

寓意：人一定要学会克制自己，不能一味地沉湎于不良嗜好中，否则习惯成自然，就很难戒除了。

狮子、驴和狐狸

狮子、驴和狐狸相约一起到野外打猎，并收获了很多猎物。狮子让驴分配战利品，驴便将猎物分成了三等份，请狮子先来挑选。狮子怒火中烧，先扑过去吃掉了驴。

之后，狮子又让狐狸分配猎物。狐狸把猎物分成了数量差距很大的两份，一份高高堆起，看似一座小山，并将其分给了狮子，自己那份则是很少的一点点。

狮子对这样的分配特别满意，问道："我的好伙伴，是谁教你分得这么合情合理的呀？"

狐狸说："是驴的遭遇教会了我如何分配才是最正确的做法。"

寓意：聪明人要学会从别人的不幸遭遇中获得教训。

狼和牧羊人

一只狼一直紧紧地尾随在羊群后面，但并没有为非作歹。起初，牧羊人的防范心很强，一直小心谨慎地观察着狼的举动。但是后来，狼一直没有什么动静，牧羊人便逐渐放松了警惕，甚至将狼看作羊群的守护者。

有一天，牧羊人要去城里办事，便把羊群交给狼来照看。机会真是从天而降，狼便趁牧羊人不在的时候将羊吃得一只不剩。

牧羊人回来之后，发现损失竟然这么惨重，忍不住哀叹道："我真是自作自受呀！谁让我把羊交给狼来看管呢！"

寓意：因愚昧而做错了事，自然要自食其果。

强盗和桑树

　　一个强盗杀死了人，恰好被路人看到。路人一直不停地追赶，强盗只好满手血污不停地奔逃。这时，对面走来一个人，见他双手是血，便关心地问道到底发生了什么事情。强盗自然不会将真实情况说出来，便谎称自己刚刚从桑树上爬下来，双手出血了。

　　正在这时，那个追他的路人跑了过来，一把揪住这个强盗，将他绑起来吊在了旁边的一棵桑树上。桑树对强盗说："我能够为惩处你而出一把力，一点也不会感到良心上过意不去。因为就在刚才，明明是你谋害了人，你却把罪行推到了我的头上。"

　　寓意：面对他人的栽赃诽谤，即便是最善良的人也应奋起反击。

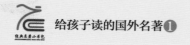

乌鸦的承诺

　　一只乌鸦被农夫的网扣住了，无论怎样拼命挣扎都无法逃脱。无计可施之下，乌鸦向太阳神阿波罗祈求，请阿波罗帮忙放了他。乌鸦还坚定地发誓，一旦逃出罗网，必定会为阿波罗供香祭拜。太阳神阿波罗相信了乌鸦的话，便将他放了。可是，乌鸦从危险中脱身后便彻底忘了自己发过的誓言。

　　没过多久，乌鸦再次不幸地落入了农夫的捕网。乌鸦没有办法，又去祈求天神赫耳墨斯，并坚定地许下了同样的诺言。赫耳墨斯听了乌鸦的诉说，严厉地斥责道："你这忘恩负义的家伙！你辜负了你的恩人，还指望我继续相信你吗？"

　　寓意：曾经不诚信的人，很难再取得别人的信任。

牧牛人

很久以前，一个牧牛人放牧的时候粗心大意丢了一头小牛，可是到处找也没有找到，于是他便向天神宙斯祈求，声称如果天神可以保佑他找到小牛，他愿意宰一头小羊来报答天神。

不久后，牧牛人走进一片树林，刚好看见一头凶狠的狮子正在吃那头走丢的小牛。牧牛人非常惊慌，急忙举起双手祈祷道："尊敬的天神宙斯呀！之前我的确向您祈求过，要是我可以找到丢失的小牛就宰一头小羊来报答您。但是现在，如果您能帮我摆脱这头狮子的威胁，我必定会宰一头公牛来报答您的！"

寓意：与生命相比，其他都是身外之物，不值一提。

牧羊人和野山羊

一天，牧羊人正在草地上悠闲地放羊，突然发现羊群里混进了几只野山羊。牧羊人想将这些野山羊占为己有，因此傍晚的时候便把他们和自己的羊一同关进了羊圈。没想到的是，第二天突然一阵风暴，牧羊人无法到外面放牧，只能把羊群关在羊圈里。牧羊人为了驯服野山羊，只给自己的山羊分配了少得可怜的食物，而给野山羊的食物却堆得好似小山。

风暴停息后，牧羊人赶着羊群去放牧，没想到野山羊并未被他驯服，一溜烟爬上山坡逃跑了。牧羊人怎么追也追不上，气愤野山羊的忘恩负义。"我给了你们充足的食物和特殊照顾，你们居然还要弃我而去！"

对此，野山羊回答道："正因为你对我们这些野山羊特殊照顾，我们才决定远离你。其他山羊跟随你那么多年，我们刚来，你就对他们不似从前了。将来来了新的野山羊时，你肯定也会像今天对待其他山羊那样对待我们的。"

寓意：公平公正，才能赢得信任与尊重。

苍蝇

蜜罐里漏出了一些蜜，被苍蝇发现了。他们兴高采烈地围着蜜吃了起来，真的太美味了，以至于他们完全没有察觉自己的双脚已经被牢牢地粘住。虽然他们填饱了肚子，却再也飞不起来了。

临死的时候，苍蝇们十分后悔，感慨道："唉，真是可怜啊，我们居然为了片刻的欢愉而丢掉了宝贵的性命！"

寓意：不要因为一时好运而失去了理智，否则便会乐极生悲。

113

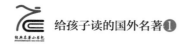

小山羊和狼

　　一只狼不停地追逐着羊群，其中一只小山羊不幸掉队，被狼逮住了。小山羊可怜巴巴地对狼说："狼，我知道我这一次在劫难逃了，迟早会变成你的腹中餐，但我不想就这样寂寂无声地死去。我能不能请你吹笛子，我来跳一支舞呢？"

狼没有拒绝，吹起笛子，小山羊随着笛声翩翩起舞。可是狼万万没想到，笛声吸引了猎狗的注意，猎狗们纷纷赶来追捕狼。狼十分后悔，转头对小山羊说："我真是自作自受！我本来是个屠夫，却偏要把自己装成一名吹笛手！"

寓意：做事要果断，以防节外生枝。

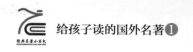

狼和老婆婆

　　一只饥饿的狼到处奔走寻找食物，恰好走到一间小屋外，听到里面有小孩子哇哇哭叫的声音。有个老婆婆吓唬他："不许哭！你要是还这样哭个不停，我就把你丢到外面喂狼！"

　　狼听了之后把这话当真了，眼巴巴地在门外等着，希望老婆婆厌烦了把小孩子丢出来，但过了很长时间都没有听见任何动静。又过了一会儿，狼又听到老婆婆说："好孩子，别怕啊，要是狼来了，咱们就一起打死他！"

　　听了这话，狼吓得转身跑了。他一边跑一边抱怨："这家人真是过分，说的是一码事，做的却是另外一码事！"

　　寓意：听信别人的随口之言，是愚蠢的。

赫耳墨斯和地神

　　主神宙斯创造了男人和女人，然后派遣赫耳墨斯带他们到地神那儿学习怎样种庄稼。赫耳墨斯按照神意带着男人们和女人们去了，不

料地神并不乐意。

赫耳墨斯再三强调这是宙斯的意思，但地神就是不愿意。赫耳墨斯无计可施，只好说："那好吧，就让他们随心所欲地去开垦土地、种庄稼吧，反正到头来他们得用叹息和眼泪来偿还。"

寓意：不以规矩，不成方圆。做任何事都要遵守规则。

狐狸和山羊

一天，一只狐狸一不小心掉到了井里，上蹿下跳地挣扎了很长时间，还是没爬出来。

就在狐狸无计可施的时候，一只饥渴的山羊恰好来到井边找水喝。他一眼望见掉在井底的狐狸，便捋着胡子问："狐狸先生，这水喝着还行吗？"

狐狸望了望山羊，不由得暗暗窃喜，极力赞美井水好喝。"赶紧下来吧，朋友。这是天底下最清甜的水，清凉，甘甜，真解渴呀！你也来好好畅饮一番吧！"

渴极了的山羊听信了狐狸的话，什么也没想便跳进了井里，埋头大口大口地喝起水来。等他喝饱了，才发现出不了井了。而狡猾的狐狸早就做好了准备，连忙说："我倒是想到一个好办法。你用前脚扒在墙上，再把犄角直直地竖起来，我从你的背上跳上去，然后再想办法把你拉上来，这样我们就都能获救了。"

山羊思考了一会儿，赞同了狐狸的提议。于是，狐狸蹬着山羊高高的犄角，用尽全身力气跳出了井口。狐狸回头看了看山羊，冷笑道："可怜的傻瓜！假如你的心计有你的胡子那么多的话，你就会事先想好怎么出去。你真是蠢到极点了！"

寓意：聪明的人做事情要先考虑后果，盲目做事难免做错。

经典名著小书包

姚青锋 主编

给孩子读的国外名著 ①

格林童话

［德］格林兄弟◎著　胡　笛◎译　书香雅集◎绘

当代世界出版社
THE CONTEMPORARY WORLD PRESS

图书在版编目（CIP）数据

格林童话 /（德）格林兄弟著；胡笛译 . -- 北京：当代世界出版社 , 2021.7

（经典名著小书包：给孩子读的国外名著 .1）

ISBN 978-7-5090-1580-3

Ⅰ . ①格… Ⅱ . ①格… ②胡… Ⅲ . ①童话 - 作品集 - 德国 - 近代 Ⅳ . ① I516.88

中国版本图书馆 CIP 数据核字 (2020) 第 243352 号

给孩子读的国外名著.1（全5册）

书　　名：格林童话
出版发行：当代世界出版社
地　　址：北京市东城区地安门东大街70-9号
网　　址：http://www.worldpress.org.cn
编务电话：（010）83907528
发行电话：（010）83908410（传真）
　　　　　13601274970
　　　　　18611107149
　　　　　13521909533
经　　销：新华书店
印　　刷：三河市德鑫印刷有限公司
开　　本：700毫米×960毫米　　1/16
印　　张：8
字　　数：85千字
版　　次：2021年7月第1版
印　　次：2021年7月第1次
书　　号：ISBN 978-7-5090-1580-3
定　　价：148.00元（全5册）

打开世界的窗口

书籍是人类进步的阶梯。一本好书，可以影响人的一生。

历经一年多的紧张筹备，《经典名著小书包》系列图书终于与读者朋友见面了。主编从成千上万种优秀的文学作品中挑选出最适合小学生阅读的素材，反复推敲，细致研读，精心打磨，才有了现在这版丛书。

该系列图书是针对各年龄段小学生的阅读能力而量身定制的阅读规划，涵盖了古今中外的经典名著和国学经典，体裁有古诗词、童话、散文、小说等。这些作品里有大自然的青草气息、孩子间的纯粹友情、家庭里的感恩瞬间，以及历史上的奇闻趣事，语言活泼，绘画灵动，为青少年打开了认识世界的窗口。

青少年时期汲取的精神营养、塑造的价值观念决定着人的一生，而优秀的图书、美好的阅读可以引导孩子提高学习技能、增强思考能力、丰富精神世界、塑造丰满人格。正如我国著名作家赵丽宏所说："在黑夜里，书是烛火；在孤独中，书是朋友；在喧嚣中，书使人沉

静；在困慵时，书给人激情。读书使平淡的生活波涛起伏，读书也使灰暗的人生荧光四溢。有好书做伴，即使在狭小的空间，也能上天入地，振翅远翔，遨游古今。"

多读书，读好书。希望这套《经典名著小书包》系列图书能够给青少年朋友带来同样的感受，领略阅读之美，涂亮生命底色。

本书主编

2021年5月

目录

白雪公主

　　很久很久以前，世界上有一座非常豪华的宫殿，里面住着国王和王后。他们彼此相爱，享受着无比富足的生活，但两人结婚多年却没有儿女，于是他们每天都向上帝祈求："我仁爱的上帝，求您赐给我们一个孩子吧。"

　　或许是受到了上帝的垂悯，王后成功怀孕，并生了一个漂亮的女孩儿。她有着雪白的皮肤、乌黑的头发。国王看了很是欣喜，就给她取名"白雪公主"。

　　国王和王后很爱他们的女儿，总是对她很宠爱。时间就这样一天天过去，当初襁褓中的婴儿，如今已出落成一个楚楚动人的少女。她非常美丽又非常善良，终日与小动物们一起玩耍嬉戏。

　　有了父母的疼爱和小伙伴的朝夕陪伴，白雪公主特别乐观开朗，每天的日子都过得无比开心。可好景不长，意想不到的事情发生了。王后突然因病去世，国王不得不另娶了一个新王后。新王后铁石心肠，又精通巫术，虽然长得漂亮却生性凶残、脾气暴躁，而且见不得任何女人比她长得漂亮。

　　新王后有一面魔镜，这个魔镜有着很强的法力，她可以从镜子中得到自己想要的一切答案。每当早晨醒来，王后就会问魔镜："魔镜魔镜告诉我，谁是世界上最漂亮的女人？"每当这个时候，魔镜就会告诉她："尊敬的王后，您就是世界上最漂亮的女人啊。"听到这个

答案，王后就非常开心。

　　一天早晨，王后又像往常一样问魔镜同样的问题："魔镜魔镜告诉我，谁是世界上最漂亮的女人？"可这回魔镜给出的答案让她瞬间愤怒起来。"尊敬的王后，虽然您依旧漂亮，但世界上最漂亮的女人

已经另有其人了。""是谁？快告诉我！"王后愤怒地问道。此时的魔镜显现出白雪公主的形象。它对王后说："她就是国王的女儿白雪公主，她现在是世界上最漂亮的女人。"

听到这里，王后的嫉妒心发作，在寝室中坐立不安。她立刻叫来仆人，说："我以后再也不想看到白雪公主了，你去把她杀了吧。"

仆人接受了王后的命令，带着白雪公主来到了森林。看着白雪公主楚楚可怜的样子，仆人怎么也不忍下手，便对她说："公主，赶紧跑吧，离开这里，跑得越远越好。"于是白雪公主逃向森林深处。

白雪公主一刻不停地奔跑。直到天黑，四周一片寂静，她突然觉得很害怕。犹豫间，她发现不远处有一间小木屋。白雪公主悄悄地靠近木屋，礼貌地敲了敲门，却没人回应，于是她下意识地推了推，门便开了。白雪公主走进木屋，发现里面的布置相当整洁：桌子上铺着精致的餐布，上边摆放着七个碟子，每个碟子的两侧都有刀叉和勺子，还有蔬菜和面包，七个玻璃杯晶莹剔透，里面还装着诱人的红酒，而靠墙的位置，七张小床整整齐齐地排列着。

因为走了整整一天，白雪公主又累又饿，于是她顾不上那么多，把盘子里的面包圈都吃了。她喝了玻璃杯里的红酒，觉得整个身体暖和了起来。因为太疲惫，她便躺在了一张小床上睡着了。

没过多久，木屋的主人回来了，他们是七个挖掘金子的矮人精灵。看到眼前的一幕，他们全部惊呆了。精心布置好的餐桌上食物荡然无存，小床上还躺着这样一个漂亮的女人。于是他们把白雪公主围在中间，仔细地端详着，彼此互相猜测着："哎？这个漂亮的女人究竟是谁啊？"

　　或许是因为动静实在太大了，白雪公主被他们的议论声吵醒了。看到眼前的小矮人们，她吓了一跳。好在这些小矮人都还很和气，他们用关切的声音问道："姑娘，你到底是谁啊？"

　　"我……我是……白雪……嗯，白雪。"白雪公主支支吾吾道。

　　"你为什么会出现在我们的家里呢？"小矮人问道。

　　"实在很抱歉，因为我在森林里走了一天，实在是太累太饿了，所以……看到一个小木屋就走了进来……我……"说罢，白雪公主悲伤地哭泣起来，并将自己的遭遇告诉了小矮人们。大家都很同情她，于是彼此商量道："这个姑娘实在太可怜了，不如以后就和我们一起生活吧！"

　　听到这样的决定，白雪公主很开心，满怀憧憬地说道："太感谢你们了！我可以给你们收拾房间、做饭、洗衣服。"从那以后，白雪公主就跟着小矮人一起生活。他们八个人朝夕相处，每天的日子都过得和睦而开心。

　　幽静的宫殿里，王后在那里焦急地等待结果。仆人带着野猪的内脏回到宫殿，王后看了以后，以为白雪公主已经死了，顿时喜出望外，大笑道："哈哈，现在我才是世界上最美的女人。"她又走到魔镜旁边问道："魔镜魔镜告诉我，谁是这个世界上最好看的女人？"可魔镜的回答却让她大为吃惊："我尊贵的王后，世界上最漂亮的女人是白雪公主。她没有死，她还活着，正和一群小矮人生活在一起。"

　　王后这才知道公主并没有死。她很生气，于是想出了一个非常歹毒的计划——她将毒汁抹在了一个苹果上，自己打扮成一个老婆婆，亲自潜入森林去寻找白雪公主。她来到白雪公主所在的小木屋，敲了敲门。不知情的白雪公主以为小矮人回来了，便开心地走了出来。

　　只见眼前是一个古稀之年的老婆婆。她对白雪公主说："哇，我漂亮的女孩儿，要不要买些红红的苹果呢？""可是我没有钱。"白雪公主说道。"没有钱也没关系，不如我送你一个苹果，谁让我们俩有缘分。你可以尝一尝，苹果特别好吃啊。""那么，谢谢啦。"白雪公主接过苹果，轻轻咬了一口，便倒在地上不省人事了。

　　王后看到白雪公主死了，觉得自己的计谋已经成功，便回到了宫殿，迫不及待地对着魔镜问道："魔镜魔镜告诉我，谁才是这个世界上最漂亮的女人？"魔镜回答道："哦，我尊敬的王后，现在您又成为世界上最美丽的女人了。"听到这个消息，王后大为喜悦，她终于如愿以偿了。

　　天色慢慢暗下来，白雪公主孤零零地躺在地上。劳作了一天的小矮人们终于回来了，看到自己的朋友突然离世，伤心坏了。他们把白雪公主放在了一个铺满鲜花的玻璃棺里，为她举办了葬礼。

　　这时，从邻国来了一位英俊的王子。他看到玻璃棺中的白雪公主，生起了浓浓的爱意，转过身问小矮人们："这个漂亮的女孩儿究竟是谁呢？"小矮人们满含热泪，将白雪公主的遭遇一五一十地告诉了王子。他们一边哭泣一边哀叹道："可怜这个貌美的公主，倘若现在活着该有多好啊。"

　　王子回过神，再次打量这个玻璃棺中的公主，只见她皮肤白皙，脸颊红润，宛如熟睡。他的心彻底被她的美貌征服了，便请求小矮人把这个玻璃棺卖给他。可小矮人说什么也不同意，说道："不行，棺中睡着的是我们最好的朋友，就算全世界的金银财宝你都能拿给我们，我们也断然不会把自己的朋友卖给你的。"

　　王子听了难过地说："我已经爱上了她，如果一时看不到她，我就会死的。求你们把她交给我吧，我一定会像对待亲人一样对待她的。"

　　看到王子满怀深情的样子，小矮人们被深深地打动了，于是将白雪公主交给了王子，王子将这个玻璃棺中的姑娘带回到了自己的国家。因为路上颠簸，王子在路上碰到了一块石头，马受到了惊吓，将他摔倒在地。碰巧的是，这个时候，卡在白雪公主喉咙里的苹果被震了出来，只见她迷迷糊糊地睁开眼睛打量着外面的世界，不知道此时的自己究竟身在哪里。

　　看到白雪公主复活，王子喜出望外。他打开玻璃棺，将所有的事情告诉了公主，并深情地说："如果你愿意，做我的妻子好吗？"

　　公主看着王子英俊的脸庞，点头同意了。他们一起回到小矮人的住所，与小矮人们一同庆祝重生。随后，王子挽着公主的手回到了自己的国家，举办了盛大的婚礼，就此过上了幸福恩爱的生活。

　　一天，狠心的王后再次走到魔镜身边问道："魔镜魔镜，谁是这个世界上最漂亮的女人？"魔镜说："尊贵的女王陛下，您是这个国家最漂亮的女人，但论到世界上最美的女人，这个排位已经不是您了。她是邻国王子的新娘，他娶了世界上最漂亮的女人。"

　　听到这个回答，王后很好奇，决定看看这个漂亮的新娘究竟长什么样子，于是魔镜又显现出白雪公主秀丽端庄的面庞。"是她？怎么会是她？怎么又是她！"王后不敢相信自己的眼睛，又惊又气。她终于无计可施，渐渐在嫉妒和怒火中痛苦死去了。

灰姑娘

　　很久很久以前，有一个美丽的女孩儿，人人走过她门前的时候都忍不住多伫立一会儿，想要一睹她的芳容。只可惜这么漂亮的姑娘，命运却跟她开了个玩笑。在她很小的时候，她的母亲就去世了。为了维持生计，父亲又娶了一个女人，也就是她的后母。后母带来了两个比女孩儿略微大一些的女孩子。但这两个姐姐生性浮躁暴虐，对女孩儿的美貌很是嫉妒，所以动不动就欺负她，伤害她，把粗重的活儿都推给她。女孩儿每天灰头土脸，人们再也见不到她那秀丽端庄的容貌。每当见到她现在的样子，大家都摇摇头，称她为灰姑娘。

　　有一天，全城将举办一场盛大的舞会，所有的姑娘都要穿上盛装，去和帅气的王子见面。国王邀请了很多达官贵人，其中也包括灰姑娘家中的两个姐姐。其实灰姑娘也想参加这次舞会，可是两个姐姐却根本不给她机会。一个姐姐噘着嘴巴一脸鄙夷地对她说："你看看你这副样子，谁会喜欢你？难不成要穿着这身邋遢的衣服去见王子吗？我们可不负责借给你盛装，你会吓着我们心中帅气的王子的。""是啊，是啊！"另一个姐姐说，"我看你只适合在家里干粗活儿。看看，家里还有那么多活儿需要干，还不赶紧去做？如果我们回来发现活儿没干完，有你的好看。"

　　听了这话，灰姑娘很难过。她失望地看着自己破旧的衣衫，眼角流出了晶莹的眼泪。看着两个姐姐远去的背影，看着她们的盛装和马

008

车，她失落地低下头，沉浸在悲伤的情绪里。

正当她想要回身的时候，一个仙女站在她身旁。仙女是那么的美丽，那么的富有力量。仙女用关切的话语问她："姑娘，你真的很想参加这次舞会吗？""可是我没有漂亮的衣服，也没有漂亮的马车、鞋子和奴仆，我这样狼狈，我不配去见王子。"灰姑娘越说越伤心，泪水夺眶而出。"今天是专属于女孩儿的盛大节日，"仙女说，"每个人都应该有这次机会，更何况你如此漂亮，怎么可以就这样放弃呢？不要着急，一切交给我吧。"于是，仙女挥了挥手里的仙女棒，为灰姑娘变出了一身华丽的裙子和一双漂亮的水晶鞋，还将一只老鼠变成了马夫，将一个南瓜变成了精致的马车，然后满意地对灰姑娘说："嗯，现在漂亮的姑娘可以去参加舞会了。不过我要提醒你的是，玩得不要太晚，我的法力只能支撑到十二点，所以你要赶在十二点之前回家，否则别人会发现你的身份的。"

于是，灰姑娘穿上华服和水晶鞋，坐上精致的马车，像一个公主一样一路向王宫行进。到了舞会现场，王子很快就被这个美丽的女子吸引了。她的容貌倾国倾城，气质端庄典雅，无人能及，瞬间成为在场所有姑娘嫉妒的对象。她们相互传递着眼神，就连她那两个姐姐都说："这到底是哪个贵族家的女孩儿啊？"整个舞会上，王子都在和灰姑娘一起跳舞，尽管她想尽办法要在十二点之前离开现场，但王子抓着她的手始终不让她离开。眼看十二点的钟声就要敲响，再不离开，仙女的法力就会失效了。灰姑娘只好挣脱王子的手，依依不舍地离开。慌忙中，一只水晶鞋子遗失在了现场。王子看着灰姑娘远去的背影，伤心极了。他拿起那只水晶鞋，命令全城所有的人帮助他寻找

这个漂亮的女孩儿。王子说："只要谁能穿上这只水晶鞋，我就会立刻娶她为妻。"

听到这个消息，整个国家的女孩儿都沸腾了。所有的女孩儿都渴望能够穿上这双鞋子，与自己爱慕的王子共度一生。可是全城的女孩儿都试过了，却怎么也没找到穿得上这只鞋子的人。就这样，水晶鞋被一个女孩儿传给了另一个女孩儿，最终传到了灰姑娘的两个姐姐手里。两个姐姐使出了所有的力气，却怎么也穿不上这只鞋子。王子见了不住地摇头，心想："或许这辈子我再也见不到自己心爱的女人了。"正当他离去的时候，看到灰姑娘正端着沉重的水桶从眼前经过，便叫住了她，对她说："姑娘，你试穿过水晶鞋吗？""她怎么有资格试穿水晶鞋？"两个姐姐说道，"她就是个粗人，你看她那副邋遢的样子。""全国的女孩儿都有试穿这只水晶鞋的资格，"王子转过身对灰姑娘说，"不管你是什么身份，姑娘试试吧。"

于是仆人把水晶鞋放在了灰姑娘的脚下。灰姑娘小心翼翼地伸出脚，穿上了那只鞋子。此时，她的身上出现了美丽的光华，俏丽的面容在光的映照下楚楚动人。王子认出了心爱的姑娘，欣喜不已，当下向灰姑娘求婚。灰姑娘害羞地答应了王子，两人手牵着手离开了这个曾经让她失望的地方。两个姐姐望着他们的背影惊讶得不知所措。就此以后，灰姑娘再也不叫灰姑娘，成了全国上下人人皆知的美丽王妃，过上了人人羡慕的幸福生活。

三片绿叶

　　从前有一个男孩儿，家里很穷。出于孝敬，男孩儿找到了父亲，对他说："亲爱的爸爸，我知道咱家的境况，我希望自己能够只身到外面闯一闯。倘若真的闯出了名堂，就来接您过好日子；如若不然，我也能减轻家里的负担。"

　　父亲听后，拍了拍他的肩膀，给予他祝福，然后含着眼泪与他挥手告别了。这个时候，国王正在进行激烈的作战，少年决定参军，因作战英勇为国家立下了汗马功劳。枪林弹雨下，很多人倒下了，很多士兵成了逃兵，而少年却集合了几个年轻人与敌军奋战到底，最终保卫了自己的国家。大战后，国王觉得少年是个人才，便给

他加官晋爵，赐给他无上的地位和财富。但即便这样，少年依然洁身自好，过着无比朴实的生活。

国王有一个女儿，生得倾国之貌，但奇怪的是，年龄很大却始终没有觅到如意郎君。原因就在于她曾经发过这样一个咒愿："倘若我先死了，我的丈夫一定要给我陪葬，否则他就没有资格成为我的丈夫。倘若他真心爱我，他死在我的前面，我也会给他陪葬的。这是我心目中最浪漫、最忠贞的爱情。"这个咒愿一出，很多男子都打了退堂鼓。可少年却被公主的美貌倾倒了，他每天朝思暮想，并鼓起勇气向国王提亲。国王对他说："你可想好了，我这个女儿可是发过咒愿的，你真的愿意答应这件事情吗？"他回答道："尊贵的陛下，我的心已经被公主全部占据了。如果她死在我的前面，我愿意陪她一起去死。我真的很爱她，对我来说这样的危险算不上什么。"国王听了满意地点点头，次日便给他们举行了隆重的婚礼。

少年和公主度过了一段十分美好的时光，可好景不长，公主突然染上了重病，所有的医生都对她的病情束手无策。就这样，公主在痛苦的喘息中停止了呼吸。看着她寿命将尽，少年想到了他曾经的承诺。尽管他并不怕死，但内心还是焦躁起来。可是此时的国王早已将他们俩关在了一个屋子里，并准备好了棺材，只要公主离开人世，就要为他们举行葬礼。

宁静的夜里，桌子上只有四支蜡烛、四个面包和四瓶葡萄酒，没有人给少年送更多食物，少年只能饿死。他一边吃着面包，一边喝着葡萄酒。眼看死期将近，他绝望地环顾四周，跟世间的一切告别。此时他突然发现，角落里有一条蛇爬了出来，想要爬向公主的尸体。少

年快速地拔出剑，将蛇砍成了三节，大声呵斥道：
"除非我死了，否则没有任何东西能够靠近她。"
过了一会儿，角落里又爬出另外一条蛇，它看到第
一条蛇死去的惨状，便悄悄地溜走了。不久，这条
蛇又返回来，嘴里面含着三片绿色的叶子，并将叶
子依次放在蛇的三处伤口上。不久，分开的几节蛇
身重新连到了一起。蛇蠕动了一下，重新恢复了活
力，快速逃走了。

格林童话

　　少年看到这一切，心想：既然这叶子能够让蛇复活，那么倘若把它贴在公主身上，是不是也能够让她醒来呢？于是他捡起叶子，一片放在公主的嘴上，两片放在眼睛上。不到一会儿的工夫，公主苍白的面孔变得红润起来。她睁开了眼睛，恢复了正常的呼吸，坐起身子，惊讶地环看四周，一脸惊讶地说："我的天，我究竟在哪里呢？"看到公主复活，少年惊喜万分，抓住公主的手说："我亲爱的公主，我是你的丈夫，你就在我这里。"公主惊讶地看着他，少年便把之前发生的一切告诉了她。少年把面包和葡萄酒递给公主，公主吃完东西恢复了体力，站了起来。他们一起敲门，大声叫喊。卫兵听见以后，便将情况报告给了国王。国王亲自过来开门，看见他们俩如此健康，脸上洋溢着重生的喜悦，心里十分高兴。于是，公主和少年重新回到了王宫。少年将那三片绿叶保存了起来，交给侍从说："你一定要为我好好保存着，将它们随时带在身边。说不定将来有困难时还用得上呢。"

　　本以为幸福的生活将会延续下去，可没想到公主却移情别恋了。她爱上了一个渔夫，于是与渔夫合谋想要把少年杀死，然后和渔夫结婚。他们决定神不知鬼不觉地把少年扔进大海里，谁也不知道他的死活，时间长了，国王一定会允许公主嫁给渔夫。

　　一天，少年正躺在床上睡觉，迷迷糊糊地感觉自己被人捆绑了起来，醒来才知道是公主和渔夫两个人要杀害自己。只见他们一个人抓着他的头，一个人抓着他的脚，一晃就把他扔进了冰冷的海水。完成了罪恶的一切，公主和渔夫都嘘了口气。公主转过身对渔夫说道："好了，这下我们就可以跟父王说他失踪了，然后我就请父王恩准，由你来当新驸马。"

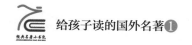

当他们离去，尾随他们的侍从划着小船及时赶到，将少年从海水里捞了上来，并在他的身体上放上了三片绿叶。一片放在嘴上，两片放在眼睛上。随后，少年恢复了呼吸。很幸运，他复活了。

少年对公主的行为很气愤，并与侍从齐心合力，用最快的速度划动着小船。整个小船像箭一样在海上飞驰，比公主的大船还要神速。国王看见少年单独回来，身上浸透了海水，觉得很奇怪，连忙问道："我的驸马，到底发生了什么事情？"少年眼含泪水，将公主的事情告诉了国王："我这么爱她，我愿意为她献上自己所有的一切，可是我真的不相信她会这么坏，她居然想杀死我。您可以不相信，因为我自己也不相信，但倘若您能等一会儿的话就会见到他们了，一切就真相大白了。"

于是国王将少年和他的侍从藏在了一间密室里，不让任何人知道。不久以后，大船到了，果不其然，公主强装成一脸忧伤的样子，和渔夫前来进见国王。国王说："你为什么单独回来了？你的丈夫哪儿去了？"公主听了失声痛哭起来，说道："我亲爱的爸爸，我真的很伤心，我们刚刚上船行进不久，他就不知去向了。后来我们的大船一

路颠簸，要不是渔夫善良，帮助了我，恐怕您的女儿就无法再见到您了。具体情况，渔夫可能比我更清楚，您可以召他进宫，他会告诉您一切的。"国王将渔夫叫进了宫殿。渔夫一脸哀伤地说："我尊敬的陛下，或许此时驸马因很多原因已经坠海而死了，我们没有发现他的尸体。""那么驸马已经死了，对吗？"国王问道。"应该是的，父亲！"公主说道。"那我就让死人复活吧。"于是国王命人打开密室，公主看到了少年和他身边的侍从，惊呆了，一时不知道该说什么。

此时的国王秉持了公正的判决，说道："你有一个在我看来最为忠贞的丈夫。他愿意和你一起去死，但是你却在他睡觉的时候忍心对他下这样的毒手。虽然你是我的女儿，但作为国王，我也要秉公执法给这个少年一个交代。"于是国王将公主和渔夫送上了一条破洞的船，命人将这艘船放到海里，很快船体就被海水浸没了。公主和渔夫恐惧万分，苦苦哀求，可再也没有人理会他们的死活。此时，海上的风浪越来越大，一个巨浪拍下来，船体被掀翻，公主和渔夫沉落大海，再也不见踪影。

猫头鹰

　　大概在三百多年前，人类还不是这个世界的主宰，对于外界事物认识还不深刻，对于世间千奇百怪的动物也不知道叫什么名字。或许正是基于这一点，每当他们看到体形庞大的动物就会感觉恐惧，那种忧心忡忡的感觉就好像全城要发生什么不幸一样，因为总觉得被一种不祥的预感笼罩着，所有人都因此陷入不安，终日不知所措。

　　这天夜里，有一只饿坏了的猫头鹰趁着夜色溜进了一户人家，看到粮仓里堆满了粮食，很是高兴。它很想独自占有这些食物，又担心其他鸟儿会发现自己的战利品，于是就一直蹲在粮仓里守着食物，不断地寻找隐藏食物的方法。等到天快亮的时候，一切都准备就绪了。正当它准备行动的时候，突然粮仓里面走进来一个仆人，它便警惕地躲到了一边，可这一躲却制造出了动静，反倒被仆人发现了。仆人走上前去，发现眼前的这个家伙长得如此奇怪，吓得一边尖叫一边逃出了粮仓，一溜烟跑到主人那里，将自己所看到的一切告诉了他。

　　仆人说："主人，主人，不好了！我今天推开粮仓的时候，看到一只非常大的动物。它长相奇特，非常可怕，一张大嘴好像能把整个人吞进去，两只眼睛狠狠地盯着我，好像要把我的魂魄勾走一样。"因为这个仆人生性胆小，平日里一只小山鸡都能把他吓个半死，所以主人对他的话也是半信半疑，于是摇摇头说："你说的话是真是假，我真的难以断定。耳听为虚，眼见为实。想让我相信你的话，我必须亲自去看看才

可以。"

　　说罢，主人便大步流星地前往粮仓查看。当他看到猫头鹰的时候，也觉得这个动物长得既难看又吓人，于是也跟着惊恐起来，顾不上说话，便嗖一下跑了出去。主人一路奔跑，直到冲进邻居家的时候还惊魂未定。邻居看到他那失了魂儿的样子，很是不解地问："我亲爱的邻居，究竟是什么东西把你吓成了这副模样？难不成是遇到鬼了吗？""比鬼还要可怕呢！"粮仓的主人说道："我们家来了一只怪物，会飞，两只眼睛吓人得很，嘴巴似乎要把整个人吞进去。如果不想办法赶快抓住它，恐怕全城的人都会因此陷入不幸的。"

　　经他这么一说，这个消息瞬时在整个小城传了个遍，大家都因此恐慌起来，都知道城里来了个不速之客。有一些胆子稍大点儿的人，拿着镰刀和斧头准备和这个凶猛的怪兽作战。有些人说："这个怪兽一定有奇特的法力，可以吸走人的灵魂。"有些人说："这一定是个不祥之物，谁看见它，谁就会被它吃掉。"谣传越来越玄乎，直到惊动了城市的市长。他立刻召集很多人前往广场开会，然后带着城市里最强壮的勇士一路浩浩荡荡朝着粮仓进发。到了粮仓以后，先由几个胆大的人打前阵冲进去，其他人则作为外应等待消息。没一会儿，里面的人就被吓得面色苍白，慌忙地抱头而逃，外面的人觉得不对劲儿，便纷纷进去，结果所有人都被猫头鹰丑陋凶狠的外表吓住了。

　　看着其他人惊慌失措的样子，一个胆大的勇士看不下去了。他说："不管它是什么东西，我一定要亲自去会会它。我是一个英勇善战的勇士，必须要有这样的胆量。你看看你们，来的时候都说自己有很大的能耐，现在一个个灰头土脸的。它再凶狠也不过是个动物，我就不信它能把我怎么样。"于是他长吸了一口气，

拿起手里的武器大步流星地走了进去。

此时粮仓的大门已经被人打开，他看见了那只传说中的怪物。尽管它的形象着实让他犯怵，但他一步步地朝着那个凶狠的家伙靠近，外面的人都开始为他担忧起来。正当大家紧张地等待结果的时候，勇士突然停下脚步，对身边人说道："谁能帮我拿把梯子过来？"

身边的人赶紧将梯子递给他，转身跑开了。当他准备顺着梯子往上爬的时候，其他人都在旁边为他呐喊助威。尽管大家手里都捏着一把汗，但还是不断地给他加油和打气。勇士顺着梯子一节一节地往上爬，距离猫头鹰也越来越近。他与怪兽面面相觑，谁也不敢先行动，相互僵持了很久，不断地试探对方。当勇士准备有所行动的时候，猫头鹰突然飞了起来，发出特有的尖叫声，想要飞离这个人类众多的地方。只可惜此时外面的人越来越多，它又如此地疲惫，怎么飞也找不到一个可以让它觉得安全的地方。

勇士看到对方乱了方寸，觉得机会来了。可是当他试图爬到粮仓顶部的时候，却发现自己的双腿已经不听使唤了——由于实在太害怕了，双腿一直颤抖，以至于一步也走不了了。大家看到这么有胆量的勇士都没有成功，就更不敢擅自行动了。他们彼此小声嘀咕着："这下咱们城里要有大乱子了。听说这家伙的眼睛能够勾人魂魄，呼出的气估计能把人毒死。"

这么一个可怕的家伙总是待在粮仓里也不是办法，终归还是得制服它。于是大家坐在一起商量，到底应该采取什么样的办法。大家你一言我一语，仍然想不出一个切实可行的办法。最后市长给大家提出了一个权宜之计。他对全城的老百姓说："既然我们无法活捉这个怪物，那就干脆一把火把这个粮仓烧了。但是烧粮仓是有损失的，我们不能让它的主人亏损太多，每个人可以给粮仓的主人一份补偿。他牺牲了自己的粮仓，全城的老百姓却因此获得了安宁。"

听了这话，大家觉得很有道理，一致同意按照市长的建议去做。于是大家将粮仓周围码上了柴火，点燃了火把，将整个粮仓烧了个一干二净，而那只猫头鹰终于葬身火海。看到怪兽在火海中挣扎着死去，每个人才长长地嘘了一口气，纷纷拍手称快，高声赞叹市长的英明："咱们市长实在太聪明了，现在全城的老百姓都安全了。"

狼和七只小羊

  在静谧的大森林里，住着羊妈妈和她的七个可爱的小羊娃娃。一天，羊妈妈要出门寻找食物，但不放心自己的孩子，便反复叮咛他们："这次妈妈要出门找食物了，你们一定要小心地待在家里，不要擅自出门。如果听到敲门声，千万要提高警惕，要是碰上狡猾的狼，麻烦可就大了。你们记住，除非敲门的是妈妈，否则任何人都不可以开门。"小羊们听了妈妈的话，不住地点头答应。看到孩子们听话的样子，羊妈妈才放心地走出家门。

  小羊们在家里做起了游戏，既安静，又快活。这时候，门外响起一阵敲门的声音。所有小羊都屏住呼吸，瞬时紧张起来。其中一只小羊说："大家都不要动，很可能是大灰狼来了。"于是大家围坐在一起，静静地待着，谁也不去开门。此时，敲门的声音越发急促起来。一只小羊问道："你是谁啊？"只听门外传来一个娇滴滴的声音："孩子们，我是你们的妈妈啊。快开门，妈妈回来了。"听到妈妈回来了，所有小羊都很兴奋，打开门，却被眼前的一切惊呆了。原来妈妈并没有回来，站在他们面前的是只凶狠的大灰狼。

  "哈哈，这下有晚餐了。"大灰狼阴森地大笑道。他把小羊们一个个装进口袋，然后转身背到肩上，一边走一边说："生姜萝卜大葱香，烩上七头小羊汤。哈哈，这次真的没白来啊。"

  大灰狼走后不久，羊妈妈带着食物回来了。看到空空的屋子，又看到大灰狼的脚印，她顿时焦急起来："坏了，孩子们被大灰狼抓走了，这可怎么办呢？"于是她沿着脚印一路追赶，最终找到了大灰狼的住所。此时的大灰狼正外出寻找烹制小羊的佐料，好在小羊们并没有死，而是被捆在那个大大的口袋里。羊妈妈听到小羊的挣扎声，便悄悄地靠近口袋，用剪刀将口袋剪开，让小羊们一个个从口袋的破洞里钻出来。临走的时候，羊妈妈将口袋里装满了石头，并将口袋重新缝合起来，这

样大灰狼就不知道小羊们已经脱身了。

就这样，羊妈妈运用自己的智慧成功地挽救了自己的孩子，七只小羊回到了母亲身边，一家人终于脱离险境，团圆了。这个故事告诉我们，不管遇到了怎样的困难，都不要慌了手脚、乱了方寸，而是要从容地应对问题，解决问题。尽管坏人常常会伪装成好人的样子出现，但越是在这样的情况下，我们越是要保持冷静，擦亮自己的双眼，识破假相，保护好自己。只要我们坚持到底，就会化绝望为希望，所有的危机和困难都会迎刃而解。

渔夫和他的妻子

很久很久以前，有一个非常善良的渔夫终日以打鱼为生。尽管人们都对他的品行拍手认同，但他却娶了一个十分贪婪的妻子，每天都催着他去赚钱。每当看到他拿回来的钱只有一点点的时候，她就会摇着头抱怨："你看看我是多么命苦，嫁给了你这样一个不争气的丈夫。别人的日子都一天天变好，我却跟你忍饥挨饿。这么一点点的钱，够做什么呢？"

一天，渔夫又出海打鱼，他捞到了一条具有魔法的小金鱼。小金鱼对着渔夫苦苦哀求道："善良的渔夫，你把我放了吧？如果你愿意放了我，我可以满足你的任何愿望。"渔夫看着小金鱼楚楚可怜的样子，说道："我并不需要你兑现什么愿望，鱼儿本就属于大海。回归大海做个自由快乐的生灵吧。"于是渔夫松开了网，把小金鱼放生了。回家后，他跟妻子提起此事。妻子听了很生气，说道："你这个不争气的老头儿，抱着发财的机会都不干，难不成你想让我跟你一辈子吃糠咽菜吗？"

渔夫听后陷入了沉默，尽管被妻子说了一顿，但过了一会儿，内心又恢复了平静，第二天又默默拿起网出海打鱼了。

其实渔夫心中并没有什么奢求。他喜欢与海洋相处的日子，即便偶尔钓上来几条小鱼，只要每天能够心情愉悦，他认为就是最好的生活。他在海上漂了一天，几乎一无所获，正当他失望而归的时候，发

现鱼钩被什么东西死死咬住了。于是他使劲儿收紧鱼竿，却感觉越来越沉。即便他用上了所有的力气，还是拽不上来。本来一无所获，可现在眼看就要钓上一条大鱼，渔夫又怎么能轻言放弃呢？于是他屏住呼吸，使劲儿地收紧鱼竿，这次终于把鱼钓了上来。

渔夫定睛一看，又是那条金鱼。它苦苦哀求道："善良的渔夫，放了我吧，我并不是真正的鱼儿，而是一个中了魔法的王子。求你把我放回海里去吧，我一定会感激你的。"

看着小金鱼苦苦哀求的样子，渔夫生起了慈悲之心。他对小金鱼说："鱼儿本身就是大海里的灵魂。你回去吧，我没有什么愿望，愿你能够在海中拥有自由自在的生活。"

回家以后，渔夫又把自己的经历告诉了妻子。妻子听了虽然心里不愿意，却改变了态度，对渔夫说："你应该给它一次知恩图报的机会。这样吧，不如你去海边呼喊它的名字，告诉它咱们的愿望，相信它一定可以兑现承诺。""那我应该提什么愿望呢？"渔夫问道。"这还用问吗？你看看咱家的房子又脏又破。我们每天劳作，连一件像样的衣服都没有。为什么不求小金鱼改善一下咱们的生活条件呢？这样咱们也不至于活得那么辛苦了啊。"

渔夫听了点点头，又回到钓鱼的地方，在海边呼唤小金鱼的名字："小金鱼，小金鱼，你在哪里？我有个愿望，你能帮我实现吗？"话音刚落，小金鱼就自动游了过来，对着渔夫说："亲爱的渔夫，你有什么愿望呢？我会尽量满足你。感谢你的不杀之恩。"

渔夫说："我的妻子觉得我们的住房条件太差了，希望你能够给我们一幢干净的房子。""原来这样。这件事很简单啊。"小金鱼说，"你回去吧，不用担心，你的妻子正坐在宽敞的别墅里享受生活呢。快回家吧！"

渔夫将信将疑地回到家，看到曾经破旧不堪的房屋变成了一座豪华的别墅，妻子正坐在家门前的长凳上等着他。她开心地拥抱他，亲吻他，说："快看，我们多么幸福，家变得如此漂亮又温馨。从此以后，我们的生活大变样了。"

渔夫微笑地看着妻子，和她一起走进别墅。精致的餐桌餐椅，舒

适的沙发，院子里长满了鲜花和果蔬，后院还圈养了一群鸡鸭。渔夫对眼前的一切很满意，对妻子说："从此以后，我们就在一起好好过日子吧！"于是两人就住进了别墅。生活了还不到半个月，妻子又有了别的想法。她缠着渔夫说道："亲爱的，我还是觉得咱们的房子太小了，要不你再去求求小金鱼，让它给我们一栋更大的房子。"

渔夫不解地说："老婆，我觉得现在咱们的生活就挺好，况且只有我们两个人，没有必要住那么大的房子啊。"

可是妻子却发起脾气来："每个人都想要更好的生活，就你这么不上进，我怎么嫁给你这么个没用的家伙。放着更好的日子不过，在这里唯唯诺诺的。你去不去？不去的话今天就不要回家了。"

无奈之下，渔夫又来到了海边，呼唤小金鱼的名字："小金鱼，小金鱼，我有事情求你，希望你能实现我的愿望。"听到渔夫的呼喊，小金鱼再一次游到了他身边，"亲爱的渔夫，你好像很为难，请问有什么事情可以帮你呢？"

"唉，我觉得你给我的房子特别好，可是我老婆不满足于现在的

生活，想要一座宫殿。"渔夫说道。小金鱼听了摇摇头说："不要为此而忧伤。快回去吧，你的妻子现在已经站在宫殿的门口了。"

于是渔夫转身回家，发现自己的那幢别墅果然变成了豪华的宫殿。宫殿里铺满了金碧辉煌的瓷砖，屋子里的座椅都是由纯金打造。妻子坐在豪华的宫殿里兴奋地说："老头子，你快看，现在我们的生活不是变得更美好了吗？""那就好好过日子吧。"渔夫沉默片刻后说道。

可这个时候，妻子早已经对小金鱼的法力有了贪念，她一次又一次地要求渔夫向小金鱼要东西。不管是金钱还是权力，每次渔夫去求助，小金鱼都会答应。可渔夫的妻子更加肆无忌惮，她对渔夫说："你告诉小金鱼，我要做这座城的女王，我要小金鱼永远对我俯首称臣。我要它给我什么，它就必须给我什么。"渔夫无奈之下又找到了小金鱼。可这次小金鱼忍无可忍，对渔夫说："你的妻子太贪婪了，我没法兑现你们的理想了。你们想要的太多，贪欲会给你们带来更多的麻烦，也会给我带来诸多不幸，所以，不如你们还是恢复原来的生活吧，也能让您的妻子迷途知返。"说完，小金鱼就消失在茫茫大海里，不管渔夫怎样召唤它，再也不回应了。

　　渔夫叹了口气，默默地回到家中，发现他的家又恢复了原来的样子。破破烂烂的屋子里，衣衫褴褛的妻子正坐在那里哭泣。他们依旧如往昔一样一无所有。妻子不断地央求丈夫再去找找小金鱼，可渔夫摇摇头说："不可能了。因为你的贪欲太大，它再也不会出现了。"

小红帽

　　很久很久以前，一个古旧的小屋里住着一个非常漂亮的小女孩儿，她与妈妈相依为命。小女孩儿还有一个慈祥的奶奶，平日里对她宠爱有加。一次，小女孩儿马上要过生日了，奶奶特地为她亲手缝制了一顶红色的帽子，戴在了女孩儿的头上，然后欣喜地赞叹："看看啊，我家可爱的宝贝多么漂亮！以后就给她起个名字叫小红帽吧。"

　　小女孩儿对这顶红色的帽子十分珍爱，不管走到哪里都戴着它，以至于村里的所有人即便不晓得她的真实姓名，也会友好地唤她一声"小红帽"。

　　奶奶的年龄越来越大。有一天，邮差送来消息说，奶奶病了。小红帽很着急，便向妈妈提出要回去照顾奶奶。于是妈妈准备了一些蛋糕和葡萄酒，嘱咐她一路上一定要注意安全，千万不要栽跟头，也不要偷吃食物，还说道："如果遇到坏人的时候，千万不要慌张，一定要利用自己的聪明智慧开动脑筋，不管遇到什么样的困难，都可以渡过难关。我相信我的女儿是天底下最聪明的孩子，什么事情都不会难倒她的。"

　　小红帽听了很高兴，不住地点头说："好的，亲爱的妈妈，我都记住了。我一定会安全到达，好好照顾奶奶。您就放心吧。"

　　奶奶的家住在村子外的森林里面，小红帽要走很长时间的一段路才能到达。森林里非常危险，不仅有各种各样的动物，还常常有一些

坏人出没。小红帽哼着歌曲走在路上，看见漂亮的花朵忍不住想要摘给奶奶，听到鸟儿的鸣叫恨不得快点儿带它们来到奶奶身边。她一边哼唱一边蹦蹦跳跳地向前走，眼看快到奶奶家的时候，却被一只凶狠的大灰狼盯上了。

大灰狼挡住小红帽的去路，问道："漂亮的小红帽姑娘，你这是去哪里啊？"小红帽一点儿都不害怕，告诉自己："我一定要控制住这只大灰狼的情绪，才不会遭遇危险。"

于是小红帽微笑着回答："我去看望我的奶奶，因为她生病了，我希望她能尽快好起来，所以去给她送一些好吃的食物。"

大灰狼又问道："哦，是吗？真是个孝顺的姑娘。那你的奶奶住在什么地方啊？"

小红帽说："我奶奶家就在森林里。对了，你这是要去哪里啊？"

看到小红帽一脸懵懂的样子，大灰狼觉得机会来了。如果他可以尾随小红帽一起去她奶奶家的话，就可以收获一顿相当鲜美的晚餐了。于是他装出一副无辜的样子说："我也要去奶奶家，我的奶奶也住在大森林里，不如我们顺路搭个伴儿吧。"

"哼，说的全都是假话。"小红帽心里嘀咕着，"可是倘若现在不答应他，就会很危险，不如答应他的邀请，等时机成熟的时候把他甩掉就好了。"于是小红帽主动问大灰狼："那你去奶奶家，为什么不带礼物呢？山上有很多鲜美的蘑菇，不如我帮你采一些，作为礼物送给她老人家吧。"

大灰狼听了以后，心想："我现在最重要的是不能过分暴露自己。"于是他转过身对小红帽说："那好吧，我们一起上山采蘑菇吧。"

　　于是小红帽和大灰狼一起上山去采蘑菇。看着大灰狼采得如此认真，小红帽觉得脱身的机会来了，于是趁大灰狼不注意，一溜烟地跑了。她跑了很远很远，还是担心大灰狼会追上来，于是她想到了一个好办法。她用铁铲子挖了个陷阱，铺了一层厚厚的杂草，只要大灰狼从这里路过，就会马上掉入陷阱，再也出不来了。

　　很快，坑挖好了，小红帽拍拍身上的尘土，继续往前走。不多远就看到了一个猎人，她将自己的经历告诉了他，猎人安慰小红帽说："我可爱的小姑娘，你真的很聪明，不要怕，我们一起把大灰狼抓起来吧。"于是两人一起朝陷阱的方向走去，还没走到跟前，就听到了深山里的大灰狼绝望的求救声。猎人连忙走上前，端起枪，击中了大灰狼的头部。就这样，凶狠的大灰狼因为一时的贪欲死在了猎人的枪口之下。小红帽脸上洋溢着胜利的微笑。她重新拿起篮子，一边哼唱一边蹦蹦跳跳地朝着奶奶家走去。

当音乐家

　　从前，一个农户家里养了一头驴。年轻时候的驴儿非常能干，但是随着时间流逝，他已接近老迈，再也无法像以前一样日夜操劳。农户觉得这头驴太老了，干活儿也一天不如一天，便决定把他宰了。驴儿得知消息以后，心情很失落，于是趁主人不注意，偷偷地从家里跑了出去。

　　驴儿独自在城市里游荡，看到路边有一些弹琴说唱的艺人，心中很是羡慕，暗自嘀咕："这样的职业多令人向往啊，说不定我也可以成为一个众人仰慕的音乐家。"他一边梦想着一边走着，碰巧在路边遇见了一只饥肠辘辘的老狗。看到老狗一脸疲惫的样子，他说："嘿，兄弟，看看你这气喘、虚弱的样子，究竟发生了什么事呢？"这条狗哀叹道："人心难测啊！年轻的时候我为主人东奔西走，为他看门，陪他狩猎，当我老了，他便要煮一锅水把我炖了。眼看要被杀死，我就偷偷跑了出来，可一直找不到适合自己的营生。不瞒你说，我有好一段时间没有吃饭了，没了力气，就只能躺在这里喘息，不知道究竟还能有什么指望。"

　　听了老狗的话，驴儿觉得自己与他同病相怜，于是安慰道："你跟我的遭遇差不多，但是我现在有了新的梦想，我要当一个人人敬仰的音乐家。如果你愿意的话，就加入我的队伍，我们一起成立一个组合，一起去成就伟大的理想。你愿意吗？"老狗想了想，觉得这个建

议很好，于是欣然同意了。

　　走了不远，他们看见一只蹲在路中央的猫咪，只见她懒洋洋地坐在那里，一副愁眉不展的样子。驴儿上前问道："我尊敬的猫女士，请告诉我，你到底有什么痛苦？为什么一脸愁容呢？"猫流着眼泪说："我真的越来越不懂人类的心了！谁的生命遇到了危险，心情都不会好到哪儿去。我以前在主人家里任劳任怨，为他们消灭老鼠，为他们鞍前马后。可是，岁数大了，就讨人嫌了。我不过是想躺在火炉边休息一会儿，却被他们嫌弃，说是要把我扔到河里淹死，于是我就偷跑了出来。可命暂时保住了，却不知道应该去向哪里。"

　　驴儿和老狗听了后面面相觑，对猫说："看来我们同病相怜，但是现在我们有了一个更伟大的理想，我们要成为众人青睐的音乐家。你有着如此惊艳的歌喉，晚上可以当我们乐队的歌手，我们可以一起组织一个乐队。不知道你愿不愿意接受我们的邀请呢？"猫听了很高兴，于是很痛快地接受了邀请。

他们继续往前走，经过一个农庄时，看见一只大公鸡正在一扇门前痛苦哀鸣。驴儿听着它的歌唱，深深地陶醉了。"妙啊，你的嗓音这么洪亮，真是太有音乐家的天赋了。你能告诉我，你唱的究竟是什么吗？"公鸡沮丧地说："今天是多么美好的一天，可我的主人却嫌我吵，要将我化为一锅鸡汤，邀请客人来品尝。我必须逃走，可是逃走以后，路又在何方呢？""哦，我的上帝啊，但愿这样的事情永远都不要发生。"驴儿、老狗、猫儿说，"其实你的歌声很美，不如加入我们乐队，到城里去演出吧。音乐会结束就会有收入，既可以维系生活，又实现了理想，你觉得呢？"公鸡听了很高兴，说道："那太好了，如果是这样，我一定尽心尽力。"于是他们四个强强联手，组成了乐队，高高兴兴地踏上了希望之旅。

村落距离城里很远，并非一天就能走到。眼看夜幕降临，四个音乐家只好四处寻找自己的安歇之处。驴儿和老狗睡在一棵大树下，猫儿爬到了树杈上，而公鸡则警惕地飞上了树顶。在鸡看来，越高的地方越安全，而且一定要看到四周没有不对劲儿的地方才能安然入睡。正当他想要入睡的时候，忽然发现不远处有一道光线射了过来。于是他马上对同伴们喊道："看，不远处有一所房子，我可以很清楚地看到那里的灯光。""哦，那太好了，"驴子说道，"如果真的有房子，我们就可以换个休息的地方了。现在的住处实在不堪入目，我们应该受到更优厚的待遇才对。""是啊，说不定还能蹭上一根骨头，或者……香喷喷的肉串。"于是他们四个一起起身，朝着公鸡看见的

方向不断前行。然而，到达后却发现是一伙儿强盗居住的房子。

　　他们当中驴的个头最大。它走到窗户跟前，偷偷地朝里面张望。公鸡问道："嘿，老兄，你看到了什么？""我看到了……好多好多美食，还有飘香的葡萄酒、舒适的睡床……可是里面有一伙强盗。"驴儿说道。"多么理想的住处，"老狗说，"但愿这一切是为我们准备的。""是啊！"驴儿感慨道，"那么，我们怎样才能住进去呢？"他们一起商量起来，得出了一整套赶走强盗的计划，然后开始行动。驴儿后腿站立，将前腿搭在窗台上，狗站在驴儿的背上，猫爬到了狗的背上，而公鸡则飞到了猫的头上。等到他们依次站好，便开始了一场声势浩大的演出。他们约定信号，然后一起叫了起来。驴子哇呜哇呜地吼叫，狗汪汪汪地狂吠，猫喵喵喵喵地叫喊，公鸡喔喔喔地啼鸣。他们齐心合力敲碎了强盗的窗户，翻进了他们的房间。听到玻璃碎裂的声音和奇怪的尖叫，强盗们一时之间惊慌失措，以为遇到了妖怪，纷纷逃出屋子，跑到大森林里去了。

等到一切归于平静，四个优秀的音乐家终于落座，饱餐了一顿，狼吞虎咽的样子好像一个月都没有吃东西了。吃饱喝足以后，他们吹灭了灯火，各自找了一处理想的睡眠之地。驴儿躺在院子里的草堆上，老狗趴在门后面的一个垫子上，猫儿蜷缩在留有余热的壁炉前，公鸡栖息在屋梁上。走了这么长时间，又经历了一场大战，如今的他们都特别困倦，没一会儿工夫就呼呼大睡起来。

到了半夜，强盗们回过神来，远远看到自己的房子没有了光亮，一切都如此地寂静。他们相互商议："我觉得这里面肯定有诈，肯定是哪个家伙跑出来吓唬咱们的。当时谁也不知道发生了什么事情，不如现在安排一个人先去看看，说不定根本没有什么妖怪。""我觉得

也是，那就找一个人过去打探一下消息吧。"强盗们达成了一致意见。于是一个胆大的强盗小心翼翼地朝着房子靠近。当他走进厨房的时候，并没有发现什么异常，便找了一盒火柴，想再找一根蜡烛。正当他四处张望的时候，他看见了猫瞪得溜圆的眼睛。那双眼睛犹如火焰一般在漆黑的屋子里闪闪发亮。强盗误以为那是火星，便将火柴凑上去点。但猫儿才不管他是什么来路，猛地向强盗的脸上扑去，又是咬又是抓。强盗被这一通折腾吓坏了，急忙转身往门外跑，可到了门口却被老狗狠狠地扑上去咬了一口。强盗想要穿过院子，没想到又被院子里的驴狠狠地踢了一顿。此时房顶梁上的公鸡也醒了，拼命地叫了起来。强盗听到这个奇怪的声音，便连滚带爬地跑回了森林。看到他狼狈的样子，同伴忙问他发生了什么事情。

"太可怕了，那是个巫婆住的房子。"跑出来的强盗说，"我刚走进屋子，就被她吐了口吐沫，随后她又用骨瘦如柴的爪子抓我的脸。于是我转身往门外跑，却发现门外藏着一个人，手里拿着刀狠狠地刺在了我的腿上。正当我不知所措的时候，院子里来了一个黑色的怪物，他拿着一根大棒子狠狠地朝着我打。房梁上还坐着一个魔鬼，大喊着：'把那个恶棍扔到这儿来，我要吃了他。'"听到这样的事情，所有的强盗都惊悚地战栗起来。从此以后，他们再也不敢靠近这所房子了。而音乐家们也因此拥有了舒适的居所，终于在这里安顿下来，每日与音乐为伴。

青蛙王子

在遥远的、人人都可以实现愿望的时代，有一个国王，他的膝下有几位公主，她们个个如花似玉，生得美丽动人。但是在众多公主中，小公主是最为光鲜秀丽的一个，她明媚的笑容好像冬日里的暖阳，就连见过世面的太阳都要忍不住多看她几眼。她成了所有男子心中渴求的女子。因她生得美貌绝伦，引得各国王子心驰神往。

国王的城堡附近有一片广阔无垠的黑森林，在林中的一棵古老的菩提树下有一口水井。每到天气炎热的时候，小公主都会坐在这口水井边，挨着清凉的井水，独自待上一段时间。她有时候就那样独自坐着，有时候则拿出一枚金球在手里摆弄着——她说，这或许是她此生最喜欢的游戏了。

一天，小公主又坐在井边玩耍，可没想到金色的球从她的手尖滑落，滚到了井边，又从井边掉进了井里。小公主眼睁睁地看着心爱的宝贝落入水中，却想不出任何办法。

那口井很深，可以说深不见底。小公主对着井哭泣了很久很久，身边也没有一个可以安慰她的人。

就在这个时候，她忽然听到一个清脆的声音："可爱的小公主，什么事情让你这么伤心？你看看你的泪水，已经化作了晨间的朝露。即便再铁石心肠的人，也怎能不为你感动？"

小公主抬起头，顺着清脆的声音一路找去，发现一只青蛙正在那里

含情脉脉地看着她。尽管他的样子呆头呆脑，但是公主却看出了他的真挚。他将头伸出水面，眼睛一闪一闪的，宛如长夜里闪动的星光。

"哦，是你在跟我说话吗？你这个呆头呆脑的家伙怎么会知道我的伤痛呢？"小公主说道，"我今天丢失了我生命中最重要的东西——我的金球掉进井里了。你有什么好办法吗？"

"这有什么好哭的？擦干你的眼泪吧！"青蛙答道，"让我来帮助你。可是如果我帮你找回金球，你会给我什么馈赠呢？"

"你要什么我就给你什么。亲爱的青蛙，我会说到做到的。"小公主听了兴奋起来，"我爸爸赐给我很多漂亮的衣服、珍珠和宝石。如果你愿意，我头上的金冠也可以赐给你，只要你能帮我找回我那可爱的金球。"

"这些我都不需要，我只希望你能爱我，你能亲吻我的脸颊和嘴巴。如果可以，我就潜入井底帮你找回金球。"青蛙说道。

"好吧！"小公主想了一下，说，"但前提是你真的能做到，并且是今天之内把我可爱的金球交到我手里。"

"一言为定！"青蛙看到小公主已经同意，便跳进井水不见踪影了。不一会儿的工夫，他便蹦蹦跳跳地钻出水井，嘴巴里正衔着那颗闪闪发光的金球。他将金球扔在了草地上，然后满怀期待看着小公主。

"哇，我的金球回来了。"小公主看到金球，欣喜不已，小心地用衣服擦干球上的水珠，将它装进自己的口袋，随后转身就要离开。

"公主，等等！"青蛙在后面可怜巴巴地恳求道，"我的承诺已经兑现了，可是……你怎么就要走了呢？亲爱的公主，我是一个被女巫施了巫术的王子，她把我变成了一只青蛙，唯有赢得你的吻我才能

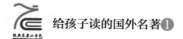

彻底解除她的魔咒。我在这里已经等你很久很久了。"

听了青蛙的遭遇，小公主生起了同情之心。她彻底被这个真诚恳求的青蛙打动了，于是弯下腰，捧起了这个滑溜溜的小动物，在他颊上轻轻地亲吻了一下。

得到公主之吻的小青蛙瞬间解除了魔咒，变成了一个英俊潇洒的王子。他的眼睛是那样明澈，他的脸颊还隐隐泛着红润的羞涩。他静静地走到公主的身边，跪下来对她说："感谢你用你神圣的吻挽救了我。现在请答应我第二个请求，做我的妻子好吗？"于是，公主和王子手挽着手回到了城堡，国王为自己最爱的小女儿举行了盛大的婚礼。从此王子和公主相守一生，过上了幸福美满的日子。

六只天鹅

　　很久很久以前，有一个国王，他平生最大的爱好就是骑马打猎。一天，他和平时一样带着自己心爱的猎犬出去打猎，一路上沉迷于打猎和美景之中，竟转来转去迷了路。正当他急得不知所措时，突然间，森林里走出来一个神奇的老巫婆。她对国王说："我可以带你走出森林，帮助你回到王宫，不过我有一个要求，倘若你能答应，我就满足你的一切。""什么要求？"国王问道。"娶我的女儿为妻，让她做你的王后。"眼看自己已经没了生路，国王觉得眼下也没有别的选择，于是欣然地答应了她的请求。

　　巫婆施展法力，把国王送回了王宫。回到王宫以后，国王便兑现承诺，娶了巫婆的女儿。可是在此之前，国王已经有六个儿子一个女儿，但他们的妈妈很早的时候就去世了。国王担心娶的这个女人会对自己的孩子不好，便提前把他们安排在了一个偏僻的侧殿里。一开始，日子过得还算平稳舒坦，可没过多久，宫里还是出现了意外。狠心的王后找到了国王的六个儿子，并施展法术，将他们变成了六只天鹅。小女儿悄悄地躲在一个角落里，眼睁睁地看着自己的六个哥哥受到了魔法的诅咒。她很想把这件事告诉爸爸，可哥哥们却告诉她：如果想要让他们活命，从现在开始的六年时间里，她不可以再说任何一句话。不仅如此，小公主还要努力寻找荨麻，为六个哥哥赶制六件衬衫。等到一切完备，他们就会得救，顺利回到她身边。

为了搭救哥哥们，小公主小心谨慎地在宫殿里活着，并从此成了一个能说话的"哑巴"。她一有空就会只身来到森林，四处寻觅荨麻，为哥哥们赶制衬衫。她不停地织呀织呀，原本白皙的双手被荨麻磨得伤痕累累。

为了不让狠心的王后知道秘密，小公主每天都会躲在森林里拼命劳动。直到有一天，一个年轻的国王从这里路过，看到端坐在那里专注编织的公主，瞬间被她的美貌吸引了。他决定将这个美丽的女子带回自己的国家，与她成婚。但很不幸的是，国王的母亲也是一个歹毒的女人，她终日欺负公主，可是公主却只能含泪隐忍，一句为自己辩解的话也不能说。看到小公主那懦弱的样子，国王的狠心的母亲变本加厉，甚至连小公主与国王生下的三个孩子也不放过，将他们藏了起来，并诬陷小公主精通巫术，害死了三个孩子。一开始，国王根本不相信，可是国王的母亲却一而再，再而三地挑拨是非。每一次国王想要求证的时候，漂亮的妻子却始终不说一句话，只是站在那里含情脉脉地看着他。最终，国王还是怀疑起了自己的女人，将母亲的欺骗当成了真相，下令将那心爱的女人处以火刑。

眼看自己马上要大难临头，年轻漂亮的女子依然思念着自己受到诅咒的六个哥哥。尽管明天就要被处以极刑，她依旧没有停下自己编织的双手。在黑暗的牢房里，伴随着皎洁的月光，她专注地为六个哥哥赶制着衬衫。她的心默默祈祷着："哥哥们啊，六年了，我们的约定快到了，可我明天就不在了，我一定要为你们赶制出这六件衬衫，但愿到时候我们兄妹还有相见的机会。"就这样，在天刚刚见亮的时候，温顺善良的女子终于完成了六件衬衫。此时太阳越升越高，

朝霞如此明媚，她终于可以松一口气，安心地等待着哥哥们的到来。忽然，六只天鹅顺着牢房的窗户飞了进来，穿上了妹妹用生命赶制的衬衫，全部恢复了王子的模样。在哥哥们的齐心协力下，年轻的国王终于明白了事情的真相。他愤怒地对母亲说："这么多年，我才终于看清你的真面目。想不到你是这么歹毒的女人。"恶毒的婆婆得到了应有的惩罚。在几位哥哥的看顾下，美丽温顺的妹妹终于可以开口说话，并回到英俊的国王身边。她再次戴上了王后的华冠，与心爱的人一起过上了幸福美满的生活。

画眉嘴国王

很久很久以前，有一个富足国度的国王，他的膝下有一个非常漂亮的女儿，但是她生性刁蛮傲慢，从来不把任何人放在眼里。尽管求婚的人络绎不绝，却从来没有一个让她中意。她不但接连拒绝别人的求婚，还时不时地对对方冷嘲热讽，伤了不少年轻才俊的心。

为了给自己的女儿创造机会，国王决定举行盛大的宴会，他邀请了各国达官贵族和世间所有最优秀的青年才俊。很多优秀的男子慕名前来，想要一睹公主芳容，期待能够成为她心目中的如意郎君。先入座的是几个邻国的国王，紧接着是各国的王子、公爵、伯爵、男爵，最后入席的是贵族公子。当公主穿着绮丽的华服经过他们身边的时候，所有人都向她恭敬地行礼，而她却一脸鄙夷的样子，目空一切，丝毫没有将任何人放在眼里。国王问公主："我亲爱的女儿，世间所有优秀的才俊都在这里了，你难道就一个都没有看上吗？""哼，他们算什么啊！你看看那个，像个胖墩子，我穿上高跟鞋就比他高半头了；那个人倒是文雅，可是说起话来像蚊子一样让人烦躁；那个人端个酒杯都笨手笨脚的；再看看那个，皮肤白得像个僵尸一样。"公主没好气地说。"哎，那个气色不是很红润吗？"国王说。"红得像火鸡。"公主噘着嘴巴说。"那，那个呢？""那个弯腰塌背，跟个小老头儿一样。"公主跺着脚说："哼！都是些什么青年才俊！"

此时，一个年轻的国王站起身来，邀请公主与自己跳一支舞。

老国王看到对方风度翩翩，长相出众，美中不足的是下巴略微有点上翘。他兴奋地说："女儿，我觉得这个年轻人很不错，你要把握好机会啊。"没想到公主反而高声地嘲讽对方："天啊，我真的要跟这样的人跳舞吗？看看他的下巴，长得跟画眉嘴一模一样啊。"听到公主的嘲讽，众人的眼光都转向了那个年轻人。异常尴尬的见面后，年轻

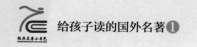

人就此有了一个绰号——"画眉嘴"。

国王觉得自己的女儿实在是太傲慢了，竟然让这么多邻国友人下不来台，于是大动肝火地对公主说："既然达官贵人你一个都看不上，就到最差最差的平民堆里去找一个丈夫吧。我觉得把你嫁给乞丐最合适。"于是下达命令，要从众多国度的乞丐中为自己的女儿选一个丈夫。

几天以后，一个衣衫褴褛的乞丐进入了国王的视野。他走街串巷，以卖唱为生，好像内心世界里没有半点儿忧愁。他一路高歌来到宫殿门口，手里拿着一个空空荡荡的盘子，说是要在国王这里讨上点儿施舍。国王觉得他长相出众，歌声嘹亮，使人忘记了一切烦恼，便决定把自己的女儿嫁给他。

公主一听父亲真的要把自己嫁给一个乞丐，整个人都战栗起来。她苦苦哀求国王不要这样做，可是国王却态度坚决地说："我意已决，不可能违背自己的誓言。从此以后，这个乞丐就是你的丈夫了。"听到这个消息，公主知道不管自己说什么都是徒劳。于是他们在国王的安排下举行了婚礼。

乞丐牵着公主的手走出了王宫，来到一片茂密的树林，幽静的树林中有鸟儿的欢歌，还有无数盛开的鲜花和精致的野果。公主问："这么美丽的地方是谁的？"乞丐答道："就是那位心地善良的'画眉嘴'国王的呀。要是你当时答应了他的求婚，这一切不就是你的了吗？"

公主听了回答道："我真是个可怜的女孩儿啊。要说那个年轻人确实一切都无可挑剔，只是下巴翘了那么一点点。倘若真的嫁给了他，现在应该会很幸福吧。"

随后他们又来到了一片青青的草地。草地上有很多牛羊，阵阵微风拂过，草地的绿色映照着蔚蓝的天空，格外美丽。公主看着眼前的美景问道："这么美丽的草地究竟是谁的啊？"

"哦，我可怜的妻子啊，这就是那个心地善良的'画眉嘴'国王的呀。要是你当初嫁给了他，这一切不就是你的了吗？"

于是公主感伤地说："我真是一个可怜的女子。当初他不过是下巴有点儿上翘而已，倘若那时候成为他的新娘，应该会很幸福吧。"

他们一路向前行去，来到了一座繁华的大城市。公主问："这座城市真的很美，充满了繁华和朝气，它究竟属于谁呢？"

"就是那位心地善良的'画眉嘴'国王的呀。亲爱的，倘若你当初嫁给了他，这一切不就属于你了吗？"乞丐说道。

公主听了伤感地说："我真是一个不受上天怜悯的人啊。当初他不过是下巴有点儿上翘，倘若我做了他的女人，应该会很幸福吧。"

"哎，我现在是你的丈夫，"乞丐不满地看着她说，"你为什么总想要嫁给别的男人？难不成我配不上你吗？"

听到乞丐这么说，公主虽然满心伤感，也只好欲言又止了。他们来到一座很小的房子里，房间里简陋而破旧。看着眼前一片狼藉，公主说："我从来没有见过这么小的房子。天啊，它会成为什么人的家？""它属于我们。这就是我们的安身之所啊！"乞丐说道。"仆人呢？"公主问。"仆人就是你自己。"乞丐说道，"我们平民百姓都是自己动手丰衣足食。现在你赶快把火生起来，烧水、做饭吧。我现在已经累了，想要休息会儿。"

从小在宫中娇生惯养的公主怎干过这样的粗活儿？但眼下自己已

经成为乞丐的妻子，肚子又真的饿了，只好自己动手烹制晚餐。他们的晚饭很简单，尽管公主自己吃着都难以下咽，但还是硬着头皮吃了下去。吃过晚饭，两个人便就此休息。谁知道第二天一大早，还在梦中的公主就被丈夫叫了起来，逼着她赶紧做家务。

他们就这样连续生活了好几天。眼看粮食不多了，丈夫对妻子说："我的妻子啊，咱们马上要断粮了，必须找点儿活计赚钱，才能买粮食维持生活。不如你来编筐吧？"说罢，乞丐便带着斧头出去砍柳条了，不一会儿的工夫，就把一大堆柳条背回了家。尽管公主看着这些柳条不知所措，但也没有别的选择。昔日肩不担担、手不提篮的公主，只好坐在屋门外的院子里像个农妇一样编起了筐子。柳条又粗又硬，公主纤细而娇嫩的双手从未做过重活儿，不一会儿的工夫就变得伤痕累累。

看到公主一边编筐一边流眼泪，丈夫摇摇头说道："你编得太差了，编成这样都卖不掉，不如你去纺线吧，或许这种活儿更适合你。"于是公主又开始纺线。她从来没有接触过这么粗糙的活儿，以至于她那柔软的手指都被割伤了。

"你看看！你看看！"丈夫摇头道，"你还能干什么？我来做些陶器，比如锅碗瓢盆什么的，你负责拿到市场上去卖吧。我可不想在那里露面，不然所有人会嘲笑我的。"

于是公主在市场上做起了生意。起初，手里的锅碗瓢盆卖得还不错，人们看到她模样秀美，都愿意买她的东西。还有几个顾客付了钱，却将这些东西作为礼物送给她。就这样，夫妻俩用这些辛苦赚来的钱又维系了一段时间。可好景不长，等她再次到市场上摆摊儿的时

候，却碰上了一群喝得醉醺醺的骑兵疾驰而过，打碎了所有陶器。看着四处散落的陶片，公主伤心极了，忍不住号啕大哭，撕心裂肺地看着眼前的一切。

公主哭丧着脸回家，把自己在市场上遇到的伤心事告诉了丈夫。可这个时候，丈夫却对一切无动于衷，并说道："你不过是个陶器贩子，遇到了这种事，哭有什么用？""那现在我们该怎么办？"公主一脸绝望地问。"我去王宫里打听了，那里需要帮厨的女佣。他们需要先试用一段时间，但你不用担心吃饭问题，因为他们那里管饭。"

当年万人仰慕的公主，如今却沦落为一个帮厨女佣，给厨房的大师傅做帮手，脸上都是被炊烟熏黑的印迹。她在衣服里缝了一个口袋，在口袋里放了个罐子，每天将残羹剩饭盛在里面，带回家。

一天，厨房里的所有厨工开会，大师傅说："各位，国王的长子马上就要过十八岁生日了，国王要举行一个盛大的舞会。这是一个不寻常的日子，我们一定要做出最精致的美食，这意味着我们比任何时候要更忙碌，大家一定要做好准备哦。"听到有舞会，厨房里所有的女子都跟着雀跃起来。她们彼此低声说着："听说年轻的王子会在父亲的守护下步入成人礼，到时候所有的女宾都会盛装出席，想必可以看到很多绝世美女吧。"听到大家说的话，公主的眼泪不停地在眼眶里打转。

　　舞会当天，她偷偷溜进了舞会现场，看着舞会上琳琅满目的美食，穿着整洁的奴仆，身穿华服的达官权贵，心中那隐隐的痛不言而喻。她多想像以前一样，身穿精致的公主裙，品尝餐桌上的点心，可那美好的日子却因自己一时的傲慢而失去了。正当她想将手里的残羹剩饭带回家的时候，一个国王身着天鹅绒的绸缎华服从她的身边经过。他身上佩戴着嵌满宝石的宝剑，脖子上的钻石项链闪着耀眼的光华。他看到这个伤心欲绝的女子，一把抓住了她的手说："美丽的女子，能和我跳一支舞吗？"因自己的穿着实在太狼狈了，公主不住地摇头，可国王却怎么也不肯放开她的手。她抬头一看，这个年轻的才俊不是别人，正是那个

曾经向她求过婚的画眉嘴国王。她简直不敢相信自己的眼睛。此时的公主早已经被他高贵的身份吓到了，于是奋力地挣脱以至于将口袋里的剩饭罐子掉在了地上，汤汤水水撒了一地，惹得身边人哄堂大笑。公主惊慌失措地转身跑开。正当她跑向门口的时候，被一个男子拦住了，她定睛一看，又是画眉嘴国王，他用和蔼的语气对她说："可爱的公主，不要害怕，我就是陪你在那小破屋子里一起生活的乞丐。我真的太爱你了，所以才会装扮成那副样子向你求婚的。你与乞丐一起生活的每一天都是我精心设计的。之所以这样，不过是想帮助你克服你内心的傲慢，惩罚你当时在宴会上对我的嘲弄。现在一切都过去了。我现在以国王的身份再次向你求婚，你愿意吗？"

"那时候的我真的太不应该了。"公主悔恨地说，"如今的我，已经不配做你的妻子了。""过去的已经过去了，乞丐都成为一国之王了，那么就请你成为画眉嘴国王的王后吧？如果你不介意，今天，就现在，让我们一起举行这场神圣的婚礼吧。"

话音刚落，一群穿着考究的宫女迎了上来，不一会儿的工夫就将落魄的公主打扮得花枝招展。公主的老父亲和其他亲属也被专程邀请过来。大家其乐融融地相聚在一起，共同享用这场新婚喜宴。

狗和麻雀

　　从前，有一只牧羊犬一生为主人卖命，可主人却始终不善待他。因过度饥饿，他一气之下离开主人，偷跑了出来。饥肠辘辘，浑身无力，牧羊犬对自己的身体开始绝望起来。这时候树上的一只小麻雀飞到他身边说："喂！朋友，究竟发生了什么事情？"牧羊犬便把自己的遭遇告诉了它。小麻雀摇摇头说："原来人类对你这么残忍。现在我们就是朋友了，跟我到集市上去吧，如果你饿了，我会在那里为你寻觅很多很多好吃的东西。"

　　于是，麻雀落在了牧羊犬的身上。两个小家伙一边聊天一边来到喧闹的集市。麻雀让牧羊犬躲在肉摊的一个角落，趁肉铺老板不注意，便从肉板上啄下一块肉来，叼在了牧羊犬面前说："快吃吧，如果你没吃饱，我们再去另外一家肉铺碰碰运气。"牧羊犬开心地吃完了肉。他俩便从一家肉铺到了另外一家肉铺。吃饱以后，牧羊犬说："肉着实香啊，但是倘若能够再吃些面包就更好了。""这还不容易吗？跟我走吧。"于是麻雀又带着牧羊犬来到了一家面包店，趁店主不注意，啄下一大块面包，叼到地上说："快吃吧，如果你没吃饱，我们再去另外一家面包店碰碰运气。"于是牧羊犬开心地吃完了面包。他俩又从集市的一家面包店走到了另外一家面包店。吃饱以后，牧羊犬开心地伸展着身体说："哇！今天真是美好的一天，我很感激上天让我遇见了你，现在让我们找个地方休息一会儿吧。"于是两个

朋友离开了集市，来到一块阴凉的空地。麻雀站在大树的枝头看着远方，牧羊犬则安卧在大树下甜甜地睡着了。

不一会儿的工夫，从远方来了一个车夫，他驾着三匹马的马车疾驰而来，眼看就要撞到牧羊犬了。麻雀赶忙飞到车夫面前说："嘿，我尊敬的车夫先生，你不可以撞到那只牧羊犬，否则你会遭遇不幸的。""不幸？就凭你？我倒要看看你能给我制造些什么不幸。"于是他扬起鞭子，变本加厉地驾着马车，朝着牧羊犬奔驰而去。可怜的牧羊犬因为睡得太香，被车碾死了。

看到自己的好朋友惨遭不幸，麻雀愤怒了，对车夫说道："你这个冷血的家伙，你不会有好结果的。你杀死了我的朋友，我一定会让你付出代价的。"车夫一脸傲慢地说："我倒要看看你这个巴掌大点儿的家伙究竟有什么本事。你尽管放马过来吧。"说完就径自驾车而去。

看着车夫远去的背影，麻雀愤怒地冲了上去，落在马车的后部拼命啄一个酒桶的塞子，直到啄下来，酒撒了一地。等到车夫发现的时候，酒桶里的酒已经荡然无存了。躲在一旁的麻雀叫道："你这个冷血的坏家伙，我的惩罚还没完呢。"正当车夫准备赶着马向前行进时，麻雀呼扇着翅膀奋力地啄起马的头来。马顿时受到了惊吓，开始四处乱踢，险些把车夫摔到地上。愤怒的车夫拿起手中的斧子向麻雀砍去，轻巧的麻雀快速一闪便躲开了斧子。可倒霉的马却被狠狠地劈了一斧，倒在了血泊之中。看到马死了，车夫痛苦地喊叫。麻雀冷笑道："你这个冷血的家伙，我的惩罚才刚刚开始呢！"于是，一路上麻雀与车夫斗智斗勇，不但自己毫毛无损，还让车夫用斧子误杀了他的三匹马，车里的两桶美酒也荡然无存。车夫痛苦地大叫，可麻雀却躲在一边冷笑道："你这个冷血的家伙，我的惩罚还没完呢！"

当车夫绝望地回到家时，妻子慌忙跑过来说："亲爱的，你知道家里发生了什么事吗？有一只领头的麻雀叫来了一大群的鸟儿冲进了咱们囤积粮食的仓库，把粮食口袋都啄了个遍，所有粮食都被它们祸害了。"听到这个不幸的消息，车夫痛苦万分。站在树梢上的麻雀还是不解恨，他心中暗自嘀咕着："你这个冷血的家伙，这是你的报应，我的惩罚还没有结束呢。"想到这里，他一个箭步俯冲下去，开始啄车夫的脑袋。此时的车夫和他的妻子早已经气急败坏，他们顺手拿起院子里的斧头冲着麻雀一通乱劈，可是每次麻雀都能轻巧地躲

开。车夫从院子追到了屋里，又从屋里跑到了院外，所有的树木、门窗和家具都被车夫的斧头砍坏了，可即便如此，麻雀依旧毫毛未伤。看到自己的家被毁成这样，车夫气急败坏极了。可麻雀却在心里冷笑道："你这个冷血的家伙，为了我死去的朋友，我还要要了你的命呢。"于是假装束手就擒，被车夫夫妇抓住。此时他们已经被麻雀折磨得丧失理智。妻子说道："现在就让我们杀死它吧！""死？没那么容易，我要把它整个吞进肚子里才解气。"车夫说道。可此时的麻雀毫不畏惧，用力扑扇着翅膀，向车夫喊道："你这个冷血的车夫，我这回非要了你的命不可。"此时的车夫一刻都等不及了，大叫道："那先看看你死得有多惨吧。来吧，老婆，冲着这只该死的鸟用力砍，把它砍死在我的手里。""哼，看你这该死的家伙还能做什么。"妻子怒斥道。说罢，她举起斧头向麻雀砍去。或许是因为力气用得太大了，她并没有砍中麻雀，反倒砍在了丈夫的头上。挨了一斧头的丈夫，顿时一命呜呼，麻雀也借机顺利脱身。他一边飞一边怒斥道："你这个冷血的家伙，现在你知道你的厄运了吧？"

十二个猎人

很久以前，有一个英俊的王子，他有一个未婚妻，生得十分貌美。王子很爱她，终日与她相守，度过了一段幸福而美好的时光。可突然有一天，一个信差打破了他们原本平静的生活。他送来了一封信，信上说老国王病危，临终前一定要见王子一面。王子焦急万分，平复了心情后对未婚妻说："亲爱的，我们不过是短暂分离。等我当了国王，就会立刻派人来迎娶你。"说罢他从自己身上取出一枚戒指，戴在了她的手上，深情地与心上人吻别，骑上自己的宝马一路飞驰，回到了王宫。王宫里，老国王已经奄奄一息，他抓着王子的手说："亲爱的儿子，我马上就要死了，临死之前我有一个夙愿，你一定要答应我。""您说吧，父亲，只要我能做的，我都会照做。"王子回答。"我想让你娶邻国的公主，这件事对于巩固国家的势力很重要。"国王用期盼的眼神看着儿子说。"哦，父亲……"听到这个消息，王子心如刀绞。一面是自己临终的父亲，一面是自己许下承诺的未婚妻，他瞬间不知所措起来。此时国王却紧紧地抓着他的手说："你不答应我，我怎么都闭不上眼啊。""父亲，您别说了，

　　我答应您，我一定答应您。"听了这句话，
国王终于松开了双手，永远地闭上了眼睛。

　　王子当了国王以后，便按照父亲的意愿
向邻国的公主求婚，很快对方答应了这桩婚
事。尽管全城的人都沉浸在一片喜悦之中，
可是国王自己却一点儿都不开心。听到自己
的心上人马上要与别的女人结婚，王子原来
的未婚妻痛不欲生，终日茶不思，饭不想。
看到女儿如此憔悴，父亲走过来安慰道：
"亲爱的女儿，你的爸爸也是国王，我们的
国家如此富有，你就不要哀伤了。你想要什
么，爸爸都有能力给你。" "我想要十一个
跟我长得一模一样的女子，我要带着她们去
惩罚那个负心人。"女孩儿说道。"好吧，

既然你想这么做，爸爸一定满足你。"父王说道。于是，老国王号召全国的人一起寻觅，终于找到了十一个与女儿长得一模一样的女子。此时女孩儿早已连夜为她们和自己赶制了十二套猎人装，要求她们穿上，而且自己也跟她们穿得一模一样。她说："现在你们要跟我去做一件事，去我之前未婚夫的国家。我让你们做什么，你们都要一丝不苟地去执行。""放心吧，主人。"十一个姑娘恭顺地说道。

十二个人快马加鞭地来到了她心上人的国度。她们谎称自己是男人，想要谋求猎人的职位。年轻的国王看这十二个人各个精明强干而且模样俊俏，便欣然留下了她们。国王回到宫中时却被一只狮子拦住了，这只狮子具有非凡的能力，可以辨识世间真伪。狮子拦住了国王的去路，对他说："您今天收留的十二个猎人有问题。她们不是男人，而是十二个女人。"国王说："何以见得？他们不过是模样英俊的十二个猎人罢了。"狮子说："您可以做一个测试，在他们面前撒下一把豆子。如果是男人，步伐会很稳健，踩在上面动都不会动。如果是女人，就会轻声慢步，一步一跳，拖着步子，踩得豆子四处乱滚。"国王觉得这个办法很好，于是就照着狮子的建议去安排。本以为这些女子会原形毕露，可女孩儿实在太了解自己的未婚夫了。她悄声地对身边的姑娘们说："你们要装出一副很有力气的样子，将双脚重重地踩在豆子上。"十一个姑娘听从了主人的安排，使出全身的力气，踩在豆子上一动不动。国王实在看不出破绽，于是对狮子说："你说错了，我看他们根本就是男人。""不，我敢肯定她们是十二个姑娘。不如您再按我的建议测试一次。""怎么测试呢？"国王问道。"请您让人将一些纺车摆在前厅，她们准会高兴地走过去。这是

女人的通病，男人是绝对不会对纺车感兴趣的。"国王觉得这个办法不错，于是说道："那明天就这样安排吧。"

第二天，国王便差人在前厅摆了几架纺车。本想着这回这些女子会原形毕露，可女孩儿实在太了解自己的未婚夫了，她对身边的姑娘们说："一定要克制住自己的想法，不要去看那些纺车。"于是姑娘们听从了主人的吩咐，全部像男子一样目光直视，对纺车看都不看一眼。国王摇摇头对狮子说："你又在欺骗我。他们明明就是一群男子，不过是长相英俊罢了。"从此国王不再听信狮子的话，觉得狮子说的一点儿都不准确。

就此十二个猎人与国王如影随形，一起打猎，一起整理猎物。她们和国王配合得很好，国王越发地离不开她们了。一天，国王正在和猎人团队狩猎，忽然信使传报说："尊贵的殿下，您未来的王后快到了。"听到这个消息，一个猎人立刻从马上坠落下来。她就是国王的前任未婚妻。听到这个消息，她痛苦得晕倒了。国王解下她脸上的面具，将她的手套拉掉。此时他送给女孩儿的戒指在那里折射出美丽的光环，他再次看到了她秀美的面容，再也无法抑制自己的感情，低下头亲吻她。这时女孩儿从甜蜜的吻中醒了过来。她对国王说："你是我的，我是你的，这个世界上没有谁能改变这一点。"看到爱人脸上滑过的眼泪，想到她一路经历的痛苦，国王对随从说："你告诉那位前来的公主，说我已经有了妻子，不能娶她了，让她回自己的国家去吧。当一个人找到了自己的旧钥匙，还有什么必要去给自己配一把新钥匙呢？"于是他们就地举行了隆重的婚礼。从那以后，狮子重新赢得了国王的宠爱，毕竟它说的一切都是真的。

三个幸运儿

　　一位老父亲年事已高，即将离世，于是他将自己的三个儿子叫到床前，说："我要死了，但临走之前还是想给你们留点儿东西。世间的一切都可以点石成金，关键看你能不能用好它。尽管我留给你们的东西算不上值钱，但倘若能够有效利用，一定会给你们带来好运气。"于是，老人给了大儿子一只公鸡，给了二儿子一柄镰刀，给了三儿子一只猫，便溘然长逝了。

　　料理完老人的丧事，大儿子带着公鸡出发了。他发现自己手里的这只公鸡的同伴，真的随处可见。不论在城镇，还是在乡村，就连教堂的尖塔上都站着一只公鸡（其实那不过是一个风速器，是个风信鸡）。在乡村，公鸡的叫声到处都可以听到，显然他的这只鸡并没有什么特殊的地方。他因此而莫名地沮丧起来。看来想凭借这只公鸡发财，机会真的太渺茫了。尽管如此，这个年轻人却并没有完全丧失信心，他继续不停地寻找，终于找到了一个令自己满意的安身之地。他来到了一座岛，奇怪的是，岛上没有公鸡，也没有人听过鸡叫。这里的人总是因为睡过头而错过劳作时间，于是老大对他们说："你们别小看我怀里的这个小家伙，这可是一只高贵的动物。它那雄赳赳、气

070

昂昂的样子，多像一个英勇的骑士啊。它每天清晨隔一段时间就会鸣叫一次，连续叫三次后，太阳就会升起来了。""有这么厉害吗？"岛上的居民纷纷聚拢过来。"这还不算什么呢。"老大说道，"它还能预报天气。倘若它白天大叫不停，就是在提醒我们要变天了。"听了他的解释，岛上的居民顿时欢喜雀跃起来："有了这个神一般的动物，我们就可以更好地跟上帝交流了。"那天，他们一晚上没有睡觉，所有人都沉浸在兴奋和好奇的氛围里。他们在被窝里焦急地期待，想要听听这只神秘动物的鸣叫声。每当公鸡高歌的时候，他们都会激动不已。就此他们摸出了规律：公鸡会在两点、四点和六点准时准点地鸣叫一次。于是他们争先恐后地想要把公鸡买回家，不管出多少钱都愿意。这时候老大故作为难的样子说："想买也可以，但至少要给我一匹毛驴所能驮动的金子。"岛上的居民听了，纷纷点头同意。"这么神圣高贵的动物，应该值这个价。"于是爽快地接受了他的要求。

　　就此，老大卖掉了公鸡，成了一个富翁。当他满载财富回家的时候，两个弟弟

十分惊讶。眼看大哥成了有钱人，老二说自己也要出去碰碰运气。可一出门，他发现想要凭借手中的镰刀致富，希望实在太渺茫了。因为不管走到哪里，这样的东西随处可见，几乎人人都有。但他没有灰心，从一个地方跑到另一个地方。最终，功夫不负有心人，他交上了好运。他也找到了一座岛，这里的人从来没有见过长柄镰刀。眼看农田里的麦子就要熟了，他们只能用双手去拔，却找不到任何助力的工具。而老二却摆弄着他的镰刀，很快就收割完了田地里的庄稼。"哇，这个东西太神奇了。"人们惊奇的目光朝他聚拢过来，大家争

先恐后地想要购买这把镰刀，最终老二也把自己的工具卖了个好价钱，用一匹驴驮回了满满的金子。

看到两个哥哥都满载而归，老三坐不住了。他抱着自己的猫走出家门，心想："我也要成为整个村镇极为富有的人。"可是刚一出门，他就发现，想要用手中的这个小家伙致富，实在是太困难了。这样的猫随处可见，真的没有什么稀奇的。为了能够寻找到机会，他也来到了一座岛上。这里的人从来没有见过猫，老鼠泛滥成灾，就连国王的王宫都被老鼠搞得夜不能眠。于是老三放开手中的猫。只见猫咪一个箭步飞上去，迅速地抓住了老鼠。一转眼的工夫，两间房子里的老鼠就被它清理得干干净净。看着这只可爱的动物，国民争先恐后地祈求国王能够买下它。国王觉得不能违背民意，便分给老三很多金子和宝石。从此老三也成为和两个哥哥一样拥有巨额财宝的富人。

人们都说这三个兄弟是人间最幸运的人，当然就连他们自己也这么觉得。或许的确如此，谁让他们有一个这么聪明的父亲？谁让他们这么会利用手里的财富呢？

少女和狮子

　　很久以前，一位商人有三个女儿，其中小女儿最漂亮、最讨人喜欢。有一天，商人要出门办事，他问女儿们想要什么礼物。大女儿和二女儿高兴地说想要珍珠和宝石，唯独小女儿不一样，她想要一枝玫瑰花。在严寒时节获得一枝春天才开放的鲜花，几乎是不可能的，但因为这个女儿最得商人的喜爱，他还是答应了女儿的请求。商人亲吻告别女儿们，出门去了。

　　过了不久，商人回到家中，女儿们开心地上前迎接，跑在最前面的是最可爱的小女儿。女儿们看着父亲从口袋里掏出给她们的礼物：大女儿得到了美丽的珍珠项链，二女儿戴上了闪闪发光的宝石戒指，最后父亲把一朵玫瑰花递给小女儿。小女儿高兴得连连亲吻父亲，可是父亲却没有开心的笑容，反而愁眉苦脸。小女儿问父亲为什么发愁。商人叹口气说道："我的宝贝女儿啊，现在我虽然能给你这枝玫瑰，但却得把你送给一头凶猛的狮子啊。"

　　怎么回事呢？原来商人到处找不到玫瑰花，向人们打听时还受到了很多嘲笑，说他想在寒冬腊月找到鲜花简直是痴心妄想。商人很无奈，但他更怕买不到玫瑰花会让小女儿伤心哭泣，于是他找啊找啊，最后终于看到了一座神奇的城堡。城堡四周被花园环绕，可却像是被人从中间整整齐齐切了一刀，一半春光灿烂、百花盛开，另一半却冬雪覆盖、寸草不生。商人高兴地折下一枝玫瑰准备离开，此时却有一

头狮子跳出来："想要我的玫瑰，就要答应我一个要求，不然我现在就吃掉你！"商人吓坏了，问狮子有什么要求。狮子让他把回家后第一眼看到的东西献给自己，不论是小猫、小狗还是人。商人为了不被当场吃掉，只好答应了狮子的要求。他万万没想到，第一个出来迎接他的是他最心爱的小女儿。商人把这不幸的消息告诉小女儿，小女儿却说自己要为父亲履行他的诺言，去往城堡里，并答应父亲会尽力确保自己的安全。

小女儿来到城堡后，才发现狮子竟是一位王子。他因受到了魔法的诅咒，拥有两种截然不同的身份——白天他是一头狮子，晚上他就变回王子的模样。他见到商人的小女儿，非常喜欢，便向她求婚。两人举行了盛大婚礼，幸福地生活在一起。但少女只有夜晚时才能见到王子，天亮后王子就会消失不见。

不久，少女的大姐要结婚了，少女和变成狮子的丈夫一起回家参加婚礼，父亲和姐姐们看到她都流下了高兴的眼泪，因为他们原以为她早被狮子吃掉了，没想到她还活着。小女儿见到家人也很高兴，在家住了很长时间才回到城堡。

又过了不久，少女的二姐也要结婚了，少女希望狮子能变成王子的样子和她一起回去参加婚礼。王子告诉她，如果有任何一点灯光照到他，自己身上所附的魔法会使他变成一只鸽子，而且要飞七年才能得到解救。少女允诺会保护他，绝不让一丝光线照到他。

举行婚礼的大厅墙壁很厚，原本可以让王子很安全，但门上被所有人忽视的一道裂缝漏进来一丝光线，一切都毁了。王子变成了一只白色鸽子。

他的妻子太伤心了，但她听王子说过，他变成鸽子飞行的七年中会不时地掉落白色羽毛，爱他的人可以按照白色羽毛的方向去解救他。少女马上启程追去，不知疲倦地跟着白色羽毛跑啊跑啊。终于七年的时间就要到了，但在这个重要的时刻，她却再也找不到白色羽毛了，她绝望地想：我救不了我的丈夫了。

但少女还是没有放弃，她向太阳呼喊，又向月亮求助。太阳和月亮被她的决心所感动，分别送给她一个小匣子和一个鸡蛋，让她在最需要的时刻使用。少女向太阳和月亮说完谢谢，鼓起信心又去寻找白鸽。

她迎着南风，向他们打听白鸽的踪迹。南风告诉她：她的丈夫已经飞过红海，因为七年的时间已经到了，他在那里从鸽子变回了狮子，但他还是没能完全摆脱魔法。

给他施魔法的是飞龙公主，王子正在和她搏斗，你赶快去帮他吧。

少女问南风："我该怎么做呢？"南风悄悄地告诉她："你去数红海右边岸上的柳树枝，摘下第十一根，用它抽打飞龙公主，狮子就能在搏斗中获胜，他们俩也能同时变回人的模样。不过你要记住，那时你一定得马上带着你的丈夫回家。"

少女按南风说的办法，用第十一根柳树枝抽打飞龙公主，果然狮子和飞龙变回了人形。但糟糕的是她忘了马上和王子一起离开，结果飞龙公主趁机带走了王子。

少女感到很失败，但没有气馁。她又鼓起勇气找啊找啊，终于找到了飞龙公主的城堡。城堡张灯结彩，马上要举行公主和王子的婚礼。少女想找到王子，该怎么办呢？她打开太阳送给她的小匣子，原来里面是一件举世无双的漂亮礼服。她穿上这件礼服，美丽得无与伦比。飞龙公主看到后很想买下来，少女说她不要金子和银子，只要让她和新郎说些话，就把礼服送给飞龙公主。飞龙公主答应了，但使了个坏心眼儿，给王子喝下安眠药让他睡着了。

少女向睡着的王子倾诉事情的真相，王子却什么都听不见也看不到。天亮了，少女一无所获地走出城堡，忍不住伤心哭泣。她又想起月亮给她的鸡蛋，于是掏出来打碎，鸡蛋里是一只金母鸡和十二只金鸡崽。这些物品又吸引了飞龙公主。少女答应把金鸡给她，但要公主同意再让自己跟王子说些话。公主一边答应，一边让人去给王子喂安眠药。

好在善良的仆人把一切都告诉了王子。王子偷偷地倒掉了药水，躺在床上装睡。当少女来到房间时，他听出了妻子的声音，立刻跳起来拥抱她。他们一起逃出了飞龙公主的城堡，回到了自己的家，永远幸福地生活在了一起。

年轻的巨人

　　一个大拇指一样大的孩子出生在一个农夫家里，但他却一直长不大，他的父母很着急。这天，大拇指想跟着父亲到田里去犁地，他父亲不同意，因为怕他个子太小会在外面丢失，但禁不住他的哭泣哀求，就把他装在衣服口袋里出发了。

　　父亲到了地里开始干活儿，大拇指一个人坐在高高的土堆上东张西望。这时，从小山那边一个巨人大步走来。巨人弯腰捡起大拇指，把他托在手掌上带走了。农夫害怕得不敢说话，但他很伤心，儿子被巨人带走了。

　　大拇指在巨人的屋子里和巨人一起吃饭，很快也长成了一个高大结实的小巨人。巨人一直喂养他，每隔两年就让他拔树试试力气。有一天，小巨人已经能毫不费力拔出森林里最粗的树了。巨人很欣慰，他知道小巨人已经可以独自出去生活了。

　　小巨人回到家中，却把农夫吓得不轻，因为他体形巨大，看上去能轻易把人碾成粉末。小巨人帮父亲犁地，农夫却怕他力气太大把犁弄坏。小巨人轻松干完别人几倍的活儿，回到家里，一口气吃完了父母二人整整八天的饭菜，还觉得肚子空空如也。父母很苦恼，因为家里实在供不起他的饭量。小巨人不想让父母发愁，就再次告别父母，自己出门闯荡。出发前，他让父亲帮他找一根折不断的铁棍。农夫到铁匠铺找到一根要用两匹马才运得动的铁棒，却被小巨人像小木棒一样轻易折断了。小巨人让父亲不用再找了，还是自己出去看看吧。

　　年轻的巨人来到一个村子，走进村里的铁匠铺，跟铁匠说自己想在这里干活儿。铁匠是一个狡猾的人，他只想让伙计多干活、少拿钱。他见小巨人力气大，开始盘算可以用最少的工钱让小巨人干最多的活儿。谁知道一问之下，小巨人居然一分钱都不要，只要铁匠在给别人发工钱的时候让自己拍打铁匠两次。遇到这样不要钱的伙计，铁匠欣喜若狂，飞快答应下来。

　　可是铁匠低估了小巨人的力气。他把要锻造的铁块一锤子给砸碎了。什么都打不成，把铁匠气得吹胡子瞪眼，要把他赶走。小巨人同意了，但他要拍打铁匠以作为补偿。他的力气太大了，轻轻一拍就把铁匠拍出了门外。小巨人打完这狡猾的守财奴，挂着铁匠铺最粗的铁棍，走了。

　　不久，年轻的巨人来到第二个村子找活儿干。村长夫妇和铁匠一样又狡猾又吝啬。小巨人提出和上回一样的条件，他们也觉得捡了便宜，连忙答应了。

　　这里要干的活儿是去树林里伐木。小巨人每天都比其他工人多睡两个钟头，却能在很少的时间里比其他人拔更多的树。村长夫妇对他很是满意。

　　转眼间，一年过去了，眼看就到了发工钱的时候，村长夫妇开始感到害怕，他们想用农场和家畜抵消原来的约定，但小巨人拒绝了。村长夫妇百般恳求小巨人宽限两周时间，但其实是用这段时间想出计策对付小巨人。最后在坏朋友们的怂恿下，他们决定杀死小巨人。

　　他们让小巨人将很多又大又重的磨盘石搬到院子的井边，说水井需要清理，让巨人下到井底。接着，村长夫妇和其他人一起把磨盘石统统推入井里，小巨人发出"噢哟噢哟"的呼喊声。井边的人暗自窃喜，觉得这下肯定把巨人的脑袋砸开花了。谁曾想，过了一会儿，巨人竟然完好无损地从井下爬了上来，还嘻嘻笑着给外面的人看脖子上套的磨盘石，问他们像不像一个漂亮的围脖。村长夫妇不由得惊呆了。

　　第一次计谋失败了，村长夫妇再次恳求小巨人宽限两周时间，然后又马上召集坏朋友们出谋划策，对付小巨人。这次他们想到的办法是把年轻的巨人送去一个闹鬼的磨坊干活儿，想让他跟之前在那里磨麦子的人一样，活不到第二天。

　　到了晚上，小巨人毫不知情地带着八袋麦子去了磨坊。好心的磨坊主让他明天再来，因为磨坊闹鬼，他担心小巨人遭遇不测。小巨人却毫不在意，让磨坊主放心回家休息。

小巨人动手磨起了麦子，不知不觉就到了半夜十二点。这时磨坊里出现了奇怪的事情，有自动出现的美味佳肴，有把食物摆进盘子的手指，唯独不见做这些事情的人。换成别人早就被吓破了胆，但小巨人却一点儿也不害怕，反而镇定自如地坐下来享用美食。鬼因吓不倒他，便吹灭了所有蜡烛和油灯，在一片漆黑中袭击小巨人。小巨人力大无穷，不停回击，打得不亦乐乎。

天亮了，磨坊主回来后看到小巨人竟然还活着，闹腾的鬼魂却不见了踪影，简直太高兴了，这下他的磨坊生意会更加兴隆。他想用丰厚的报酬感谢小巨人，但小巨人说美味的夜宵和痛快的打架让自己很满足，不需要其他报酬了。

小巨人回到村庄，村长夫妇再也想不出别的鬼主意。小巨人却将村长夫妇一人踹了一脚，将他俩摔得很远很远。接着，他拿着自己应得的酬劳离开了村庄。

土地精灵

从前，一个富饶的国度里住着一个国王，他膝下有三个女儿，长得十分光鲜美艳。她们每天都到王宫的花园里漫步。花园里有很多漂亮别致的树木，而国王最喜欢的是一棵苹果树。倘若有人胆敢靠近这棵苹果树，哪怕是不知情地摘下一个苹果，都会受到他的诅咒。每到丰收的季节，苹果树上就会结出红彤彤的苹果，而这个时候，三个女儿的任务就是每天到苹果树下看看有没有被风刮下来的苹果。或许是因为苹果树被国王保护得太好，所以从来都没有发生过苹果落地的现象。树上挂满了果实，简直快把整棵树压断了，很多树枝已经垂到了地面。国王的小女儿特别想得到苹果树上的一个苹果，便偷偷地对姐姐们说："父王这么爱我们，应该不会诅咒我们下地狱吧？我觉得他只是对陌生人才这样的。"她一边说一边摘了个大苹果，跑向两个姐姐，说道："苹果看着多么诱人啊，不想尝尝吗，我的姐姐们？"两个姐姐听了妹妹的话，分别咬了两口苹果，没想到三个漂亮的公主瞬间就陷入地下。

眼看中午了，国王召唤三个女儿吃午饭，可寻遍整个王宫都不见女儿们的影子。他想这下麻烦大了，于是号召全国民众寻找公主，并做出承诺——如果是城中男子率先找到公主，便可以成为他的女婿。听到这个消息，全城的男子都积极地行动起来，其中有三个英俊的年轻猎人也加入了这场寻觅。他们走了整整八天的路程，来到了一座壮

观的城堡。那里有漂亮的住房，房间里有一张精致的桌子，上面摆放着精美的菜肴，还隐隐地冒着香喷喷的热气。他们实在是饿了，于是便坐下来享用美食，然后商议不如就此留在这座城堡里。

"但我觉得我们不能就此停下脚步，"其中的一个年轻猎人说道，"别忘了，我们的目的是娶公主。"

"你说得很对！"其余的两个人说道，"既然这样，不如就由一个人守在这里，其余的两个人继续前行去寻找公主吧。"

"那到底由谁去找公主呢？"一个猎人说道。

"这还不简单吗？不如我们抽签吧。每天轮流找，你看怎么样？"其他两个猎人说道。

于是三个猎人开始在房间里抽起签来。结果老大抽中了"留守"，而两个弟弟便毫无怨言地去找公主了。中午时分，不知道从哪儿来了一个小矮人。他对老大说："尊贵的主人，能给我一片面包吗？"老大觉得这个小矮人很可爱，于是切了一块面包递给他。可是小矮人却没接住，还摆出一副乖巧的样子说："您能帮我捡一下吗？"老大不解地去捡地上的面包，却没想到被小矮人揪住头发，用一根大棒子狠狠地打了下后脑勺。

第二天，三个猎人继续抽签。这一次抽中的是老二。当出门的两个兄弟回来的时候，老二对老大诉苦说："大哥，你知道吗？今天那个该死的小矮人也把我打了。"眼看明天由老三来守城堡，老大和老二嘀咕着："先不要告诉他那么多，看看这个傻乎乎的家伙会遭遇什么。"

第三天，小矮人又来要面包了。很显然，他想要按照前两天的

模式，好好把老三也修理一顿。可是老三却问了一个令他很诧异的问题："自己的事情自己做的人才是勤劳的人。面包就在地上，你为什么不自己捡呢？这点儿劳动都不愿意付出，以后还有什么资格获得食物？"小矮人听了很生气，打闹着让老三捡，但老三就是不捡，还一把抓住小矮人把他狠狠揍了一顿。小矮人苦苦哀求道："别打了，别打了，饶了我吧，我可以告诉你国王的女儿在哪儿。"老三一听，便放开了小矮人。小矮人整理了一下衣服说："我知道你叫什么，你叫汉斯，而我是这一带的土地神。像我这样的土地神，精灵国度里至少有上千个。如果你愿意跟我走，我就可以带你找到国王女儿的藏身之

处。你不是一心想娶公主吗？不过我要告诉你，你身边的两个兄弟很不靠谱，他们对你不够诚实。如果你真的想要实现自己的梦想，就必须独立完成这个任务。"

于是小矮人把老三汉斯带到了一个枯井旁边，对他说："下去吧，公主们就在这里。"于是汉斯带着猎刀和一只小铃铛坐在一个筐里下井。渐渐到达井底，他发现枯井里面有三个小屋，三个公主分别住在里面。她们每天都给九头龙、五头龙、四头龙抓虱子。小矮人告诉汉斯："如果你想救公主，就必须把这条龙的所有脑袋都砍下来。"说完这话，小矮人一瞬间没了踪影。

到了晚上，两个哥哥回来了，看到汉斯一个人待在城堡里，问他这一天经历了什么。"挺不错的。"汉斯说道。看到汉斯一脸兴奋的样子，两个哥哥很诧异，于是汉斯便把自己这一天的经历告诉了哥哥们。听说汉斯已经知道了三个公主的藏身之处，两个哥哥的嫉妒之火被点燃了。他们心想：想不到会让这个呆头呆脑的家伙占了便宜。

第二天，三个人一起来到枯井边抽签，这一次是老大抽中，于是他坐筐里下了枯井。他再三嘱咐两个弟弟："等到我一摇铃，你们就赶紧把我拉上来。"可没想到，刚下去一点儿，上面的兄弟俩就听到摇铃声，于是老大被很快地拉上来。紧接着轮到了老二，和老大一样，没一会儿的工夫便要求上来。轮到汉斯了，他坐在筐里下到井底，拔出猎刀，走到第一道门前。此时的九头龙正在打鼾，汉斯趁其不注意打开了门，看见一位公主正绝望地坐在那里给龙抓虱子，于是举刀把龙的九个脑袋都砍了下来。公主顿时惊喜地跳了起来，抱住汉斯的脖子热情地亲吻，还特意把自己的纯金项链挂在了他的胸前。随后，汉斯又解救了给五头龙、四头龙抓虱子的二公主和小公主。地狱魔咒已经解除，三个公主都兴奋不已。为了感谢他们的大恩人，公主们不断地拥抱他、亲吻他。

汉斯让三个公主站在筐中，使劲儿摇铃铛，好让上面的兄弟听见。公主们一个个地被拉了上去。轮到汉斯的时候，他想起了小矮人之前的警告："你可要想好了，倘若你不能自己完成这项使命的话，你的那两个兄弟会加害于你的。"于是他临时抱起井底的一块大石头放进筐里。当筐升到一半的时候，两个兄弟却把绳索砍断了，筐和石头跌落到了井底。他们以为汉斯已经死了，便带着三个公主逃走了。一路上他们不断地威胁公主们，不让她们把实情告诉国王，逼着她们说是他们解救成功的，还要求公主们向国王请婚，让他们成为驸马。

正当两个哥哥带着公主们日夜兼程回王宫的时候，枯井里的汉斯却惶惶不安地在三间破屋里打转，此时他是那么的绝望。他看到墙上挂着一个笛子，便借此消愁，吹了几个音符。令他没想到的是，每吹一个音符，他的眼前就会蹦出一个小矮人。他不断地吹，小矮人便越来越多。他们问道："尊敬的主人，你找我们来做什么呢？"他看看头上遥不可及的井口说道："我想回到地面上，我想站在蓝天下。""那太容易了。"小矮人说道。于是，他们抓着他的头发，带着他飞到了地面上。他一上来，便马不停蹄地去了王宫。一推门，就看到国王正在为自己的女儿们准备婚礼。公主们看到英俊勇敢的年轻人并没有死，十分惊喜。汉斯将所有的事情告诉了国王，公主们也不住地点头承认一切都是事实。国王听后大发雷霆，立刻命人将两个哥哥送上了绞刑架，然后将自己的小公主嫁给了诚实勇敢的汉斯。

万事通大夫

　　很久以前，村庄里住着一位名叫"螃蟹"的农夫。他生活得特别穷困，整天为赚不到钱而发愁。

　　一天，农夫赶着牛车，拉着一车木头到城里卖钱。一位正在餐馆吃饭的大夫看见了，要买他的木头。当大夫给农夫拿钱时，农夫瞟了眼那满满一桌子的可口饭菜，眼中流露出无比羡慕的目光。他甚至想象，自己要能成为一名大夫得多好啊，也能吃到这么多美味佳肴。于是，他鼓起勇气向大夫问道："您可以指点我一下，我该怎么做才能成为像您一样富有的大夫呢？"

　　大夫耐心地告诉农夫，让他把家里的两头牛和牛车都卖掉，用这笔钱去买几件东西：一本首页画着一只大公鸡的书，几件看上去整洁像样的衣服，一些和行医有关的物品。最后，大夫还提醒农夫，让他在自己家大门上面挂一块显眼的招牌，招牌上要用大字写上"我是万事通大夫"。大夫对农夫说道："你要按照我说的做，准能成功。"

　　于是，农夫回到家后按照大夫的指点，把该买的东西都准备好了。挂上招牌之后，他便真的当起了大夫。

　　没过多久，邻村一位有名的大财主匆匆找上门来。原来他藏在家里的钱财被小偷偷走了，正当他愁苦烦闷的时候，听人说附近有一位神通广大的万事通大夫，他心想，没准儿这个大夫知道自己家的钱财去哪儿了。想到这儿，财主赶忙驾着马车奔向农夫家。

财主一路打听，终于找到了农夫。进门后，财主把家中钱财被盗之事一五一十地都告诉了万事通大夫，并且希望大夫能去他家里帮忙找回丢失的钱财。

农夫听完财主的遭遇后，没有多加考虑就直接同意了财主的请求，但是他为了多个人好商量，便提出一个条件——一定要带上他的媳妇同行。财主一口答应了。

农夫和媳妇来到财主家的大宅后，刚好到了吃饭的时间，财主让农夫先就座吃饭。这时，农夫说道："我得和我媳妇坐在一起。"于是，他拉着媳妇一块坐到了桌旁。

夫妻二人落座后，佣人们便开始陆续上菜。这时走进来第一位佣人，手里端着一盘香气扑鼻的菜肴。当佣人走到饭桌前时，农夫想跟媳妇说这是第一道菜，于是就用胳膊肘顶了媳妇一下，并说道："亲爱的，这是第一个啊。"

话音刚落，佣人突然有些惊慌失措，脸色瞬间变得难看起来。放下菜后，他慌慌张张地走了出去。他以为大夫认出了他就是第一个小偷，特别害怕。佣人出门后，赶紧和后面的同伙儿说："今天来做客的万事通大夫真是太厉害了，他已经知道我就是第一个偷东西的人了。我们可能要被抓住了。"

由于第一个佣人的小偷身份没被当场揭穿，于是第二个佣人还得硬着头皮继续上菜。当第二个佣人走到餐桌前端上菜时，农夫依然不动声色地碰了碰媳妇，说道："这是第二个。"第二个佣人听到农夫的话后，惊慌地快速离开了。接着，第三个佣人去上菜的时候，农夫还是平静地告诉媳妇："这是第三个。"

最后，轮到第四个佣人端菜。他端上来的是一个还扣着盖的菜盘。这时，财主想要现场考验一下农夫的真实本领，于是问道："万事通大夫，您猜猜看这是一盘什么菜。"农夫一下子被问蒙了。他真的猜不出来啊！这下完了，于是唉声叹气地乱猜起来："哎呀，螃蟹真可怜啊。"财主一听，立即大声欢呼起来："您可真是神人啊。这盖子下面真的是螃蟹！这您都能猜到，肯定也知道我的钱到底在哪儿。"

四个佣人紧张不安起来，于是给农夫使了个眼神，让他出去，并向农夫承认了偷钱的事。他们还表示，如果农夫不向财主告发，他们就把偷来的钱一分不少地还回去，并承诺给农夫一笔不小的钱财以表感谢。农夫同意了。他们和农夫一起把钱放回了财主家藏钱的地方。完事后，农夫镇定地回到了屋子里。

这时，第五个佣人十分好奇万事通大夫到底有多大本事，于是悄悄地爬进壁炉里偷听农夫和财主的对话。农夫入座后对财主说："我

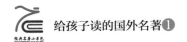
能从书中找到您家丢失的钱财在哪儿。"

　　说着，大夫翻开自己带来的书，不停地在书页上找寻那只大公鸡，可是怎么也找不到。他有点儿着急，突然说："我知道你就在那儿，你最好自己出来！"这时，藏在壁炉中偷听的佣人以为大夫说的是他，吓得赶紧跳了出来，跪在地上求饶："您真是神机妙算啊，果然万事通！"

　　万事通大夫借机告诉财主钱藏在哪儿，但是并没有指出谁是小偷。最终财主和小偷都给农夫支付了酬劳。误打误撞，万事通大夫成了远近闻名的奇人。

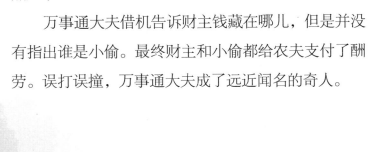

玻璃瓶中的妖怪

很久以前，有个贫穷的樵夫，他拼命干活儿，省吃俭用，积攒了一些钱。他用微薄的积蓄送儿子进了学校，希望儿子能学一些真正的本事。等以后他老得再也干不动活儿的时候，儿子能养活他。

樵夫的儿子十分争气，比任何人都勤奋努力，成绩一直非常好，老师们都很喜欢他。他一路念到中学毕业，考上了很好的大学。可是就在这个时候，家里原本就不多的钱彻底用完了，穷樵夫只好让儿子辍学回家。父亲很是伤心，儿子却很乐观，他觉得一切都是神的旨意和安排，凡事都会有转机。

从学校回来的儿子决定跟父亲一起上山砍柴。父亲怕他体力不支，况且家里只有一把斧子，儿子拿什么工具去砍柴呢？父亲不由得连连叹气。

儿子安慰父亲，买不起就先去邻居家借用一把，等挣了钱再买一把新的。父亲同意了。

第二天，父子俩一起进了森林。年轻力壮的儿子挥舞着借来的斧子，帮父亲砍了很多柴火。到了中午，父亲喊儿子一起坐下来休息、吃午饭，儿子却说自己一点儿也不累，想去林子里看看。

尽管父亲说如果现在不休息，下午干活儿可能会累坏，儿子还是带着午餐面包进了林子。他第一次在森林里转悠，看什么都觉得新奇，就这样不知不觉走到了一棵大橡树下。

儿子站在树下听此起彼伏唱歌一般的鸟叫声，忽然听到一个不一样的声音。他靠近树干，仔细听了一会儿，真的有个声音在不断重复："谁能放我出去！谁能放我出去！"儿子是一个胆大的小伙子，便对这个声音喊道："你是谁？你在哪儿？"

树干里传来回答："我在大橡树的树根底下呢，快来帮帮我呀！"

儿子便低头在橡树根周围挖呀挖呀，没多久就挖出来一个玻璃瓶。玻璃瓶里面封着一个小玩意儿，像小虫子，也像小青蛙，正在拼命跳来跳去。这小玩意儿一边跳一边大喊："放我出去呀！放我出去呀！"儿子就把瓶塞拔了出来。小玩意儿嗖一下便钻出了玻璃瓶，一眨眼就变大了几百倍，竟然是一个可怕的巨人妖怪。

巨人妖怪非但不感谢小伙子，反而恶狠狠地对他说："我要拧断你的脖子！因为我是威力无比的墨丘利尤斯！无论谁救了我，都是这个下场！"

没想到小伙子一点儿都不害怕。他对巨人妖怪说："我相信你的威力，但我不相信你这么大的身躯是从这么小的瓶子里钻出来的。你若想让我心服口服，你就再钻回去让我看看你的本事。"

妖怪冷哼一声："这有什么难的！"然后就和刚才变大一样，瞬间又变成了小玩意儿，钻进了瓶子。小伙子趁机飞快地盖上瓶塞，然后把玻璃瓶扔进了刚才挖出的坑里，想再把它埋起来。

这时妖怪又开始嗷叫，想让小伙子

再放他出去。小伙子才不会再上一次当了，坚决不答应。

妖怪说："你再相信我一次吧。"小伙子说："好，我再把你放出来，你要是再像上次那样耍花样，我还有别的办法让你回到瓶子里！"妖怪跟他做了约定，小伙子就把他放了出来。

这次妖怪说话算话，给了小伙子一件宝贝以表感谢。这个宝贝像一块橡皮泥。妖怪说："这个东西的一头可以治疗天底下任何伤口，另一头可以点石成金。"小伙子在破损的树皮上试了一试，果然马上愈合了。他和妖怪互相感谢了对方，各自远去。

小伙子带着这件宝贝找到了父亲，父亲正因为他耽误了干活儿而生气。小伙子对父亲说："您别生气，我给您带回个比砍柴好一万倍的东西。"父亲以为小伙子在说胡话，气呼呼地不搭理他。

小伙子拿起借来的斧子，用宝贝的一头来回擦拭了几遍，然后一下砍在石头上，斧子马上就卷刃了。父亲很着急，因为他没钱赔偿邻居卷刃的斧子。儿子把斧子拿到父亲跟前，让他再仔细看，父亲才发现这破斧子居然变成了银子。他被这突然发生的惊喜惊呆了，稀里糊涂跟着儿子回了家。

儿子带着银斧子去了金银铺。老板说，这把斧子可以卖四百个金币。要知道，这斧子原来只值一个银币啊。

儿子带着四百个金币回到家中，加倍赔偿了邻居的斧子，把剩下的钱都给了父亲，让父亲以后不用再去砍柴，他自己也回到了学校，完成了学业。

后来，儿子当上了医生。别忘了，那个宝贝的另外一头可是能治愈天底下一切伤口的啊。

山雀和熊

　　一天，狼和熊走在茂密的森林里，一阵鸟儿的欢歌引起了他们的注意。"这是哪儿的鸟啊？唱的歌如此动听。""哦，这是森林里的鸟中之王。""鸟中之王？那他一定有王后了？他的王宫在哪里呢？""嘘，我们就在这里静静地等着看就好了。"狼说道。不一会儿，王后回来了，熊先生定睛一看："哦，那不过是一只山雀。"此时雌鸟正在给自己的孩子喂食呢。"这是什么宫殿啊？这么落魄，里面的小东西该不会是私生子吧？"熊先生不屑地说。"你说什么呢？这么侮辱我们的父母，我们的爸爸妈妈可都是守本分的。你说这样的话，一定是要受到惩罚的。"狼和熊听了有些害怕，于是慌忙地跑回他们的洞中去了。

　　他们一走，小山雀便把今天的经历陈述给了自己的母后。他们一把鼻涕一把泪地说："他说我们是私生子，如果您不惩罚他们我们就不吃饭了。"听到这些事，鸟王后也很生气，安慰道："宝宝们不要生气，爸爸妈妈一定会好好教训他们，你们放心好了。"

　　鸟王后将这件事告诉了鸟王，鸟王愤恨地说："说这样的话，一定要遭惩罚的。"

　　于是鸟王飞到熊的洞口，对他说："你这只不知天高地厚的笨熊，竟敢侮辱我们的孩子。现在我要向你们宣战。"熊听到这些话，便赶紧去找帮手。他找来了公牛、驴子、鹿和所有在地上跑的兽类。

而鸟王则召集了一切在空中飞行的昆虫和鸟类，就连大黄蜂、蚊子都加入了这场战斗。

　　眼看开战的时间就要到了，山雀派来了许多间谍打探军情。此时兽类正在军帐中商量对策，而蚊子却将自己隐藏在军帐旁边的一片树叶下面。兽类们找来了狐狸作为军师。大家说："整个森林里，恐怕你是最聪明的兽类了，就由你来指挥这场战斗吧。"狐狸听了扬扬得意地说："既然大家推选了我，就一定要听我的指挥。如果我的尾巴

翘起来，就意味着我们赢得了胜利；如果我的尾巴放下了，就意味着我们输了。"

蚊子听完，悄悄地飞回了大本营，将自己知道的一切告诉了鸟王。眼看大战在即，天刚一蒙蒙亮，狐狸就指挥着兽类队伍朝着鸟王的军营冲来，群兽奔跑的声音震动了大地，声音可怕极了。可鸟王也不示弱，他早已调兵遣将，严阵以待了。就这样，双方在原野上摆开了阵势。鸟王命令大黄蜂领队直接攻击做指挥官的狐狸，他对大黄蜂说道："你要给我狠狠蜇他，即便他把尾巴放下来也别停止。"于是领命的大黄蜂带着队伍一路飞向狐狸，将他蜇得体无完肤，腹背受敌的狐狸只得夹着尾巴逃跑。看到自己的指挥官都败下阵来，兽类们惊愕不已，纷纷抱头逃窜。他们成为鸟王的手下败将，鸟王的臣民们在天空中自由地飞舞，一起来庆祝首战告捷。

鸟王和王后伴随着臣民的欢歌凯旋。他们回到了自己孩子们的身边，说道："我可爱的儿啊，现在尽情地享受父母带给你们的美食吧，因为胜利已经属于我们了。"可小家伙们还是摇摇头倔强地说："不行，他们竟敢骂我们是私生子，他们必须亲自来祈求我们的宽恕，否则我们就继续绝食。"于是鸟王又飞到了熊的洞口喊话："我的手下败将，赶紧到我的王宫来，向我的孩子们赔礼道歉。否则，当心我把你的骨头拧下来，砸得粉碎。"听到鸟王的话，熊先生再也没有了曾经的锐气，用双手抱住脑袋，苦着脸爬出洞口，亲自向几个小家伙道歉。看着他那副窘相，小家伙们终于解了气，又吃又喝，嘻嘻哈哈地和爸爸妈妈玩在了一起。直到夜已深沉，小家伙们才在父母几番的安抚下进入梦乡。

小弟弟和小姐姐

　　从前，林间有一个男子，膝下有一个男孩儿和一个女孩儿。因为孩子们的母亲很早就去世了，男子无奈之下只得又娶了一个女人。不久这个女人生了一个女儿，但相貌丑陋，只有一只眼睛。后母终日对自己的女儿疼爱有加，对男子前妻的孩子又打又骂。更可怕的是，她竟然是个女巫，动不动就动用法术诅咒他们，以至于两个孩子的日子苦不堪言。

　　一天，小弟弟拉着漂亮的小姐姐在林间散步。他对姐姐说："这个家我一刻都待不下去了，我们活得还不如小猫小狗，不如我们一起离开吧。"于是他们离开了家，穿过草地，来到茂密的大森林。天空下起雨来，他们又饿又渴，躲在一棵空心树洞里彼此拥抱，或许是因为太疲倦了，不一会儿的工夫，两个孩子就蹲在树洞里睡着了。

　　看到两个孩子没有回家，女巫用法力查到了他们身处的位置，并对其附近的所有溪流都下了咒语——只要他们饮了溪流的水，就会立刻化身为动物，除非得到上天的特殊眷顾，否则很难恢复人身。而此时毫不知情的两个孩子刚刚从空心树洞中醒来，暖和的阳光普照在他们的身上，宛若要将曾经的伤心事全部带走。小弟弟对小姐姐说："我真的好渴啊，不如我们去找一条小溪饮水吧。"可是姐姐似乎感觉到了巫婆的诅咒，便对弟弟说："不要轻易饮水，这些水是受了诅咒的，会把我们变成动物的。"

　　于是他们穿越了一条又一条小溪。小弟弟说："我实在受不了了，我要喝水。"于是趁姐姐不注意，跪在溪边喝起水来。谁料才喝了一点点，小弟弟便瞬间化作一只小鹿。他绝望地看着姐姐，哭泣起来，而此时的姐姐也不知所措地抱着他哭泣。她对小鹿说："你不要着急，我们永远在一起。"于是她解下了拴在头上的金发带，小心翼翼地系在小鹿的脖子上，又拔了一些灯芯草，编成了一份细软的绳子。她给小鹿拴上绳子，牵着他朝森林深处走去。

　　不知道走了多远，女孩儿发现一座空旷的小木屋，推开门，里面空空荡荡，好像很久都没有人住了。于是她对小鹿说，不如我们就在这里安家吧。小鹿会心地点点头，顺从地跟在小姐姐的身边。女孩儿用树叶和青苔为小鹿铺了一张松软的睡床。她每天一早出门寻找草根、野果，还会特意给小鹿带回一些嫩草。就这样，他们的生活安定了下来，日子也因此有了生气。可森林的生活必定是单调而乏味的，

小鹿总想跑出去玩。每当这个时候，女孩儿就会愁眉不展地说："如果你再出什么事，就只剩下我一个人了。"

一天，小鹿听到外面有人类活动的动静，原来是国王正带着随从来这里打猎。此时的小鹿莫名地激动起来，在房子里四处乱撞，恳求姐姐放他出去走走。女孩儿拗不过小鹿，只好把门打开，叮嘱他说："你出去溜达一会儿就要回来，小心被猎人盯上。你回来的时候就说：'我的小姐姐，让我进去吧。'我听到这句话就会给你开门，否则我就不开门。"小鹿点点头，随后便欢快地跑到外面去了。他循着人的声音一路奔跑过去，被国王的猎队发现了。他们一路追逐围猎，他却总是机灵地脱离险境。第一次，国王与小鹿失之交臂。可第二次，小鹿却因为国王的利器受了轻伤，一瘸一拐地跑到小木屋，低声地说："我的小姐姐，让我进去吧。"女孩儿一开门发现小鹿受了伤，心疼地哭了起来。她为小鹿敷上草药，让他躺在小床上休息。而这一切都被一路追来的随从看在眼里，并告诉了国王。国王很是好奇，想要亲自前往小木屋，会会这个神秘的女孩儿。

第三天，小鹿从梦中苏醒。他显然已恢复了体力，于是不顾女孩儿的阻拦再一次地冲了出去。这一次他没有那么幸运，被国王的猎队包围活捉了。国王看到了小鹿脖子上的金色发带，顺着随从指引的方向，朝着小木屋走了过去。

"我的小姐姐，让我进去吧。"国王说。

小木屋的门打开了，迎面是一个生得无比俊俏的姑娘。国王被女孩儿的美貌打动了，对她说："不要怕，我是这个国家的国王。如果你愿意的话，可不可以跟我回宫呢？""可以，但是我必须带上这只小鹿。"女孩儿说道。"当然可以，他会得到很好的照顾，因为你会成为王后。"国王深情地说。

就这样，国王将女孩儿抱上了骏马，把她和小鹿一起带进了王宫，并精心举行了盛大的婚礼。就此，一家人过上了其乐融融的生活。

得知女孩儿已经成为王后，女巫那丑陋的女儿坐不住了，内心的嫉妒之火愈演愈烈，对母亲抱怨道："不知道这对该死的兄妹走了什么狗屎运，要知道王后的位置本应该是属于我的。"

"别着急，孩子，我一定会让你顺心如意的。"女巫漫不经心地说道，"不过是一对弱不禁风的兄妹，有什么好值得顾虑的？想不到受了我的诅咒，现在还能过得这么快活。不过，他们的好日子就要结束了。"

一次，国王独自外出狩猎，怀孕的王后顺利生产，生了一个漂亮的男孩儿。女巫借着这个机会和自己的女儿乔装成侍女，烧了一锅滚烫的开水，将身体虚弱的王后拖进洗澡间，杀死了她。随后，女巫动用法力把自己的女儿变成了王后的样子。只可惜，尽管一切看似完美，她却怎么也无法多给自己孩子一只眼睛。

很快，国王回来了。得知自己喜得贵子，他快步地来到王后的房间，想要和她一起分享喜悦。躺在床上的女巫女儿使劲儿地遮掩着没有眼睛的那半张脸，不敢出声。女巫见状，急忙对国王说："您不要拉开窗帘，王后现在身体虚弱，会招风的。您还是过几天再来看她吧。"于是国王只得离开王后的房间。他并没有看出什么破绽，只是暗自想："我可爱的妻子，一定是太累了吧。"

本来以为一切都尘埃落定，可没想到王宫里多次出现怪事。一个女侍在值夜班的时候总是看到王后身着秀美的白裙在夜间行走，将心爱的儿子抱在怀中喂奶，然后去小鹿的居所静静地抚摸小鹿。她的样子如此哀伤，一次次地说："我的孩子怎么办？我的小鹿怎么办？再有几次，我就不能来看他们了。"

女侍思量再三，决定把这件事告诉国王。国王听后很诧异，于是决定亲自守在孩子的小床边等待妻子。到了午夜时分，王后再次出现了。这时国王一把将她抱在怀里，不解地问："亲爱的，发生什么了？你要离开我吗？你不可以离开我，我们要永远在一起。"听了这话，王后的脸上重新恢复了血色，并将自己的遭遇一五一十告诉了国王。盛怒之下，国王将女巫和她的女儿连夜审问，并处以极刑。就在这个时候，宫殿外的小鹿也解除了诅咒，恢复了人形。从此，小弟弟和小姐姐再也没有分开，在王宫里过上了幸福的生活。曾经的痛苦生活已经一去不复返了。

称心如意的汉斯

　　汉斯是个长工，已经在雇主家里干了七年的活儿。约定的期限到了，汉斯想要回家探望母亲，就跟雇主结账回家了。因为他平时干活儿卖力，为人忠厚老实，雇主便给了他一笔丰厚的报酬——一大块金子，足足有汉斯的脑袋那么大。

　　这一大块金子可不那么好拿，因为实在是太沉了。可毫无戒备之心的汉斯把金子包起来往肩膀上一扛就上路了。他对自己说："干体力活儿是我的强项，难不成还要为这点儿小事情犯难吗？"可是回家的路很远，他越走越累，感觉身上的东西越来越沉，压得他直不起腰来。汉斯终于担心起来，倘若自己坚持不到最后，该怎么办呢？

　　这时候他的对面来了一个人，骑着高头大马，一路行走一路悠闲地吹着口哨，宛若什么烦恼在他的眼前都不存在。汉斯顿时心生羡慕，心想："骑马肯定是比走路舒服。倘若我也有这么一匹骏马该多好啊。"

　　骑在马上的人看到汉斯疲惫不堪的样子，停下脚步说："嘿，朋友，你扛着这么重的一块大石头要去哪里啊？"

　　汉斯擦了擦汗说："这可不是一般的石头。你知道吗？这是一整块金子，我要把它背回家去，可路途实在太遥远了，我的肩膀怕是受不住了。"

　　骑马的人眼珠一转，说："不如我们做个交换？我把我的马给

你，你把你的金子让给我吧！"

　　"这倒是个好主意！"糊涂的汉斯说道。于是骑马的人跳下骏马，将汉斯扶了上去，随后接过金子离开了。临走之前，他对汉斯说："如果你想要让马跑得快点儿，只需要呲着嘴喊两声'喔驾，喔驾'就行了。"

　　两个人就此分别。汉斯骑上了心爱的马儿，趾高气扬地朝着家的方向行进。他觉得马儿走得实在太慢了，于是就按照那人告诉他的方法叫了起来："喔驾，喔驾！"马儿接到命令，猛然地拼命奔跑起来。汉斯一不留神，扑腾一下从马鞍上摔了下来。眼看马儿跑了，迎面来了一个农夫赶着一头母牛。农夫看到奔驰的马儿迎面而来，眼疾手快地抢过马的缰绳，很快让马儿停了下来。汉斯见状，慌忙地从跌落的泥坑里爬起来，恼火地对农夫说："我实在是太倒霉了，骑了这样一匹马回家，险些要了我的命啊。你看你多么幸运，你的母牛那么温顺，你这么轻松地赶着它，而它那么忠实地走在你前面。它每天都会给你提供很多牛奶吧？倘若我能有这样一头母牛，就会成为天底下最开心的人了。"

"这可是一匹千里马啊。"农夫寻思了一下说，"既然这样，不如我们做个交换？我把我的牛给你，你把这匹马给我吧。"汉斯听了高兴极了，就此他们的交易敲定了。汉斯接过了农夫的牛，农夫骑着那匹上等的骏马离开了。

汉斯晃晃悠悠地跟在母牛后面，感觉这种悠哉的状态美极了。可没过多长时间，他的肚子便咕咕地叫了起来，好像在说："哎呀，哪里可以吃到一顿丰富的美餐呢？""是啊！"汉斯寻思着，"奶油、面包，再加香浓的乳酪，那味道实在太美味了。"汉斯一边想一边流口水，恰巧这时路过一家饭店，他停下来美美地吃了一顿，还点了一杯啤酒，把身上仅有的钱都花光了。

　　午后的骄阳火辣辣的，格外炎热。汉斯走着走着，便觉得口干舌燥。他抱怨道："这该死的鬼天气！能到哪儿去找水喝呢？"此时，他灵机一动说道："哎！对了，近水楼台先得月，不如就从母牛身上挤些奶来喝吧。"

　　于是汉斯将母牛拴在树上开始挤奶。或许是他用力太大了，母牛感觉疼痛难忍，情急之下，一脚把蹲在地上的汉斯踢晕了。恰巧有一个推着板车的屠夫从他身边经过，他将汉斯扶起来关切地问道："嘿，兄弟，你这是怎么了？"

　　汉斯摇摇头，将刚才的遭遇告诉了屠夫。屠夫说："你真是没经验，这头牛已经老了，根本不会有什么奶水了，它能给你的也就是它身上的这些肉。要我说，干脆把它送到屠宰场去吧。"

　　汉斯听了大吃一惊，说："这老牛的肉又硬又柴，我可不喜欢，我天生最喜欢猪肉。"屠夫听了立即说："正好我的板车上有一头猪，如果你想要，就让我们做个交换吧。"于是汉斯再一次与屠夫做了交换，牵着猪开心地上路了。他一路走一路想："哎，今天的经历真有趣，遇见了那么多帮助我的人。"这时迎面来了个乡下人，他胳膊底下夹着一只漂亮的大白鹅。汉斯忍不住招呼他坐下来攀谈，告诉他今天自己有多么幸运。

乡下人说："那好啊，不如我们也做个交换？你看我这白鹅，才养了八个星期就这么肥了，如果拿回家红烧了吃，味道肯定比你的猪美味十倍。"

听了这话，汉斯看看自己的猪，犹豫片刻说："好吧，让我们来做个交换。"

于是汉斯抱着大白鹅开心地走了。他想："这白鹅太棒了，不仅可以吃肉，还可以用它松软的羽毛做枕头。等我回去，一定要把今天的经历告诉母亲，她一定会觉得她的儿子实在太精明了。"

　　眼看就要到家，却在路上遇到个磨刀匠。只见他推着一个小车一边走一边唱，一副无忧无虑的样子。汉斯忍不住跟他打招呼："师傅，看你这么开心，你的活计一定给你带来不少快乐吧！""那当然了，学得一身好手艺，就好像是找到了一辈子的金子，随手都可以给自己带来财富。哎？你这鹅不赖啊！"磨刀匠说道。

　　听了磨刀匠的话，汉斯很高兴，便把今天的经历告诉了对方。磨刀匠说："你用金子换马，用马换牛，用牛换猪，又用猪换鹅，你真是这个世界上幸运的人。可你还是没有我幸运，因为我有一块漂亮的磨刀石，如果你能拥有它，就能像我一样随时从口袋里变出金子。"

　　"有那么神奇吗？"汉斯心动起来，"那我们做个交换吧。"就这样，汉斯背着沉沉的磨刀石继续向前走。此时天色已经不早了，他又渴又饿地来到池塘边，刚想喝口水，却听到扑通一声，磨刀石掉进了水里。汉斯傻傻地看着水面，却突然欢蹦起来，对自己说："太好了，我早就不想背着这个破石头走路了，这下如愿以偿了。"就这样，汉斯无牵无挂地回到家，仍是一副无忧无虑的样子，而现在的他已经什么都没有了。

小矮人的礼物

　　从前，一个裁缝和一个金匠是一对好朋友，他们一起出去旅行，一路上见到了很多有趣的事。这天，他们走了一天的路，太阳落山后正准备睡觉，却听见远处传来了唱歌的声音。歌声越来越清楚，有些怪异但又那么好听。好奇心让他们忘记了一天赶路的疲惫，借着月亮、循着歌声往前走，直至来到了山顶。这时，他们看见一群小矮人正手拉手围成一圈快乐地唱歌跳舞。

　　人群中坐着一位长者，比周围的小矮人要略高一些，穿着五彩外套，留了一把长到胸口的雪白长胡子。长者见裁缝和金匠二人脸上写满了惊讶，便对他们发出了邀请，让他们也加入唱歌跳舞的人群。小矮人们热情地让出一块地方。

　　金匠是个驼背，而且胆子很大，于是抢先加入人群，和小矮人们围成一圈。裁缝见他和小矮人们

跳得高兴，也大着胆子加入进去。大家跳啊唱啊，开心得不得了。就在此时，长者掏出一把大刀，磨得闪闪发亮，然后趁裁缝和金匠跳得高兴来不及反应的时候，把他俩的头发和胡子剃得干干净净。

两人吓得一动都不敢动。长者友好地拍了下他们的肩膀，他们的恐惧才烟消云散了。这时，长者让他们看旁边一个高高的煤堆，并示意两人去把煤渣装满口袋。两人虽然疑惑，但很听话地照做了。等他们带着满口袋的煤渣回到住处时，听到了钟楼敲响了十二点的钟声。歌声停止了，漫山遍野都安静下来。

裁缝和金匠躺在床上，盖着外套陷入沉睡。第二天，沉重的外套把他们压醒了。他们伸手一摸，发现昨天装在口袋里的煤渣块竟然变成了金块，他们被剃掉的头发和胡子居然一夜之间又长了出来，甚至比之前更长、更浓、更密！

两个人欣喜若狂。现在他们都是有钱人了。裁缝很满足，可是金匠却很贪婪，他还想要更多的金块。他跟裁缝商议："咱们再多留一天吧，晚上再去找昨天那群人，再装一袋金子回来！"裁缝不同意，他觉得意外得到这么多金子已经非常幸运，但因金匠是他的朋友，他便答应陪金匠多留一天。

到了晚上，金匠带着大包去找昨天的小矮人和长者，果然又在山顶看到了和昨天一模一样的唱歌跳舞的小矮人和长者。他又一次加入了他们欢歌笑语的队伍，又一次被长者剃光了头发胡子，并且如愿以偿地将带来的大包装满了煤渣块。他疲惫地拖着大包回到小屋，心满意足地拥着大包入睡，梦想着一夜之后能看到同样多的金块。

　　第二天一早，金匠醒来后马上翻看他这次带回来的煤块，可是跟他做的美梦不一样，那些煤块一点儿也没变，还是黑乎乎的样子。他又把第一次煤块变的金子拿出来，却更伤心了，因为那些金子又变回了煤块。不仅如此，他摸了摸自己的脸和脑袋，他的头发胡子并没有长出来，胸口倒是长出了和背上一样的大包。金匠又气又急又害怕，放声大哭起来。裁缝听到哭声赶来看他，问清楚怎么回事以后，安慰道："我的朋友，我早就说过贪心是没有好结果的。但你也不要太伤心了，我把我的金块分你一半，让你也过上好日子。"金匠接受了裁缝的馈赠，但他的头发和胡子再也没有长出来，胸口的大包也没有消除。这就是他贪心的代价。

三个纺纱女

　　曾经有一个漂亮的女孩儿，生性懒散，不愿意干活儿。身边的女孩子们都忙于纺纱，可就是她，偏偏什么也不做，就知道在家里闲着。时间长了，就连她的母亲也嫌弃起来，狠狠地把她教训了一顿。女孩儿挨了板子，觉得很委屈，独自一人蹲在院子里大哭起来。王后正好经过此地，听到哭声，停下马车，对着哭泣的女孩儿问道："我可怜的孩子，为什么要在这里哭泣呢？""因为……因为我母亲今天打我了。呜呜呜……"女孩儿委屈地说道。

　　于是王后领着女孩儿回到她家，问她的母亲为什么要打孩子。母亲本想将这个孩子实在太懒的事实告诉王后，但又觉得丢人，于是便编了一个幌子，说："我这个孩子啊，实在是太勤劳了，每天拼命地纺纱。我们家这么穷，哪儿有那么多的亚麻给她纺啊。所以我就说了她一顿，想不到她独自蹲在院子里哭到现在，真是让人头疼。"

　　听了这话，王后笑着说："这算什么事情？孩子喜欢纺纱又何必为难她呢？跟我进宫吧，宫里有很多很多亚麻，我正好需要她这样勤劳的纺纱人，她想纺多少都可以，取之不尽用之不竭。"

　　听了这个消息，母女二人都惊呆了。母亲明明知道事情的真相，但想到自己的女儿能有机会进皇宫，便没有多说什么，爽快地答应了。于是，女孩儿被王后带进了宫。整个宫殿金碧辉煌，女孩儿边走边看，感觉到处都那么神圣而新奇。王后把她带到了一处空地，指着

格林童话

不远处的三间库房对女孩儿说："姑娘，你看到了吗？那边可以纺纱，里面有很多很多的亚麻。你这么勤劳，这么漂亮，等你完成了所有的工作，我就把你许配给我的大王子。""我真的可以嫁给王子吗？"女孩儿问道。"当然，君无戏言，何况我是王后。好好工作吧！"王后拍拍她的肩膀，便离开了。

听到王后的承诺，女孩儿又欣喜又失落，欣喜的是自己有机会嫁给王子，失落的是这么多亚麻自己即便花费一生的时间也根本做不完。这可怎么办呢？可是母亲已经答应了王后的要求，自己又不能不做，她伤感地叹道："难不成自己一生一世都要被困在这个库房里吗？"她坐在库房门口烦恼了好几天，迟迟没有开始纺纱的工作。到了第四天的时候，她的身边悄然地来了三个女人：第一个女人有着又宽又长的脚板，第二个女人外貌很是奇怪，下嘴唇都耷拉到了下巴上，最后一个女人大拇指又宽又大。她惊讶地看着这三个女人，这三个女人也奇怪地看着她。

"姑娘，你好像有心事，能告诉我们到底发生了什么吗？"三个女人问道。"我可能要一辈子困在这里了。王后说，我得把库房里所有亚麻全部纺完才能离开。如果能够很快完工，我就能和王子成婚，但即便是三百年，这么多的亚麻，我一个人也是干不完的。"说罢，眼泪便顺势流淌出来。

听了女孩儿的遭遇，三个女人哈哈大笑道："姑娘，有什么好哭的，不就是纺纱吗？我们可以帮你，但是你必须兑现一个承诺。""什么承诺？"女孩儿抬起头擦拭着眼泪问道。"如果纱全部纺完了，你要邀请我们参加你的婚礼。""那是当然。"女孩儿顿时喜笑颜开。"那

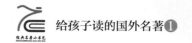

就一言为定喽。"三个女人说道。于是从那天起，女孩儿便将这三个女人请进了库房，对外人说她们是她的表姐，是妈妈派来陪伴她的。

一进库房，三个女人便开始马不停蹄地投入工作。尽管纺纱的速度很快，但女孩儿还是担心王后知道这些纱是别人帮自己完成的，所以每当王后进入库房的时候，她就把三个女人藏起来。王后抚摸着成品，对女孩儿的杰作很是满意，并对女孩儿说："这么辛苦的活儿，想不到你都可以做得这么快，这么好，真是让人钦佩啊。"

　　就这样，一天又一天，库房里所有的亚麻都已经变成了精美的纱，三个纺纱女人顺利地帮助女孩儿完成了工作。在即将道别的日子里，她们对女孩儿说："姑娘，千万不要忘了你的承诺啊。"女孩儿点点头说："放心吧，我是一定不会忘记你们的。如果我嫁给了王子，你们一定要来参加我的婚礼。"

　　三个女人走后，女孩儿将王后请进了库房，看着库房里堆积如山的上好纱线，王后惊呆了。她兑现了承诺，让女孩儿和自己的大王子结婚。得知这个消息，女孩儿的脸上洋溢着说不出的欣喜。她对王后说："我尊敬的王后，请答应我一个请求好吗？""什么请求我都可以答应你。"王后说。"我想邀请我的三个表姐来参加我的婚礼。"女孩儿说。"当然可以，我们一起盛宴款待她们。"王后应允道。

　　到了婚礼那天，三个纺纱的女人如约来到现场。看到她们奇怪的

样子，王子觉得很好奇，便问道："亲爱的，你的这个表姐为什么脚掌这么宽、这么大啊？"

听到这个询问，第一个女人说："那是因为我平日里经常光脚踩纺车的原因啊。"

王子又问第二个女人："那您的嘴唇怎么这么大、这么长呢？"

"那是因为平时舔纱线舔的。"第二个女人说。

王子又问最后一个女人："那您的拇指为什么这么扁、这么宽呢？"

"那是因为终日捻纱线捻的。"第三个女人答道。

王子听完，大惊失色，于是立刻做了一个决定——从此坚决不让自己漂亮的新娘踏入库房半步，再也不让她纺纱了。看着王子一脸紧张的样子，女孩儿回过头娇滴滴地问："怎么了亲爱的？""我可不想让自己楚楚动人的新娘有一天成为她们这副样子。我要和你过幸福的生活，就此跟这项该死的纺纱工作挥手告别吧。"

从此，女孩儿再也不用去做她讨厌的工作了。她成了王子身边娇媚的妻子，每天倍受宠爱，过上了幸福美满的生活。

经典名著小书包

姚青锋　主编

给孩子读的国外名著 ①

汤姆·索亚历险记

［美］马克·吐温◎著　胡　笛◎译　书香雅集◎绘

当代世界出版社

THE CONTEMPORARY WORLD PRESS

图书在版编目（CIP）数据

　　汤姆·索亚历险记 / （美）马克·吐温著；胡笛译 . -- 北京：
当代世界出版社，2021.7
　　（经典名著小书包：给孩子读的国外名著 . 1）
　　ISBN 978-7-5090-1580-3

　　Ⅰ . ①汤… Ⅱ . ①马… ②胡… Ⅲ . ①儿童小说 - 长
篇小说 - 美国 - 近代 Ⅳ . ① I712.84

　　中国版本图书馆 CIP 数据核字 (2020) 第 258709 号

给孩子读的国外名著.1（全5册）

书　　　名：汤姆·索亚历险记
出版发行：当代世界出版社
地　　　址：北京市东城区地安门东大街70-9号
网　　　址：http://www.worldpress.org.cn
编务电话：（010）83907528
发行电话：（010）83908410（传真）
　　　　　　13601274970
　　　　　　18611107149
　　　　　　13521909533
经　　　销：新华书店
印　　　刷：三河市德鑫印刷有限公司
开　　　本：700毫米×960毫米　　1/16
印　　　张：8
字　　　数：85千字
版　　　次：2021年7月第1版
印　　　次：2021年7月第1次
书　　　号：ISBN 978-7-5090-1580-3
定　　　价：148.00元（全5册）

打开世界的窗口

书籍是人类进步的阶梯。一本好书，可以影响人的一生。

历经一年多的紧张筹备，《经典名著小书包》系列图书终于与读者朋友见面了。主编从成千上万种优秀的文学作品中挑选出最适合小学生阅读的素材，反复推敲，细致研读，精心打磨，才有了现在这版丛书。

该系列图书是针对各年龄段小学生的阅读能力而量身定制的阅读规划，涵盖了古今中外的经典名著和国学经典，体裁有古诗词、童话、散文、小说等。这些作品里有大自然的青草气息、孩子间的纯粹友情、家庭里的感恩瞬间，以及历史上的奇闻趣事，语言活泼，绘画灵动，为青少年打开了认识世界的窗口。

青少年时期汲取的精神营养、塑造的价值观念决定着人的一生，而优秀的图书、美好的阅读可以引导孩子提高学习技能、增强思考能力、丰富精神世界、塑造丰满人格。正如我国著名作家赵丽宏所说："在黑夜里，书是烛火；在孤独中，书是朋友；在喧嚣中，书使人沉

静；在困慵时，书给人激情。读书使平淡的生活波涛起伏，读书也使灰暗的人生荧光四溢。有好书做伴，即使在狭小的空间，也能上天入地，振翅远翔，遨游古今。"

多读书，读好书。希望这套《经典名著小书包》系列图书能够给青少年朋友带来同样的感受，领略阅读之美，涂亮生命底色。

本书主编

2021年5月

目录
CONTENTS

第 1 章　与波莉姨妈斗智斗勇

"汤姆！汤姆！"

波莉姨妈拉低鼻梁上厚厚的镜片，从镜片上方认真地环顾着房间，像往常一样仔细搜寻着。她知道自己顽皮的小外甥汤姆有可能躲在房间的任何一个角落里。

"汤姆！你再不出来，我可要生气了！"

正如她所预料，房间里出奇地安静，一如既往。

老太太叹了一口气，自顾自地接着说道："好小子！别让我捉到，否则——"突然地停顿是因为说话的当头她突然弯下腰用扫帚朝床下扫去——汤姆曾经不止一次不声不响地躲在床底下跟她玩恶作剧。然而这突袭并不奏效，除了扫出一只惊慌失措的猫之外没有任何收获。

波莉姨妈又叹了一口气，来到院子里种着一片西红柿与曼陀罗的园子中四处寻找，仍然没有发现汤姆的身影。只好采取最后的办法了，老太太心想。于是她深吸一口气，提高嗓门，朝着院子外边大声叫道：

"汤——姆——"

一群鸟从树丛中飞起。波莉姨妈虽然年纪大了，可是眼不花耳不聋，突然发觉身后隐约有熟悉的动静，于是一个转身，一把抓住了一闪而过的小男孩。波莉姨妈操劳了一辈子的大手敏捷而有力。小男孩大笑着企图挣脱，然而无济于事。

"我早该想到橱柜，瞧瞧你干的好事！汤姆！" 波莉姨妈镜片后的目光紧紧盯住汤姆的嘴巴。

"没什么。"汤姆试图狡辩。

"没什么？你满嘴都是果酱！还有你的手上！我跟你说过几千次了，如果你敢再动我的果酱，我就剥了你的皮。把鞭子拿来！"

"我的天啊！波莉姨妈，你看你后面！那是黄蜂吗？"

波莉姨妈吃了一惊，手一松，小汤姆瞬间挣脱，一闪就没了影子。再传来的声音，就已经在院子外边了。

波莉姨妈发了会儿呆，忽然轻轻地笑起来。

"又中了臭小子的计！他的把戏比这院子里的蚂蚁还要多！不过我本来也不忍心真的揍他，可是如果不管教这天生顽皮的孩子，怎么对得起我死去的姐姐呢？都说不打不成器，揍他吧，我于心不忍，可又不能放任他顽劣……唉！"

晚餐时，波莉姨妈又像往常一样从厚厚的镜片后边仔细地审视着汤姆："今天天气很热啊，你想不想去游泳？"

汤姆心里掠过一丝不安，但立刻镇定下来，说道："今天是很热，我在学校的抽水机旁玩水，头发都弄湿了。"

"波莉姨妈是想试探我有没有逃学去游泳，别以为我不知道。"汤姆心里暗暗得意。

　　手中的证据不能使汤姆招供，这让波莉姨妈苦恼不已。不过，她又灵机一动，问道："汤姆，玩水的时候，我帮你缝补的衣领没脱落吧？外套脱下来，我看看。"

　　汤姆没有露出丝毫难色，立刻脱下外套，衣领完好如初。

　　没抓到罪证，波莉姨妈有点遗憾，也有点高兴。没想到汤姆今天这么听话，竟然没有逃学。

　　可这时坐在汤姆旁边一个更小一些的男孩突然开口说道："您帮他缝补衣领的线是白色的而不是黑色的吧？"

　　这个小男孩是汤姆的弟弟希德。他一边说话一边悄悄向波莉姨妈身边靠拢，以防汤姆对他发动突然袭击。波莉姨妈听到希德的话后恍然大悟，伸手就要翻汤姆的衣领。可是汤姆早已一溜烟地窜到了门口，出门的一瞬间还不忘回头扔下一句话："希德真是欠揍！"

　　原来，逃学去游泳的汤姆脱衣服时弄坏了衣领，于是提前溜回家自己缝了缝，却忽略了线的颜色。下午没有逃学的谎言自然也被揭穿了。

　　"真是功亏一篑啊，都是希德多嘴坏了我的好事！"汤姆一边漫无目的地游荡，一边恨恨地想："为什么大人总是喜欢装模作样的乖孩子？他们明明都是假装的。"

第2章 悲催的一天

几分钟之后，汤姆所有的烦恼就已经丢到九霄云外去了，因为在一个孩子眼里，家以外的世界实在是太有趣了。况且汤姆刚刚从一个熟人那儿学会一种新的吹口哨方法。他大步走在街上，吹着美妙的哨音，心情好到要飞起来，就像宇航员发现新星球一样，但汤姆的快乐却远非宇航员所能体会。

没多久，吹着口哨四处溜达的汤姆面前出现了一个陌生人——一个看上去比自己大一些的黑人男孩。他之所以看起来很特别，是因为在圣彼得这样的小村庄里，汤姆和村里的孩子只有星期天才能穿鞋

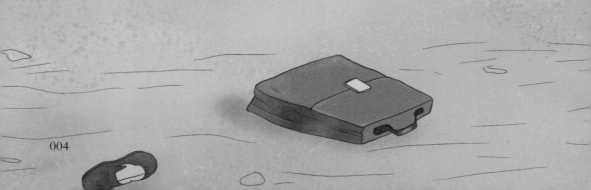

子，其他时候都是光着脚玩耍。可眼前的这个男孩，不是星期日却还穿得如此整齐，蓝色的上衣又新又帅，一排扣子紧紧地扣好，裤子也是干净好看的，甚至还戴了一顶好看的帽子，打了一条颜色鲜艳的领带。总而言之，这个男孩身上的一切都显得与这个小村庄格格不入。

汤姆的注视也引起了对方的注意，于是他愈发显得骄傲神气，这就更加衬得汤姆衣着寒酸。两个人之间的火药味渐浓，终于面对面停了下来，彼此瞪着对方。汤姆吸了吸鼻子，先开口说道："在我面前装模作样摆神气的人只有一个下场，那就是被我痛揍一顿。"

"是吗？那可太巧了！敢跟我动手的人也只有一个下场，那就是被我痛揍一顿。"对方显然毫不示弱。

"你可别得意了。你以为自己是多么了不起的人吗？嘿！瞧你那顶丑帽子！"

"不喜欢我的帽子就动手啊，我保证你没这个胆量。谁敢动我，谁就挨揍。"

两个人毫无悬念地扭打在了一起，在地上打成一团，滚来滚去，相互揪住对方的衣服和头发，拳头、指尖、膝盖都用力起来。两人伤痕累累，鼻子淌血，浑身沾满了泥，谁也不服谁。

一阵混战之后，汤姆取得了胜利，跨坐在那男孩身上，一边用拳头狠狠地揍他，一边说道："快说'饶了我'！"

地上的男孩仍继续挣扎，因为实在无法挣脱，又羞又怒，哭了起来。

汤姆又说："快跟我求饶！"接着又是一拳。

最后，男孩呜咽地说"饶了我"，汤姆才放他起身，说："以后小心点儿！下次再碰到我，你先搞清楚是在和谁说话！"

男孩拍拍身上的泥土，脸上眼泪、鼻涕和鼻血混成一团，狼狈不堪，边走边抽抽噎噎，走出一段距离才敢回过头冲汤姆骂，并趁机捡起一块石头扔了过去，砸在了汤姆的背上，然后拔腿就跑。汤姆大怒，一路追到了男孩的家，结果那男孩隔着窗户对汤姆做了鬼脸，死活不肯出来。倒是男孩的妈妈气势汹汹地冲出来把汤姆骂了个狗血喷头，汤姆只好认怂离开，并发誓下次还要教训那个男孩。

然而，汤姆今天的厄运还并没有结束。当他小心翼翼地从窗户爬进屋时，发现自己已经中了埋伏——波莉姨妈正等着他。看到汤姆仿佛是从泥坑里钻出来的模样，脸上还挂了彩，波莉姨妈气得浑身发抖，发誓要罚汤姆在星期六干一天重活儿。

今天真是悲催的一天啊，汤姆心想。

第3章 从"艺术家"到"包工头"

对于孩子们来说，星期六是个快乐的日子。村庄外面，不远处的卡第夫山上绿意盎然，宁静安详。村子里洋槐树正开着花，空气里弥漫着芬芳的花香，每个人脸上都洋溢着欢乐，每个人的脚步都是那么轻盈。

可是这些欢乐都与汤姆无关，他的鼻子里也只闻得到灰浆的味道。

汤姆一只手拎着一桶灰浆，另一只手拿着一把长柄刷子，看着面前长长的栅栏，内心充满惆怅。呆立了一会儿后，汤姆叹了一口气，用刷子蘸上灰浆，沿着最顶上一层木板刷了起来。然而长长的栅栏似乎无穷无尽，汤姆很快就灰心丧气地在一块木板子上坐了下来。

这时，他看到吉姆手里提着一个锡皮桶蹦蹦跳跳地从大门口跑出来。汤姆知道，他一定是去镇上抽水机那里提水。那里可是个热闹的所在，有白人孩子、黑人孩子，还有混血孩子。大家把水桶一放便开始愉快地玩耍，不玩上个把小时是不会回来的。

"喂，吉姆，如果你来刷点墙，我就去提水。"汤姆说。

吉姆摇摇头，说："不行，汤姆少爷。老太太说，如果我帮你刷栅栏，她会把我的头拧下来的！"

"你什么时候见过老太太打人？还有，我这儿有一个白石头子儿！你想不想要？"

吉姆开始动摇了。白石头子儿对他诱惑太大了。他放下水桶，接过白石头子儿仔细端详起来。眼看汤姆的计划就要成功了，突然一只拖鞋飞来打断了一切。

那是波莉姨妈的拖鞋。

于是，汤姆立刻乖乖地去刷栅栏了，卖力而认真。

可是远处传来的若有若无的孩子们的笑声，就像一只猫不停地抓挠着汤姆的心。怎么才能换来半个小时的自由呢？汤姆忽然灵机一动，计上心来。这主意实在是妙不可言。

他拿起刷子一声不响地干了起来，可眼睛却不时朝街角瞟去。不一会儿，本·罗杰斯一边啃着苹果一边学着蒸汽轮船船长的样子滑稽地走了过来。

汤姆一下子来了劲头，开始打起十二分精神刷栅栏——这可不是他的风格。

本瞪着眼睛看了一会儿，忍不住说："哎呀，今天太阳打西边出

来了吗？"

是时候表演真正的技能了——汤姆心想。他并没有回答，而是像艺术家那样，把眼前的栅栏当作艺术品，小心翼翼地刷一下，又退后看一看，再刷一下，再退后仔细端详一会儿。

本说："嘿，老伙计，你是在干活儿？"

汤姆假装被吓了一大跳："本！是你啊？我都没看见你。"

"我要去游泳喽！"本得意地说。

汤姆假装出一副毫不关心的样子："是吗？我这会儿忙着呢。"一边说一边用艺术家的姿态不停地刷着。

本被他投入的样子唬住了。他仔细地看着汤姆的一举一动，越看越有兴趣，越看越被吸引。后来他说："喂，汤姆，让我来试一下吧。"

汤姆心想，这家伙要上钩了。不过他一本正经地说："不——不行，本——我想这恐怕不行。要知道，波莉姨妈对这面墙是很讲究的，我怕你搞砸了。"

"哦，是吗？就让我试一试吧。我只刷一点儿。"本的胃口被吊起来了……

"本，我倒是愿意，说真的。可是……万一你搞砸了……"

几分钟后，本以把苹果送给汤姆做代价，终于拿到了刷子。

汤姆一边啃苹果，一边竭尽全力地管理自己的表情。他知道，要是不小心笑出来就前功尽弃了。

本开始卖力地刷栅栏，刷得满头大汗，不亦乐乎。

汤姆则坐在树荫下的木桶上，跷着二郎腿，一边大口大口地吃苹果，一边绞尽脑汁想自己知道的所有称赞和表扬的词汇，这时候他有

点后悔语文课上没有认真听讲了。

　　所有路过的孩子都被这个景象惊呆了。他们走上前来询问，很快就被汤姆用同样的套路留下来刷墙。一上午的时间很快过去了。栅栏整整被刷了三遍，一直到灰浆被用得一点都不剩。

　　这期间汤姆用刷栅栏的机会换来了十二颗石头子儿、一个破口琴、一块可以透视的蓝玻璃片、一门线轴做的大炮、一把什么锁也打不开的钥匙、一截粉笔、一个大酒瓶塞子、一个用锡皮做的小兵、一对蝌蚪、一个门上的铜把手、一个拴狗的颈圈、一个刀把。

　　汤姆早上还是个贫困潦倒的穷小子，现在一下子就变成了腰包鼓鼓的富翁了。

　　"越是不让得到，就越想得到。"汤姆心满意足地自言自语道。

　　他似乎发现了人生的一个大秘密。

第4章　浑身湿透的痴情人

"我现在可以去玩了吗？波莉姨妈。"

汤姆来到波莉姨妈面前，理直气壮地问道。

这让波莉姨妈相当意外。她拉低了鼻梁上厚厚的镜片，从镜片上方仔细地上下端详着汤姆："这么快就想去玩了？你刷了多少了？"

"波莉姨妈，都刷好了。"

按照惯例，波莉姨妈不可能相信汤姆的话，她要亲自去看一看。往外走的时候，波莉姨妈已经想好了，只要汤姆刷的栅栏能有五分之一，就放他出去撒欢。

然而眼前的一切让她惊呆了。

汤姆又得到一个大大的苹果，还趁波莉姨妈絮絮叨叨表扬他的时候从厨房偷了一块油炸面圈。

出门的时候，汤姆正好看见希德正爬向二楼。之前因为他的举报导致被自己波莉姨妈惩罚，这下要出口气了。当波莉姨妈注意到希德被泥块"空袭"大喊大叫的时候，汤姆已经飞快地跑进了牛圈后面一条泥泞的巷子里，顺利地离开了"战场"。

跟小伙伴们痛快淋漓地玩了一会儿打仗游戏

之后，汤姆在杰夫·撒切尔家的花园里看见一个新来的女孩子——一个漂亮可爱的蓝眼睛的小姑娘。她金黄色的头发梳成两根长长的辫子，身上穿着白色连衣裙。

那一瞬间，汤姆觉得自己又恋爱了。上星期他爱上的那个名叫艾美·劳伦斯的姑娘立刻被他抛到了九霄云外，现在他眼里只剩下眼前这个天使般的女孩了。汤姆靠在栅栏上，极力想要引起女孩的注意。

小女孩似乎注意到了汤姆，但似乎又没有注意到。她很快进屋了，但是进去之前有意无意地向栅栏外面扔了一朵三色紫罗兰花。

汤姆欣喜若狂，立刻把花别在上衣里面贴近心脏的地方——也许是贴近他的胃部，因为他不太懂解剖学，好在他也无所谓。

晚餐时间，汤姆异乎寻常地兴奋。波莉姨妈不禁纳闷，因为她刚刚狠狠地敲了汤姆几个脑瓜崩儿，作为下午时他朝希德扔

泥块以及偷吃油炸面圈的惩罚。

然而汤姆似乎已经完全忘了这事，一边吃饭一边乐呵呵地傻笑，连饭汤从嘴角流出来都不知道。而且令汤姆开心的事情似乎还在继续发生——希德不小心打碎了糖罐子。

汤姆简直开心得要命。这时波莉姨妈从厨房冲进来，从眼镜上方透着愤怒，接着扬起了手——啪的一声。让汤姆万万没想到的是，巴掌竟然落在了自己身上……

"是希德打碎的糖罐！波莉姨妈！"汤姆又惊又怒，饭粒都被喷了出来。

波莉姨妈愣了一下，在保持尊严和道歉这两件事上犹豫了几秒钟，然后选择了前者。

"打你也不亏！反正你没少干坏事！"

然后她便转过身去收拾东西，她似乎感觉到了背后汤姆的失望和伤心。正当她犹豫要不要给汤姆道歉的时候，从乡下度假回来的玛丽表姐唱着歌从外边走了进来，汤姆瞬间没了影子。

闷闷不乐的汤姆在街上毫无目的地瞎逛，不知不觉又走到了那位他爱慕的无名少女家。天已经黑透了，他停下来竖起耳朵听了一会儿，却什么声音都没有听到。二楼窗户的帘子上映出昏暗的烛光。

　　汤姆深情地望着窗子，看了很久，然后仰躺在窗下的草地上，双手合在胸前，捧着那朵可怜的已经枯萎了的花。他情愿就这样死去——在这冷酷无情的世界上，能够死在自己日夜牵挂的心上人身边，是一件多么幸福的事情啊！

　　然而事情的发展往往出乎意料。窗帘卷起的声音打破了圣洁的寂静，接着只听见哗的一声，一盆夹杂着莫名味道的脏水把这位躺在地上的痴情者浇得透湿！

　　痴情人瞬间复活，火冒三丈，鼻子里喷着水，从地上跳起来，接下来就听到一阵打碎玻璃的声音，然后是一个朦胧夜色中箭一般飞奔的、湿淋淋的身影。

　　这天晚上，卧室里的希德原本想嘲笑一番浑身湿透从窗户偷偷爬进来的汤姆，可是他还是改变了主意，没有出声，因为他看到了汤姆眼里的怒气……

第 5 章　意外出风头

早饭过后，波莉姨妈做了祷告。玛丽则用一把价值一角两分半的崭新的巴露牌小刀作为交换，让汤姆认真地、史无前例地做了一次祷告。

汤姆拿着这把真正的巴露牌小刀欣喜若狂，手舞足蹈，立刻在碗橱上乱刻了一阵，并准备在衣柜上动手。不过他还是停了下来，因为他看到了波莉姨妈眼镜片后透出来的怒气……

今天要上主日学校，必须认真整理仪容仪表。对于汤姆来说换衣服是小事儿，真正的难题是洗脸。原本一条毛巾就能解决的事情，非要用整整一盆水加上肥皂和整整五分钟的时间去解决，汤姆觉得难以理解。

　　然而，在波莉姨妈的监督下，汤姆不得不完成这个艰难的任务，不过这仅仅是个开始。

　　接下来，汤姆要把他那件整洁的上装的衣扣统统扣上，一直扣到下巴底下，再把宽大的衬衣领子往下一翻，搭在两侧的肩上，再刷掉衣服上的灰，然后戴上那顶有点旧的草帽，最后给那双他深恶痛绝的鞋子打蜡油……

　　汤姆耗尽了所有的耐心之后，终于一切准备妥当，朝主日学校出发了。

　　汤姆对于牧师布道没有任何兴趣。在门口，他故意放慢脚步，开始跟小伙伴们交换玩具。

　　接下来的流程枯燥无比，汤姆几乎要睡着了，这时大家突然安静了下来，接着又开始窃窃私语。原来，一位文雅、肥胖、满头铁灰色头发的中年绅士和一位贵夫人走了进来。汤姆则被他们手里牵着的小

女孩吸引了目光——那正是扔给他三色紫罗兰花的女孩！

原来，那位中年人竟是县上的法官，但汤姆对此毫不关心，他的眼里只有那个姑娘。这时他忽然发现，祷告仪式有一项活动，是让孩子们用背圣经得来的奖励纸条换一本由校长亲自颁发的圣经。而汤姆刚才用昨天刷墙挣来的一大堆小玩意儿从小伙伴们手里换来了足够的奖励纸条！

出风头的时候到了！

汤姆·索亚在全场孩子们羡慕的目光下，拿着奖励纸条走上了礼台！校长华尔特先生就算被打死也不会相信汤姆能背诵这么多圣经！可汤姆手里的奖励纸条是千真万确的，他不得不给汤姆颁发了奖励——在台下孩子们几乎喷火的目光之下，汤姆和其他几位贵宾坐在一起，准备领奖。

台下那个叫艾美·劳伦斯的女孩既得意又自豪，她想方设法地想要汤姆看出这点来，可是汤姆偏不朝她这边看。她搞不清是怎么回事，直到她看到汤姆偷偷地瞟了新来的女孩子一眼——她的心立刻碎了，眼泪也跟着流了下来。她恨所有的人，最恨最恨的是汤姆。

第6章 初识贝基，汤姆心生欢喜

每个星期一的早晨，都是汤姆·索亚最难受的时候，因为又一个漫长而难熬的星期开始了。

怎么才能躲过这一关呢？汤姆绞尽脑汁，先是把自己浑身上下仔细检查了一遍，没有发现什么可以请假的毛病，然后又满怀希望地等了五分钟，希望自己肚子突然疼起来。然而肚子并不配合。

突然，他发现上排门牙中有一颗牙似乎有些松动，但转念一想，如果他提出这个理由来应付的话，波莉姨妈就会当真把这颗牙拔出来……于是果断放弃了。

这时他忽然想起自己肿痛的脚指头，大喜过望，立刻开始呻吟起来。因为呻吟得太努力，累得脸都红了。

五分钟之后，希德终于被惊醒了。睡得迷迷糊糊的他看到汤姆表情扭曲，脸憋得通红，满头是汗，吓了一大跳，顾不得穿衣服就飞快地跑下楼，边跑边喊道：

"波莉姨妈，快来呀！汤姆要死了！"

波莉姨妈吓了个半死，跌跌撞撞冲上楼。不过她到底是经历过大风大浪的老太太，很快就识破了汤姆的诡计。她不光治好了汤姆的脚指头，而且当机立断，用一块火炭和一根丝线彻底消除了汤姆嘴里的隐患——那颗松动的上牙很快就被吊在了床柱上。

　　于是，汤姆在上学路上意外发现了一种吐口水的新方法——因为缺了一颗门牙，别的孩子根本学不会，继而羡慕和崇拜汤姆……

　　后来，汤姆看到了那个叫哈克贝利·费恩的孩子。他的爸爸是个酒鬼，从来不管他，这是镇上所有家长都十分厌恶的行为。然而镇上所有的孩子都羡慕哈克贝利。因为他来去自由，全凭自己心情。天气晴朗的时候他就睡在门口台阶上，下雨时，就睡到大空桶里；他不用去上学，也不必去做礼拜，不必叫谁老师，也不用服从谁；他可以随时随地去钓鱼或游泳，而且想呆多长时间就呆多长时间；也没有人能管住他打架；晚上他想熬到什么时候就熬到什么时候；春天，他总是第一个光脚，到了秋天却是最后一个穿上鞋；他从来不用洗脸，也不用穿干净衣服；他可以随便骂人，而且特别会骂。总而言之，一切充分享受生活的事情，这孩子都拥有了。

　　汤姆跟哈克贝利东拉西扯地玩了一会儿，于是上学迟到了。在被老师打了一顿戒尺之后，汤姆因祸得福，坐在了那个新来的女生旁边。

　　他先是用一个桃子讨好女生，然而人家并不领情。接着汤姆调动自

己仅有的一点绘画技能，画了一幅画送给女生。这一招奏效了，他成功地知道了女生的名字：贝基·撒切尔，并且约定找时间教她画画。

汤姆心里乐开了花，随后就被老师拎着耳朵揪回了自己的座位，全班同学都在哈哈大笑，汤姆的耳朵都被揪红了，可是心里却甜滋滋的。

中午放学的时候，汤姆飞快地跑到贝基·撒切尔那儿，低声耳语道："戴上帽子，装着要回家去。走到拐角时，你就单溜，然后从巷子再绕回来。我走另一条路，也用同样的办法甩开他们。"

很快，两个人就像特工接头一样偷偷溜回了学校，一边画画一边聊天，汤姆心里简直乐开了花。他提出要跟贝基举行订婚仪式，结果得意忘形，说出了自己曾和那个叫艾美·劳伦斯的女生举办过一次订婚仪式。

贝基立刻哭了起来，她觉得汤姆是个负心汉。

手足无措的汤姆哄了半天也没有把贝基逗笑，郁闷地走了。两个人的关系刚刚亲近起来就遭遇了这样的裂痕，实在是令人叹息。

第 7 章　假绿林遇见真凶手

因为惹恼了心上人，汤姆满心郁闷，下午的课也不想上了，不知不觉走进一片茂密的森林，在一棵枝叶茂盛的橡树下，一屁股坐在了青草地上。汤姆觉得自己的情绪和这里的环境正合拍。于是双手托着下巴，两肘撑在膝盖上，开始思考人生。

汤姆的思绪信马由缰地四处奔腾，一会儿想当海盗，一会儿想当侠客，越想越激动，恨不得立刻出发，开始自己新的人生。

可一个人在树林里溜达终究没什么意思，汤姆忽然听到外边路上隐隐约约传来锡皮玩具喇叭的声音。他迅速地脱掉上衣和裤子，把背带改成腰带，拨开朽木后面的灌木丛，找出一副简陋的弓箭、一把木制的剑和一只锡皮喇叭，把自己想象成一个绿林好汉，大叫一声冲了出去。

正在路边玩的乔·哈帕被吓了一跳，但是立刻进入角色，变成了另一个"绿林好汉"。两人把身上多余的东西都扔到地上，各持一把木剑开始"决斗"。最后汤姆不幸中了暗算，由于"伤口"没有得到照顾，"失血"过多，耗尽精力而"死"。

乔·哈帕又扮演成汤姆的好兄弟，哭哭啼啼地"埋葬"了汤姆，然后两人兴尽而归。

这天晚上，汤姆躺在床上翻来覆去睡不着，脑子里一会儿是生气的贝基一会儿是绿林好汉，寂静中只听到钟表滴嗒滴嗒地响。那些老屋的屋梁也神秘地发出裂开似的声响，楼梯也隐隐约约吱吱嘎嘎地响。很明显是鬼怪们在四处活动了。钟敲到第十一下的时候，汤姆开始迷糊起来，但很快又被外头扔酒瓶子的声音惊醒。他飞快地爬起来，穿戴好衣帽，从窗户钻出去爬到木棚小屋，再从那儿跳到地上。哈克贝利早已等候在那里，怀里还抱着他那只死猫。

原来，两人白天约好了晚上一起去坟地验证咒语是否灵验。

半小时之后，他俩就穿行在坟地里的深草丛中。这片坟地在离村子大约一英里的半山上。

一阵微风吹过树林，发出萧瑟的声响。汤姆有些害怕，但是并没有说出来。他们很快找到了要找的那座新隆起的坟。在离坟几英尺远的地方，有三棵大榆树距离很近，于是他们就躲在那里。

他们静静地等了很长一段时间，周围一片死寂。汤姆忍不住低声问道："哈克，真的会有鬼魂出现吗？"

哈克贝利低声说："小心说话，不要得罪这里的鬼魂。"

汤姆更害怕了，没有再说话，因为他看到远处飘来一团亮光。

汤姆的心怦怦直跳，使劲儿抓住哈克，却发现哈克也在发抖。

"是鬼火。哦，汤姆，这太吓人了。"

黑暗中，模模糊糊有几个影子走过来，一盏老式的洋铁灯摇来晃去。汤姆吓得眼睛都不敢睁开。

哈克突然说："是人！至少有一个是人。那是莫夫·波特老头儿的声音。"

两人打起精神又听了一会儿，发现另一个人是印第安·乔，镇上有名的混混。

"到了。"第三个人说。提灯的人举起灯笼，灯光下现出的是年轻医生鲁宾逊的脸。

波特和印第安·乔推着一个手推车，车上有一根绳子和两把铁锹。他们把车上的东西卸下来，开始挖墓。医生把灯笼放在坟头，走到榆树下，靠着其中一棵树坐下来，就坐在两个孩子不远处。

"挖快点，伙计们！"他低声说，"月亮随时可能出来。"

原来他们是在偷新坟里的尸体！他们很快挖出了棺材，把里面的尸体转移到小推车上。然后波特拿出一把大弹簧刀，割断车上垂下来的绳头，说："医生，这东西现在弄好了。再拿五块钱，要不然就别弄走它。"

"对，说得对！"印第安·乔说。

"喂，我说，这是什么意思？"医生问道，"按你们要求，我事先已经给过你们钱了。"

"不不，"印第安·乔边边说边走到已经站起来的医生面前，"五年前，你父亲因我是盲流将我关进牢房。你得为此付出代价。"

医生一下子发怒了，两人撕扯起来，波特也很快加入战局。不知道什么时候，印第安·乔抓起波特砍绳子的那把刀一下子捅进了医生的胸膛，医生晃了晃就倒了下去。波特刚刚挨了一记重拳，加上酒劲儿发作，也倒了下去，不省人事。

印第安·乔趁着波特昏昏沉沉，把刀塞进他手里，然后坐在一边抽起烟来。几分钟后，波特呻吟着醒了过来，看到眼前医生的尸体吓了一大跳，手里的刀落到了地上。波特满头雾水——他完全记不起来发生了什么。

"天啊，这是怎么回事，乔？"波特说。

"我还要问你呢，"印第安·乔一动不动地说，"你为什么要杀医生？"

波特脸色一下子变得煞白："都是这该死的酒！天地良心，我根本没想杀他！乔，告诉我这是怎么回事？"

印第安·乔随即绘声绘色地描述了波特杀死医生的"全过程"。

六神无主的波特扑通一声跪在印第安·乔的面前，哭着说道："求求你千万不要说出去，否则我就完蛋了……"

"哦，得了，不要再说了。现在不是哭鼻子的时候。你快逃吧，现在就动身，别耽搁。"

波特跌跌撞撞地跑了。印第安·乔望着波特逃走的身影，露出一丝狞笑。

"连这个胆小鬼自己都信了。"他一边走一边嘟囔。

两三分钟后，凶案现场只剩下被害的医生、用毯子裹着的尸体、没有盖上盖子的棺材，以及那座被挖开的坟墓。一切又恢复了平静。

第8章　目击者的煎熬

汤姆和哈克贝利两人吓得魂飞魄散，飞快地朝村庄跑去，一直跑到村子里那座老制革厂的厂房里，肩并肩地冲进敞开的大门，筋疲力尽地扑倒在阴暗处，终于松了一口气。

过了一会儿，他们平静了下来。

汤姆低声说："哈克贝利，你觉得这事结果会怎么样？"

"要是鲁宾逊医生死了，我觉得凶手肯定要被判绞刑。"

"真的吗？"

"那还用说！我知道，汤姆。"

汤姆略做思忖，然后说："那谁去揭发呢？我们吗？"

"你想到哪里去了。万一事情不顺当，印第安·乔没上绞架，怎么办？他迟早会要了我们的命，这一点肯定无疑。"

汤姆又沉思默想了一会儿后说：

"哈克，你肯定不说出去吗？"

"汤姆，我们必须一字不漏才行，这你也明白。要是印第安·乔没被绞死而我们又走漏了风声，那他会像淹两只小猫一样把我俩淹死。好了，听着，汤姆，现在我们彼此发誓——我们必须这样做——绝不走漏半点风声。"

于是，两人举行了一个简单而隐秘的"歃血为盟"的仪式，约定谁也不要把这件事情讲出去。

等汤姆从窗户爬进卧室时，天已经快亮了。他轻手轻脚脱去衣服，睡下的时候，庆幸自己出去没被人发觉。但他却没发现轻轻打着呼声的希德并没睡着，而且醒了有一个小时。

汤姆醒来后发现时候不早了，希德已穿戴完毕走了，汤姆感到很吃惊——为什么今天没人叫他呢？要是往日的话，波莉姨妈肯定会挥舞着扫把冲上楼来。

汤姆隐隐有种不祥的预感，于是飞快地穿好衣服下楼，发现全家人已经吃完了早饭，但仍然坐在餐桌旁。没人怪他迟到，也没人瞅他。大家都沉默不语，十分严肃。

这气氛不对汤姆知道，自己很可能要挨揍了。可是波莉姨妈并没有打他，而是站在他旁边痛哭起来。她边哭边责怪汤姆，说汤姆白天逃学，晚上还出去鬼混到天亮才回来，怎么忍心让她这把年纪的人伤心呢？

汤姆从来没见过波莉姨妈这样伤心，心里也有点难过。他一个劲儿地认错，甚至都忘了这事是希德告发的。可是希德却做贼心虚，快速地从后门溜掉了。

到了学校之后，汤姆照例因为头天逃学的事挨了顿鞭笞，但他根本不把鞭笞这点小事放在心上。然后开始坐在那里发呆，连心上人贝基也懒得理会。

中午时，那个可怕的消息已经传遍了村子，校长也决定当天下午放半天假，以安抚紧张兮兮的家长们。

据传闻，人们在死者附近发现了一把带血的刀，经人辨认出是莫夫·波特的刀。另外，一个晚上赶路的人，在凌晨一两点钟左右碰巧看见波特在小河里洗澡，见有人来，他马上溜掉了。这确实令人怀疑，尤其是洗澡这件事根本不符合波特的习惯。骑马的人沿着四面八方的路去追捕他，镇上的司法官深信天黑之前就会逮到他。

汤姆跟着看热闹的人群涌向坟地，他既害怕又很想再回去看看。到了现场之后，他看到哈克贝利跟自己的状态几乎一样。他俩不知道为什么有些心虚，目光刚一对视就立即转向别的地方，生怕旁人从中看出什么破绽来。可是大家都在谈话，一心关注的是眼前的惨状。

"莫夫·波特要是给逮住了，一定会被绞死的！"人群中时不时地传出这样的话。牧师却说："这是他应得的惩罚。"

这时，汤姆突然在人群中看到印第安·乔！这个杀人的魔鬼，竟然以一副坦然自若的样子混在人群中看热闹！汤姆知道他一定是来陷

害波特的，可又没有勇气揭穿，又着急又害怕，浑身不由自主地抖了起来。

这时，人群的另一边忽然骚动起来，有人大喊："就是他，他就是波特！抓到他了！"

人群闪开，让出了一条路。司法官揪着波特的胳膊，炫耀似的走过来。这个可怜的家伙脸色憔悴，眼中流露出恐惧的神色。到了死人面前，他像中了风，手捂着脸，突然哭起来。

"这不是我干的，乡亲们，"他抽噎着说，"我发誓，我是喝多了酒跟他打了起来，可是我没有杀人……"

话还没说完，司法官就将一把刀扔到他面前说："是你的刀吗？"

波特一下子瘫倒在地上。

这时，人群中的印第安·乔走了出来，他信誓旦旦地描述着自己所看到的真相。围观的人不时发出惊呼的声音。瘫倒在地的波特面如

死灰，一句话也说不出来。

汤姆不敢说出可怕的事实，良心受到煎熬，这搅得他一周坐卧不安。一天，吃早饭时，希德说："汤姆，你翻来覆去，还说梦话，我被你吵得只睡了半夜的觉。"

汤姆脸色煞白，垂着眼皮，虽然嘴上说没什么，可是手在发抖，咖啡都洒了出来。

"昨晚还说梦话了，"希德说，"你说：'是血，是血，就是血！'你反复说个不停。你还说'不要再这样折磨我了——我干脆说出来！'说出什么？是什么事情呀？"

汤姆只觉得眼前发黑，心都快要从喉咙里跳出来了。幸运的是，波莉姨妈主动给他解了围。

"嗨，没什么事。不就是那个恐怖的谋杀案吗？我经常梦见那起谋杀案，有时还梦见是自己干的呢。"

但汤姆并没放下这件事。在接下来的一周里，他说他得了牙疼病，每天晚上睡觉前都要把嘴捂起来。可是夜里希德总是盯着他，时常解开他捂嘴的带子，然后侧着身子听上好一阵儿，再把带子系上。当然，汤姆一直被蒙在鼓里，否则希德少不了要挨一顿揍。

希德还在汤姆身上发现了另外的异常：汤姆以前干什么新鲜事情都喜欢打头阵，可现在玩验尸游戏时，他再也不扮验尸官了；汤姆也不愿演证人——这确实令人不可思议。希德还清楚地记得，在玩验尸游戏时汤姆明显地表现出厌恶的样子，若有可能的话，总是尽量避免参加这样的游戏。希德感到奇怪，但他并没有对任何人提起。

波特被关在村口沼泽地边上的一间小房子里。全村的人一天到晚都在唾骂这个杀人犯，除了汤姆和哈克贝利。

第9章 汤姆变成"药罐子"

又过了些天，汤姆内心的煎熬好了一些，其中有个很重要的原因是贝基·撒切尔不来上学了。汤姆夜里偷偷地跑去她家"侦查"了一番，才知道贝基生病了，一下子担心起来。要是贝基病死了，自己就再也见不到心上人了。

汤姆一下子无精打采起来，什么打仗啦、当海盗呀，他兴趣全无。铁环、球拍也被放到了一边，快乐似乎一去不返。这可愁坏了波莉姨妈，她觉得这孩子一定是生病了，于是拿出自己珍藏的各种药品和保健品，一股脑地用在汤姆身上。因为波莉姨妈平时从不生病，这些药啊保健品啊都用不上，这下可算逮到了机会，汤姆吃的药几乎顿顿都不重样……

除此之外，波莉姨妈还把所有医学杂志上看来的以及从邻居老太太那儿道听途说的偏方和保健方法都用在了汤姆身上，即便有些方法听起来完全是一本正经的胡说八道，但波莉姨妈还是奉之如真理，比如深呼吸，吃什么，喝什么，运动量多少，上床和起床的姿势，甚至穿什么样的衣服，等等，全都用在了汤姆身上。

这些倒也罢了。这天，波莉姨妈突然学到了一种"水疗法"，天刚蒙蒙亮就把汤姆揪起来，在院子里的木棚里用凉水对着他一阵猛浇，接着用家里最粗糙的毛巾像锉子一样把汤姆浑身上下搓了个通红。这还没完，波莉姨妈又用湿床单把汤姆活活地裹成木乃伊模样，再用冬天的厚毯子捂了个严严实实……

结果呢，汤姆除了被捂出一身大汗之外，没有任何好转的迹象，甚至更加无精打采了。

波莉姨妈并没有因此而气馁，又动用了热水浴，但也无济于事。而汤姆早已被她折磨麻木了，更加慌张的波莉姨妈跑去镇上买来了医生强烈推荐的一种止疼药，欢天喜地地拿回家。

汤姆觉得不能再让波莉姨妈这样折腾下去了，于是想出一个解脱计划——谎称喜欢吃止痛药。他时不时地找波莉姨妈要药吃，结果弄得她烦躁了起来，最后她干脆让汤姆自己爱吃多少吃多少，不要再来烦她就行。

而实际上，汤姆则偷偷把药都倒进了床底下的地板裂缝里……

有一天，汤姆正在给裂缝"喂"药，波莉姨妈喂养的那只黄猫彼得喵喵地叫着走过来，眼睛贪婪地盯着汤匙，像是想尝一口。

汤姆突然有了一个大胆的想法。

撬开猫的嘴并不是一件难事，但汤姆很快就把止痛药给彼得灌了下去。彼得一蹦三尺高，碰翻了花瓶，把地板弄得一塌糊涂，随后又在屋里狂奔乱跑，整个屋子几乎要被拆了。

波莉姨妈冲进来的时候，彼得正在连翻筋斗，最后哇地大叫一声，从敞开的窗户一跃而出，就像发射火箭一样，把窗台上的花瓶也带了下去。

汤姆躺在地板上笑得喘不过气来。老太太整个人都不好了，眼睛

汤姆·索亚历险记

从镜片上方往外瞪着：

"汤姆，彼得出什么事了？"

"我不知道，波莉姨妈，可能是它太开心了吧。"汤姆喘着气说。

"真的吗？"波莉姨妈的语气开始变得不妙。

汤姆突然想起地板上的汤匙，可是为时已晚，波莉姨妈镜片后的目光如炬，一眼就看到了沾着止疼药的汤匙。

随后，房间里就回荡着脑瓜崩的清脆响声和汤姆的惨叫声。

"你还觉得彼得可怜！它又没有什么波莉姨妈。"

"你说什么？跟波莉姨妈有什么关系？"

"关系大着呢。它要是有波莉姨妈，肯定会给它灌更多乱七八糟的药！"

听到这儿，波莉姨妈突然感到有些内疚。她眼睛有点湿润，手放在汤姆头上，亲切地说："汤姆，你就不能做个听话的孩子吗？哪怕是一次也行。这样的话，就不需要再用药了。"

035

第 10 章　心生郁闷，落草为"海盗"

　　难得听话一次的汤姆早早地来到学校，却并没有跟伙伴们一起玩耍，而是独自一人在学校门口徘徊。每当路那头出现女孩子时，他都满心欢喜，等到近处一看，不是他要等的人，便马上恨得咬牙切齿。

　　直到路上再也没有人影，汤姆才闷闷不乐地走进空无一人的教室，坐在那里难过。突然汤姆看见一个熟悉的身影从大门口飘进来，他的心怦怦直跳，他马上跑出教室，开始跟同学们打闹，冒着生命危险跳过栅栏，前后翻个不停或者拿大顶。总之，凡是他能想到的逞能的事情，他都做了。他一边做一边偷偷看贝基·撒切尔是不是看见了这一切。

　　可是她好像一点儿也没看见，甚至连望都没望一眼。汤姆听见她说："哼！有的人自以为是，神气得很呢——尽是卖弄！"

　　汤姆被说得脸直发烧，垂头丧气地离开了。他觉得自己一下子变成了无亲无友、被人抛弃的孩子。连个爱自己的人都没有，人生还能有什么乐趣呢？他突然想要逃离这一切，浪迹天涯，做个无牵无挂、无忧无虑的流浪汉。

　　这时，他遇到了他的铁哥们儿乔·哈帕——这个不幸的孩子因刚刚在家里被妈妈冤枉偷吃奶酪而挨了一顿揍，伤心欲绝地跑了出来。两个伤心人同病相怜，一边订立了一个新盟约，发誓互帮互助、情同手足、永不离分，一边商议了新计划——去当海盗。

在圣彼得堡镇下游三英里的地方，密西西比河宽约一英里多，那儿有个狭长的、林木丛生的小岛。岛前有块很浅的沙滩少有人来，却是孩子们的乐园。汤姆和乔·哈帕准备把这个小岛当作海盗大本营，接下来他们找到了哈克贝利·费恩，他马上就入了伙。因为他随遇而安惯了，对他来说，怎样都无所谓。

半夜，汤姆带着一根熟火腿和其他"装备"赶来了。三个人用事先约好的口哨接上了头，还分别给自己起了个威风的外号，比如汤姆叫"西班牙黑衣侠盗"，哈克贝利·费恩叫"赤手大盗"，乔·哈帕则是"海上死神"。

"海上死神"从家里带来了一大块咸猪肉，几乎累得他筋疲力尽。"赤手大盗"哈克贝利·费恩偷来了一个长柄平底煎锅，和一些烤得半干的烟叶、几个玉米棒子，准备用来做烟斗。"西班牙黑衣侠盗"提议先生火。三个人发现不远的上游一只空无一人的大木筏上有堆冒烟的火，就溜过去，索性连火带木筏都偷走。哈克划右边的桨，乔·哈帕划前面的桨，汤姆站在木筏中间，眉头紧锁，抱臂当胸，低沉而又威严地发着口令，仿佛自己真的是船长。

"转舵向风行驶！"

"是，船长！"

"喂，伙计们！拉起第二节桅帆！拉起脚索，转帆索！"

"是，船长！"

"要起大风了——左转舵！风一来就顺风开！左转，左转！伙计们，加把油！照直走！"

水流不急，三个人划着木筏驶过中游，转正船头，奋力划桨。星

光点点的夜空之下，小镇显得平静而安详，并没有察觉眼皮底下发生着怎样惊人的一桩大事。

黑衣侠盗交叉着双臂，站在木筏上一动不动。他在想象中告别了那个心爱的女孩，在白浪滔天的大海上直面险恶和死亡，毫无惧色，从容赴死……

凌晨两点钟光景，木筏在小岛前面两百码的沙滩上搁浅了。于是他们蹚着水来来回回地把带来的东西都搬到了岸上。筏上原有的物件中有块旧帆，他们用它在矮树丛里的隐蔽处搭了个帐篷。

他们找到一根枯树干生起了火，架起平底煎锅，烧熟了些咸肉当晚餐，还把带来的玉米棒子吃掉了一半。火堆烈焰腾腾，照耀着他们的脸庞，也照亮了他们用树干撑起的那座林中圣殿。

三人吃饱喝足，躺在星光之下的草地上，觉得远离人群、索居荒岛竟然如此自由自在，瞬间觉得能如此这般在这里过上一生也是件极幸福的事情。

哈克贝利说："不管怎样，我挺喜欢这儿。就这么生活，我觉得再好也不过了。平常我连顿饱饭也没吃过——而且这儿也没谁来欺负你。"

"我也喜欢这种生活，"汤姆说，"你不必一大早就起床，也不必上学，不必洗脸，所有的烦心事都不存在了。"

"嗯，是呀，是这么回事，"乔·哈帕说，"不过你知道，我当初没怎么想这事。现在试过以后，我情愿当海盗。"

"赤手大盗"刚挖空一个玉米棒的芯，又把一根芦苇秆装上去作烟斗筒子，再装上烟叶，用一大块烧红的木块把烟叶点着，然后吸了一口，喷出一道香喷喷的烟圈来——此刻他心旷神怡，惬意极了。旁边的两个"海盗"看着他这副十分气派的痞相，非常羡慕，暗下决心，尽快学会这一招。

小流浪汉们天马行空地聊了好半天，觉得困了，上下眼皮打起了架。"赤手大盗"的烟斗从手中滑到地上，然后无忧无虑地睡着了。"海上死神"和"西班牙黑衣侠盗"却久久不能成眠。静谧的夜空下，他们突然觉得有些无所适从，隐隐约约地觉得从家里逃出来是个错误。一想到偷肉的事情，他们更加难受。他们试图安抚自己的良心，说起以往也多次偷过糖果和苹果，可是依然心神不宁。

最后，他们暗下决心，只要还在当海盗，就不能让偷窃的罪行玷污他们海盗的英名。想到这里，他们心里略微好受了一些，终于沉沉地睡去。

第11章　"海盗"的幸福生活

　　早晨，汤姆一觉醒来，迷迷糊糊地不知身在何处。他坐起来，揉揉眼，向周围看了看，一下子想了起来。

　　黎明时分的树林一片静谧，树叶纹丝不动，露珠还停留在树叶和草尖上，火堆已经熄灭，只剩下一缕淡淡的烟直飘向天空，仿佛一切都在酣眠。

　　淡淡的晨光渐渐发白，各种声音也随之稠密起来。林子深处有只早起的鸟儿叫了起来，马上有另一只鸟应和起来，紧接着一群鸟儿歌唱起来。啄木鸟也用欢快的鼓点应和着。

　　一只小青虫穿过晶莹的露珠游荡过来，不时地把大半截身子翘起来，四处嗅一嗅，接着又向前爬。汤姆觉得它是在探路。这条小虫爬近他身边时，汤姆纹丝不动，希望不要惊扰到这个早起锻炼的胖乎乎

的小家伙。小青虫在汤姆腿边探索了良久，终于如汤姆所愿爬到他的腿上，那种痒痒的神奇的触感让汤姆心里乐开了花。

这时，不知道从什么地方来了一大群蚂蚁，正忙着搬运东西，其中一只正用两条前肢抓住一只有自己身体五倍大的死蜘蛛，奋力往前拖，直拖着它爬上了树干。一只背上有棕色斑点的瓢虫趴在一片草叶的叶尖上发呆。又有一只金龟子飞过来，不屈不挠地搬运一个粪球。

随后，一只鲣（jiān）鸟尖叫着疾飞而下，像一团一闪而过的流星，它落到一根小树枝上歪着脑袋，十分好奇地打量着这几位不速之客。还有一只灰色的松鼠和一只狐狸类的动物匆匆跑来，一会儿坐着观察这几个孩子，一会儿又冲他们叫几声。这些野生动物也许以前从未见过人类，所以根本不知道该不该害怕。

一道道阳光如长矛般从茂密的树叶中直刺下来。大自然从沉睡中醒来，精神抖擞地把一片奇景展现在这个惊奇的孩子的眼前。

汤姆弄醒了另外两个海盗。两分钟以后，他们就脱得赤条条的，跳进白沙滩上那片清澈透底的水里互相追逐嬉戏。小木筏在夜里被冲走了，不见踪影，他们却为此感到庆幸。因为没有了木筏，就像是烧毁了他们与文明世界间的桥梁，他们可以安心地在这世外桃源里狂欢逍遥。

哈克在附近发现了一眼清泉，孩子们就用阔大的橡树叶和胡桃树叶做成杯子。他们觉得这泉水有股子森林的清香，完全可以取代咖啡。乔·哈帕正在切咸肉片做早餐，汤姆和哈克带上鱼钩去了河边，很快就拿回来几条漂亮的石首鱼、一对鲈鱼和一条小鲶鱼——这些鱼足够一大家子饱餐一顿。他们把鱼和咸肉放到一块煮，结果让人惊讶：鱼的味道竟然如此鲜美。

他们并不明白新鲜的食材味道更为鲜美，也不明白"饥者易为食，渴者易为饮"的道理，只觉得世上最惬意的日子莫过于此。

吃饱喝足之后，几个人向密林深处去探险。他们信步走去，穿过高大的树木林，一路跨朽木、涉杂丛，兴致勃勃。人迹罕至的树林里无比幽静。地面长满青草，绽开着鲜花，宛如块块镶着宝石的绿色地毯。大树披垂着一根根藤蔓，好像王冠上垂下来的流苏。

几个"海盗"很快弄清楚了小岛的地形。这个岛大约有三英里长，四分之一英里宽，与岸边只有一条狭窄的水道相隔，不足二百码宽。到了中午，他们又狼吞虎咽地吃了一顿咸肉，然后躺下来准备午睡。周遭的寂静、森林中的肃穆和孤独感，慢慢地对这几个孩子的情绪产生了作用。几个人没有了谈兴，开始想家了。

不知道过了多久，一阵沉闷的隆隆响声从远处渐渐传来。

"走，去看看。"

　　他们一下子跳起来，拨开河边的灌木丛，偷偷往水面望去。只见那只摆渡用的小蒸汽船上像是站满了人，还有好多小船在渡船附近划动，漂来漂去。后来，渡船边突地冒出一大股白烟，如闲云一般弥散升腾开来。与此同时，那种沉闷的声音又灌进了他们的耳朵。

　　"我知道了！"汤姆喊着，"有人淹死了！"

　　"是这么回事！"哈克说，"去年夏天，比尔·特纳掉到水里时，他们也是这样子的；他们向水面上打炮，是为了让落水的人浮到水面上来。

　　"哎呀，我真想知道是哪个倒霉蛋被淹死了。"乔·哈帕说。

　　看着看着，突然一个念头在汤姆脑海里一闪。他恍然大悟地喊道：

　　"伙伴们，我晓得是谁淹死了——就是咱们呀！"

　　三个人立刻恍然大悟，明白是怎么回事了。一定是家里人找不到他们，认为他们是在河里淹死了，现在出来找他们。一种奇怪的感觉涌上心头，几个孩子突然觉得自己一下子成了全镇人关注的焦点——有人惦记他们，有人哀悼他们，有人为他们伤心断肠，有人为他们痛哭流涕。这可是个可喜可贺的胜利，要知道平时人们见了这三个调皮鬼都是躲着走的。这真不赖。一句话，当海盗当得值！

第 12 章　深夜回家打探

　　到了晚上，寻找他们的船和人都回去了。当茫茫夜色笼罩着大地，三个人坐在那里，望着火堆，心不在焉。他们想到家里人已经好几天找不到自己了，又忍不住地开始想家了。

　　夜色渐深，哈克打起盹来，不久便鼾声大作。乔·哈帕也跟着进入了梦乡。汤姆用胳膊肘支着头，定睛看着他俩，很长时间一动不动，一个计划在他心里越来越清晰。他悄悄起身，用一块树皮写了个便条，又把自己包里的宝贝——一截粉笔、一个橡皮球、三个钓鱼钩和一块叫作"纯水晶球"的石头——放在乔·哈帕的帽子里，然后踮着脚尖，非常小心地从小伙伴身边溜了出去，直到后来他认为别人已经听不见他的脚步声了，才立刻飞奔着向沙洲那边跑了过去。

到了沙洲的浅水滩上，汤姆先是蹚了一段水，然后一路游到对岸，在一处较低的河堤爬上了岸，然后来到镇子的轮船渡口，偷偷爬上船尾的小艇，藏了起来。船很快就开了，这是回村里的最后一班船。十五分钟之后，船就到了村边，汤姆从小艇上溜下水，为了不让人看见，他潜水顺流而下，在下游五十码的地方安全地上了岸。

这时天空中星辰闪烁，大地上万籁俱寂，路上一个人也没有。汤姆飞快地穿过冷冷清清的小巷，转眼间就到了波莉姨妈家的后围墙下。他翻过围墙，走近厢房，客厅的窗户里透出光亮，屋里坐着波莉姨妈、希德、玛丽，还有乔·哈帕的妈妈，大家正在说话。

所有人都坐在床上，背对着门。汤姆小心翼翼，学着那只被他喂药的彼得猫，悄悄用脑袋把门拱开，然后贴着地面，像一条泥鳅一样朝床底蠕动。

大概一分钟的时间，对于汤姆来说就像是一个月那么长，他的心都快提到嗓子眼了。幸好大家都在专心说话，没有人回头看，汤姆顺利地藏到了床底下。他躺在那里，等缓过气来之后又往前爬了爬，几乎能摸到波莉姨妈的脚。

波莉姨妈说："他不坏，可以这么说——他不过是淘气罢了，有点浮躁，冒冒失失的。他只不过是个毛头孩子，没有一点坏心眼儿，我从来没见过像他那么心地善良的孩子……"她开始哭了起来。

"我的乔·哈帕也正是这样——调皮捣蛋，可他不自私，心眼儿好。天哪！想起揍他的事，我就难过。我以为他偷吃了奶酪，不分青红皂白地拿鞭子抽了他一顿，压根儿没想到是因奶酪酸了我亲手倒掉的。好了，这下我别想活着见到他了，永远、永远、永远也见不着了。这个可怜的、受尽虐待的孩子啊！"接着，哈帕太太似乎伤心至极，哽咽得泣不成声。

"我希望汤姆现在活得很快活，因为我听说天堂是个好地方。"希德说。

"上帝把他们赐给我们，又把他们收了回去——感谢上帝！可这太残酷了——啊，实在让人受不了！就在上星期六，我的乔·哈帕在我面前放了个爆竹，我就把他打趴在地上。谁知道这么快他就……啊，要是一切能从头再来一次，我一定会搂着他，夸他干得好。"

老太太说着说着，伤心得实在说不下去了，一下子放声哭起来。

床底的汤姆也忍不住鼻子发酸——波莉姨妈伤心的样子深深地打动了汤姆，他真想从床下面冲出来，让她惊喜若狂——再说，汤姆也十分喜欢制造些富于戏剧性的场景，但这一次他却沉住气，没有动弹。

后来汤姆得知，此前人们以为几个孩子在游泳时淹死了，当发现那只小木筏不见了之后，人们又断定几个小家伙一定是撑着小木筏出去了，不久就会在下游的村镇里出现；但是时近中午，人们发现木筏停在镇子下游五六英里的密西西比河岸边——可孩子们不在上边，于是希望成了泡影，破灭了；他们准是淹死了，要是到星期天还找不着尸体的话，那就什么希望都没有了，星期天早上就举行葬礼。

汤姆想到全村的人都要参加自己的葬礼，差点儿开心得笑出声来。

谈话结束之后，波莉姨妈在床上辗转反侧，久不能眠，后来好不容易睡着了。汤姆小心翼翼地从床底下钻出来，慢慢地站起来，用手挡住烛光，立在床边端详着她。他觉得自己好像从来没有认真端详过波莉姨妈的脸。接着，他弯下腰来吻了吻那憔悴的嘴唇，然后又悄悄出门了。

汤姆回到渡船码头，大胆地上了船。他知道船上那个守船人睡起觉来像个雕像一样。他解开船尾的小艇，悄悄跳上去，小心翼翼地向上游划去。离开村子有一英里时，他调转船头，全力以赴，冲着对岸径直划了过去。

上岸之后，汤姆虽然很想把这只小船据为己有，但转念一想，丢了这只艇，人家一定会四处搜寻，这样事情反而会败露，他只好弃舟登岸，钻进了树林。

第二天早上，其余两人醒来之后才知道汤姆回家去打探消息了。孩子们围坐在一起，一边大口大口地吃早饭，一边听汤姆讲他回家的经历，听说村里人要给自己举办葬礼，都无比开心，一边打闹嬉戏，一边为钓鱼和探险做准备。

第13章 汤姆的计划

午饭以后，几个小"海盗"全体出动，到沙洲上去找乌龟蛋。他们用树枝往沙子里戳，戳到软的地方，就跪下来用手挖。有时候，一窝能弄出五六十颗乌龟蛋来。到了晚上，他们吃了一顿美味可口的煎蛋，第二天早上又吃完了剩下的。

吃饱喝足后心情自然就好了起来。几个人打水仗，扮小丑，又玩石头弹子游戏，一直玩到下午。两个伙伴已经玩累了，开始眼巴巴地望着大河的对岸出神，那里——他们向往的小镇，正在阳光下打盹。

汤姆发了一会儿呆，发现自己竟然忍不住想起了贝基。他对自己大为恼火，恨自己意志薄弱。乔·哈帕的情绪则一落千丈，他非常想家，泪水在眼眶里打着转。哈克也闷闷不乐。汤姆虽然也有些消沉，却尽力不流露出来。

后来，乔·哈帕终于忍不住了，说："喂，我说，伙计们，就此罢手吧。我要回家，这儿实在太寂寞了。"

"哎，哈帕，这可不成。你慢慢会觉得好起来的，"汤姆说，"在这儿钓鱼不是很开心吗？"

"我不喜欢钓鱼。我要回家找妈妈。"说着说着，乔·哈帕就有点哽咽。

"好吧，咱们就让这个好哭的小婴儿回家去找妈妈，好不好，哈克？咱俩留在这儿，好吗？"

哈克不坚定地说了声"也——行"。

矛盾就此爆发，乔·哈帕连一句道别的话都没说便准备下水。汤姆的心开始沉重。他瞟了一眼哈克，哈克的神情让他的心更加沉重。

"汤姆，我也要回家。咱们呆在这儿会越来越孤单。汤姆，咱们也走吧。"

哈克说着，开始东一件西一件地收拾自己的衣服。

汤姆站在那里，心里激烈地斗争着。他真想抛开自尊跟着他们走，可是又不愿意这么快放弃。他突然灵机一地，大声喊道：

"等一等！等一等！我有个计划！"

另外两个人立刻站住了，等汤姆把计划告诉他们之后，两人便欢呼雀跃起来，连呼"太妙了！"也不再提回家的事了。

原来，汤姆建议大家一起学抽烟。这个计划相当刺激。三个人打起精神，又吃了一顿美味的龟蛋和鲜鱼，然后哈克动手做了两个烟斗，装上烟叶。他们用胳膊肘支着，侧身躺着，学习大人的样子开始抽烟，一边抽一边打赌说班里其他孩子没有一个敢抽烟的。

然而没多久，三个人的状态就起了变化，嘴巴里好像不停地有口水冒出来，脑袋也变得昏昏沉沉。三个人脸色苍白，倒头就睡，一觉睡到傍晚，才感觉略微好受一些。因为这个缘故，晚饭大家吃得也闷闷不乐，再也不提学抽烟的事了。

看来这个计划要失败。汤姆暗暗想，明天他们肯定又要吵着回家，到时候该怎么办呢？问题是，汤姆自己也开始想家了⋯⋯

半夜的时候，三个人被闷热的天气热醒了。天空没有一颗星星，漆黑一片。汤姆心中暗暗担心，他已经嗅到了空气中暴雨的气息。不一会儿，远处划过一道亮光，隐约照在树叶上，只一闪便消失了。不久，又划过一道更强烈的闪光，接着又一道。这时候，穿过森林的枝叶传来一阵低吼声，几个孩子仿佛觉得一股气息拂过脸颊，就像有幽灵，吓得瑟瑟发抖。

一阵短暂的平静过后，又是一道触目惊心的闪光，把黑夜照得亮如白昼，三张惨白、惊惧的脸也毕露无遗。一阵沉雷轰隆隆当空滚过，渐去渐远。凉风袭来，树叶沙沙作响，火堆里的灰一下子被吹起来，雪花似的四处飞撒。一道又一道强光照亮了树林，雷声越来越响。这三个"海盗"吓得抱成一团，只听见大雨点噼里啪啦砸在树叶上的声音越发密集起来。

"快，伙计们！快撤到帐篷里去！"汤姆大喊。

几个人跌跌撞撞往帐篷方向跑去，倾盆大雨已经劈头盖脸地浇了下来，等跑回帐篷里，浑身都湿透了。大家抱在一起，没办法说话，也听不到别人说话。狂风越刮越猛，系着帐篷的绳子终于撑不住了，嗖的一下被风卷走，一闪就没了踪影。三个"海盗"又开始狂奔，他们手挽着手，磕磕绊绊地逃到河岸上一棵大橡树底下躲雨。

此刻天空和河流展现出了最狂暴的一面，天空中风、雨、雷、电

交加，河水白浪翻腾，大片随风飞舞的泡沫就像开水一样翻滚着；每隔一会儿，就有一棵大树不敌狂风，哗啦一声扑倒在树丛中……

最后一阵，暴风雨更是威力无比，惊雷如潮，震耳欲聋，似乎要在片刻之间把这个小岛撕成碎片、烧成灰烬，再把它吹个无影无踪。几个孩子在树下瑟瑟发抖，不停地祷告。

暴风雨终于停歇下来的时候，三个小小的"海盗"，也已经精疲力竭，而且他们发现了更严重的问题：露营地的一切都被大雨淋透了，那堆篝火也被浇灭了。毕竟缺乏经验，没有想到防雨。更倒霉的是，他们都成了落汤鸡，冷得受不了。

后来他们在一个树洞里找到一些干木头，想方设法重新生起了火，把衣服烤干，热了火腿，填饱肚子，心里才终于踏实了一些，不再那么惶恐了。

不过，这场暴雨改变了汤姆的想法，加上他们带出来的食物也所剩无几。当太阳晒到身上感觉暖洋洋的时候，他把其他两个人喊到一起说："我有一个新的计划……"

第 14 章　参加自己的葬礼

星期六，原本应该是大家放松的周末。

可就在那个星期六的下午，镇上虽然宁静，但人们的心情却很沉重。哈帕家和波莉姨妈家都沉浸在悲哀之中，哭声不断。村里其他人干活儿时也都心不在焉，很少说话，只是感叹个不停。连孩子们做游戏都提不起精神。

那天下午，贝基·撒切尔走在空无一人的学校操场上，心里觉得很难过，一边走一边喃喃自语道："唉，我要是能得到那个柴架上的铜把手就好了！现在我连一件纪念他的东西都没有。要是他再给我一次的话，我决不会像上回那样固执了……"

学校里几乎所有人都在谈论汤姆和哈帕，那些平时跟汤姆和哈帕关系好的同学此刻也都成了焦点人物，被围起来问东问西。最后，连平时跟汤姆和哈帕打过架的人也被围了起来，只为打探哪怕一丁点儿信息。

第二天上午，主日学校下课以后，教堂敲起了丧钟。村里的人们纷纷来到教堂，低声谈论着这件惨案。这个小小的教堂从前什么时候也没像今天这样座无虚席。过了一会儿，波莉姨妈走了进来，后面跟着希德和玛丽；又过了一会儿，哈帕一家也进来了，他们都穿着深黑色的衣服。这时全场起立默哀，有人已经开始哭泣。

接下来牧师开始祷告，描述了死者的美德、讨人喜欢的行为和非凡的前途，还讲述了这几个孩子生前的一些感人事迹。牧师越说越动情，在场的人也越听越感动，都呜咽起来。牧师本人也控制不住自己的感情，在布道台上哭了起来。

就在这时，教堂的长廊里响起一阵沙沙声，大门嘎吱一声开了。牧师拿开手绢，抬起泪汪汪的眼睛，一下子惊呆了！接着，整个教堂瞬间沸腾，没有人相信自己的眼睛！他们看到了三个"死而复生"的孩子！走在前面的是汤姆，乔·哈帕在中间，哈克殿后。他们刚才一直躲在没人的长廊里，静静地"欣赏"着自己的葬礼！

波莉姨妈、玛丽，还有哈帕一家，都一下子向这几个"复活"的孩子扑了过去，把他们吻得透不过气来，同时倾吐了许多感恩戴德的话。而可怜的哈克因没有家人在场，站在那里不知道该如何是好，正打算溜走，被汤姆拦住了，然而波莉姨妈的热情似乎让哈克更尴尬了……

忽然牧师放开嗓音，高唱起来："赞美上帝，保佑众生……"

大家纷纷以饱满的热情大声唱起了颂歌，歌声回荡在教堂上空。"海盗"汤姆·索亚向四周张望，发现自己俨然成了明星人物，心里得意极了。

原来，这就是汤姆最后的计划——"海盗"三兄弟要一同回家，并出席自己的葬礼。星期六黄昏的时候，他们坐在一根被暴风雨吹断的木头上顺流而下，漂到离小镇下游五六英里的地方上了岸，然后在树林里睡了一觉。天亮之前，他们悄悄溜进教堂的长廊里躲了起来，然后心满意足地欣赏了自己的葬礼。感觉好极了！

第 15 章　波莉姨妈被骗，贝基报复

　　接下来整整一天，汤姆不是挨耳光就是被亲吻，这全随波莉姨妈的心情变化而定。他从未在一天之内挨过这么多耳光，也从未在一天之内被亲吻过这么多次。这个可怜的少年要被波莉姨妈折腾懵了。

　　为了让兴奋的波莉姨妈尽快冷静下来，汤姆撒了个谎，声称自己虽然流浪在外，但是一直想念波莉姨妈，还曾梦到了她。

　　波莉姨妈一下子来了兴致，要汤姆讲一讲这个梦。

　　汤姆没办法，只好硬着头皮编："噢，是这样的，星期三夜里，我梦见你坐在那张床边，希德靠木箱坐着，玛丽离他不远。我还梦见乔·哈帕的妈妈也在这里。"

　　波莉姨妈瞪大了眼睛："我的天，她们那天晚上真的在这里！我们就坐在这儿说话！"

　　"我记得好像风——风吹灭了——吹灭了——"

　　波莉姨妈的眼睛越瞪越大：

　　"风的确吹灭了什么东西，说呀，汤姆！"

　　"我想起来了！风吹灭了蜡烛！"

　　"我的天哪！太对了！接着说，汤姆——再接着说！"

　　汤姆只好把那天晚上的事情描述了一遍。

　　波莉姨妈激动得在屋子里团团乱转："啊，我的天哪！我活了大半辈子都没听说有这样的怪事！现在我明白了梦不全是假的。我

这就去跟乔·哈帕的母亲说，她一贯嘲笑我迷信，这回看她还有什么说的！"

"后来哈帕夫人也哭了起来。她说乔·哈帕也是和我一样的孩子，她后悔不该为奶酪的事用鞭子抽打他。其实是她自己把奶酪倒掉了——"

"汤姆，你真神了！你的梦就是预言！"

"后来，我在梦中想要给你留一个写在树皮上的便条，让你别担心我。最后我还吻了你。"

波莉姨妈一把搂住汤姆："我原谅你了！我感谢仁慈的圣父。凡是相信他听他话的人，上帝一定会对他大发慈悲！"

随后汤姆和希德就去上学了，而波莉姨妈则迫不及待地要去找哈帕太太讲述汤姆这个惊人的梦。出门的时候，汤姆好像听到希德自言自语了一句：

"虽然这只是一个梦，倒也不错。"

汤姆并没有把这句话放在心上，可是希德离开家的时候，对汤姆所讲的心中已有了数。不过，他并没有说出来，那就是："那么长的一个梦，居然没有一点差错！鬼才信！"

到了学校，汤姆一改往日蹦蹦跳跳的样子，走路时腰板挺直，俨然是一个受人注目的"海盗"。从人群中走过时，汤姆一幅目中无人的样子，既不看他们一眼，也不理睬他们说什么，仿佛自己成了英雄。

在孩子们崇拜的目光和不停地央求下，汤姆和乔·哈帕开始向那些如饥似渴的听众讲述起他们冒险的经历，一边讲一边拿出烟斗，不急不忙地抽着烟，四处踱着步，神气得不得了。

不久，贝基也来了。汤姆装作没看见她，但又发现贝基好像总是有意无意地向他这边瞟。这下子汤姆更神气了，故意做出不动声色、视而不见的样子，然后还故意找别的女生说话。

　　贝基气坏了，泪往上涌。她强装笑脸，不让别人看出什么异样来，闷闷不乐地坐在那里，一直坐到上课铃响。她站起身，瞪大眼睛，以复仇的样子把辫子往后一甩，说："有他好看的。"

　　课间休息的时候，汤姆继续和艾美逗乐，走来窜去地想让贝基看见，以此来激怒她，伤她的心。可他忽然发现，贝基正舒舒服服地坐在教室最后排的一条小板凳上，和阿尔费雷德·邓波尔一起看画书。他们看得聚精会神，头也凑得很近，仿佛世上只有他俩存在。

　　汤姆一下子泄了气，后悔起来。更让他发疯的是贝基·撒切尔根本就没有把他放在眼里，好像压根儿不知道他的存在。实际上，贝基早就发现汤姆来了，她故意不看他，知道在这次较量中自己赢了。看到现在汤姆受罪的样子，她十分高兴。

　　汤姆完全没有心思跟其他女孩逗乐，现在只想痛揍那个圣路易斯来的自以为聪明的花花公子。"那又怎么样，你刚一踏上这块土地，我不就揍了你一顿吗？只要被我逮住，你还得挨揍，那我可就……"

　　汤姆一边自言自语一边对着空气拳打脚踢，仿佛正在打那个孩子。"我揍你，我揍你，别求饶！我要让你记住这个教训。"这场想象的打斗以对方失败而告终，汤姆感到心满意足。

　　中午时，汤姆实在看不下去贝基继续和阿尔费雷德看画书，偷偷溜回了家。没有了汤姆，贝基顿时也没了心情。她忍了一会儿，突然站起来说："哼，别烦我了！我不喜欢这些东西！"

　　阿尔弗雷德跟在她身边想安慰她，可是她却说："滚开，别管我！我讨厌你！"

　　阿尔弗雷德感受了羞辱，非常恼火。很快，他琢磨出了事情的缘

由——原来他成了这个女孩子对汤姆·索亚发泄私愤的工具。想到这一点，他越发痛恨汤姆。这时，汤姆的课本跃入他的眼帘。报复的机会来了，他乐滋滋地把汤姆的课本翻到当天下午要学的那一课，然后把墨水泼在了上面。

　　但阿尔弗雷德不知道自己的举动已经被站在他身后窗户外的贝基看在了眼里。

第 16 章　口袋里的树皮便条

汤姆闷闷地回到家，一进门就被波莉姨妈劈头盖脸骂了一顿。

"都是你干的好事！我跟个傻子一样跑去哈帕太太那里，指望能让她相信你编的那个鬼梦。可是乔早就告诉了她一切！"

汤姆这才意识到早上他信口胡言带来的严重后果，心里感到十分内疚，低着头无言以对。

"你从来只想着自己。你能在夜里从杰克逊岛那么远跑回来幸灾乐祸，你能想到编梦撒谎来糊弄我，可你就想不到来告诉我们你还活着并没有死，好让我们别那么担心！你知道我们当时是多么伤心吗？"

"波莉姨妈，我不是存心骗你的，真的。那天夜里我到这里来不是要来看笑话的。我就是想告诉你们我没死，让你们别担心。"

"汤姆啊汤姆，我现在没办法相信你的鬼话了。"

"波莉姨妈，我发誓：我当时听到你们说要给我们举行葬礼，于是一心想着要去教堂参加自己的葬礼，所以我把要留给你的树皮便条又放回口袋了。"

"什么树皮便条？"

"上面写着我们去当海盗的那块树皮。唉，我当时吻你的时候，你要是醒了就好了。真的，我真是这样希望的。"

"你吻了我，汤姆？"波莉姨妈的表情变了，眼里闪现出慈祥的目光。

"是啊，我吻了。"

"你敢肯定，汤姆？"

"那还用说，我吻了。波莉姨妈，百分之百的肯定。"

"那你为什么要吻我，汤姆？"

"因为我很爱你。当时你躺在那里流泪，我十分难过。"

汤姆说得像是真的。老太太再说话的时候已掩饰不住激动的心情，声音颤抖地说："汤姆，再吻我一下！现在你可以去上学了，不要再来烦我了。"

汤姆刚走，她就跑到衣柜那里拿出汤姆当时穿的那件破夹克，站在那儿自言自语道："上帝啊，我猜他说的是谎话，不过这是个善意的谎话，就算没有那个所谓的树皮便条，我也会原谅他的。"

波莉姨妈放下夹克，又拿起来，又放下，最后终于下定了决心再次伸出手去，翻了翻夹克衫的口袋，然后便看到了那块树皮和汤姆笨拙的笔迹。

波莉姨妈老泪纵横，边流泪边说："就算孩子错了，哪怕是大错特错，我现在也能原谅他了。"

第 17 章　英雄救美

　　因为上学之前得到了波莉姨妈的原谅，汤姆心情很好。半路上遇到贝基的时候，他再也不想故意报复，让贝基难受了，毫不犹豫地跑上前去说："贝基，我很抱歉，我今天是故意气你的，我错了，以后我再也不会那样对你了。"

　　没想到贝基停下脚步，一副鄙视的样子盯着他。

　　"汤姆·索亚先生，你自己好自为之吧，我先谢谢你了。我不会再跟你讲话了。"

　　说完，她昂起头走了，留下一脸疑惑的汤姆。他甚至都没来得及反驳几句。

　　汤姆窝了一肚子的火，心想，贝基要是个男孩子，他非得狠狠地揍她一顿不可。到了校园又见到贝基时，汤姆终于逮着机会骂了一句。贝基这时想起了汤姆书上的墨水，有点急不可耐，盼望着汤姆早一点受到惩罚。

　　他们的老师杜宾斯先生，一直热衷于当医生，可是却没能如愿以偿。他平时仍然坚持阅读医书，不读的时候总是小心翼翼地把那本书锁在抽屉里。学校里那些调皮的家伙没有一个不想看那本神秘的书，可总没有机会。这天，杜宾斯先生恰巧把钥匙忘在了抽屉上，贝基路过时恰巧看到了，这可是个千载难逢的好机会。她环顾四周，发现没有别的人在场，于是马上拿起那本书，只见扉页上写着"教授解剖学"几个字。她没看出什么名堂来，于是就继续往下翻。刚一翻开，一张精制的彩色裸体解剖图立即映入眼帘。

　　贝基吓了一跳，还没来得及合上，就被从门口进来的汤姆看到了。贝基大为窘迫，一把抓起书想把它合上，可是不幸把那张图撕破了一半。她马上把书扔进抽屉，锁上锁，惊慌失措地哭了起来。

　　"汤姆·索亚，你真卑鄙，偷看别人，还偷看人家正在看的东西。"

"我怎么知道你在看什么东西呢？"

"汤姆·索亚，你应该感到害臊。你会告发我的，这下我该怎么办才好呢？我要挨鞭笞了，我不会放过你的！"

贝基一边说一边哭着冲出了教室。

汤姆还没有反应过来到底是怎么回事，他站在那里懵了一会儿才反应过来。他又仔细琢磨了一会儿事情的前因后果，明白了一切，他想："得，就这样吧，你不是想看我笑话吗？那你就等着瞧吧。"

没一会儿，杜宾斯先生就来上课了。汤姆的心思都在贝基身上，无心学习，而且很快他就因为弄脏书本而被杜宾斯先生打了一顿鞭子。汤姆挨打时，贝基一度忍不住想站出来揭发那墨水是阿尔弗雷德·邓波尔泼的。可她又想："他会告发我，把我撕老师书的事说出去。我现在最好什么也别说，不管他的死活。"

汤姆挨了鞭笞，却并不在意。他压根儿都没关心书本上墨水的事儿，他觉得还真有可能是自己不注意打翻的，但即便是挨了鞭笞，他也没有承认错误，死不认错是他一贯以来的"原则"。

一个小时之后，大家都在自习。杜宾斯先生先是打了个盹儿，然

后打开抽屉的锁。这一切都被教室里的两双眼睛死死地盯着，一个是贝基，另一个就是汤姆。汤姆扭头看了贝基一眼。贝基脸上的绝望和惊慌失措，让汤姆一下子忘了对她的恨。他立刻开动脑筋，思索应对之策。

就那么几秒钟的时间，杜宾斯先生翻开了书，贝基和汤姆吓得都低下了头，不敢看老师。

杜宾斯先生足足沉默了一分钟，然后大声问道："这书是谁撕的？"

教室里鸦雀无声。杜宾斯先生开始挨个检查，看到底是谁撕的书。

"本杰明·罗杰斯，书是你撕的吗？"

老师得到的是否定的回答。他停了一会儿问道："约瑟夫·哈帕，是你干的？"

得到的也是否认的回答。

下一个就该问到贝基·撒切尔了。汤姆十分紧张，脑子里只有三个字在乱蹦：怎么办，怎么办，怎么办……

"瑞贝卡·撒切尔（贝基的学名），是你撕的吗？"

汤姆扭头看向贝基，只见贝基脸色苍白，摇摇晃晃，马上就要举手承认了……

"是我干的！"一个响亮的声音在教室里响起。

全班同学都看向了汤姆，脸上全都是不可思议的表情。

这会儿汤姆却出奇地冷静。他老老实实走上讲台，又挨了一顿鞭笞。挨打的时候，他看到贝基一直盯着他，眼里先是流露出吃惊，然后是感激，最后是敬慕之情。

汤姆心满意足，他觉得为此挨上一百鞭子也是值得的，因此即便是杜宾斯先生抡圆了胳膊，打得气喘吁吁，他连哼都没哼一声。放学后，汤姆还得被罚站两小时。可他同样不在乎，因为他心里有数，贝基会在外面心甘情愿等他两小时。

当天晚上，汤姆上床睡觉前合计着如何报复阿尔弗雷德·邓波尔，因为贝基把墨水的事情都告诉了他。可是即便如此，汤姆还是觉得心情很好，因为今天既得到了波莉姨妈的原谅，又和贝基和解，而且贝基回家前对他说的那句话"汤姆，你太伟大了！"一直从睡觉前回响到他的梦乡里。

第 18 章　法庭上挺身而出

　　枯燥的学期很快就结束了。暑假里，贝基跟着父亲回乡下度假了，汤姆又不幸患上了麻疹，双重打击让汤姆又开始觉得人生无趣起来。

　　不过，情况很快发生了变化：那起谋杀案要在法庭上公开审理了。这事立即成了全镇人谈论的热门话题。整个小镇都亢奋起来。

　　汤姆也不例外，刚好他的病也好了。因为内心深处始终藏着一个大秘密，汤姆一直在受良心的谴责和恐惧的折磨。他找到哈克，躲到一个僻静处，同他谈了这件事。能暂时地倾吐一下，和另一个同样受折磨的人共同分担一下忧愁，这对汤姆来说，多少算是点安慰。而且，他想搞清楚哈克有没有把这个秘密泄露出去。

"哈克，你曾经跟什么人说起过那件事吗？"

"哦——当然没说过。"

"一句也没说过吗？"

"一个字也没说过，我发誓。你问这干吗？"

"唉，我很害怕。"

"嘿，汤姆·索亚，一旦秘密泄露，我们连两天也活不成。这你知道。"

汤姆觉得心里踏实多了。接下来，他们又非常严肃认真地发了一回誓。

可是两个人聊着聊着，不知不觉又聊到了被关押的波特身上。

"我想他算是完了。你是不是有时候也为他感到难过？"

"是啊，他虽然是个酒鬼，但他从来没做过什么伤天害理的事情，不过是钓钓鱼，去卖钱来换酒。说起来他跟咱们也差不多嘛，而

且他人很好，有一次，他还给了我半条鱼呢。"

"哎，哈克，他帮我修过风筝，还帮我把鱼钩系在竿子上。唉，我希望我们能把他救出来。"

"哎呀！汤姆，那可使不得。况且，救出来也无济于事，他们还会再把他抓回去。"

"可他真的不是杀人犯……"

两个人说着话，一边不知不觉来到那偏僻的小牢房附近，走到牢房的窗户那儿，给波特递进去一点烟叶和火柴。波特感激涕零，这更让他俩的良心不安起来。

"孩子们，你们对我太好了——我不会忘记的，我忘不了。"

这句话像把刀似的深深刺进汤姆和哈克心里。他俩觉得自己极其胆小怕事，是个十足的懦夫。

波特接着又说："孩子们，我干了件可怕的事情，这都是因为那该死的酒！我要因此事而被吊死，这是应该的。咱们不谈这事了吧，我不想让你们伤心难过。你们对我这么好，但是我想对你们说的是，你们千万不能酗酒啊——这样，你们就不会被关到这里了。"

汤姆悲痛地回到家里，当夜做了很多噩梦。

第二天、第三天，汤姆总是忍不住在法院外面转来转去，心里有种无法克制的冲动。他发现哈克也是一样。每当有旁听的人从法庭出来，汤姆就侧着耳朵细听，但听到的消息都令人忧心：印第安·乔的证据确凿无疑，波特将被绞死。

这天夜里，汤姆很晚才回来。他从窗子里爬进来上床睡觉。没有人知道他去干了什么，但希德发现汤姆兴奋得在床上来回翻滚，足足滚了好几个小时才睡着。

第二天早上，镇上所有的人成群结队地向法院走去，因为今天是个不平常的日子。听众席上挤满了人，都在窃窃私语。陪审团就座之后，波特戴着手铐被押了进来。他面色苍白，一脸憔悴，神情羞怯，一副听天由命的样子。

印第安·乔坐在证人席上，他还是和先前一样不露声色。又过了一会儿，法官驾到，执法官就宣布开庭。一个证人被带上来。他作证说在谋杀案发生的那天清晨，他看见莫夫·波特在河里洗澡，并且很快就溜掉了。

第二个证人证明，他在被害人尸体附近发现了那把刀。

第三个证人发誓说，他常常看见波特带着那把刀。

波特的律师始终没有向证人提问，听众们开始恼火了。难道这个辩护律师不打算作任何努力就把他的当事人的性命给断送掉吗？全场一片低语声，有人开始提出异议，结果引起了法官的一阵申斥。这时，原告律师说："证据确凿，我们认定这是一起可怕的谋杀案，毫无疑问此案系被告席上这个不幸的犯人所为。本案取证到此结束。"

大家都发出了叹息，觉得庭审要结束了。这时，辩护律师站起身来，说："法官大人，一开始我坚持认为我的当事人喝了酒，并在神志不清的情况下干了这件可怕的事情。现在我改变主意了，我收回自己的主张。"然后他对书记员说："传汤姆·索亚！"

在场的每一个人都惊诧不已，不知道出了什么事，连波特也不例外。当汤姆站起来走到证人席上的时候，人们都怀着极大的兴趣迷惑不解地盯着他。

宣誓之后，辩护律师开始向汤姆提问：

"汤姆·索亚，6月17日，大约半夜时分，你在什么地方？"

看见印第安·乔那张冷酷的脸，汤姆有些紧张，讲不出话来。过了几分钟，他才恢复了一点气力，勉强提高了声音："在坟地！"

"请你稍微大点声。别害怕。你是在？"

"在坟地。"

印第安·乔的脸抽搐了一下。

"你是在霍斯·威廉斯坟墓附近的什么地方吗？"

"是的，先生。"

"你是不是藏起来了？"

"是藏起来了。"

"什么地方？"

"藏在坟边的几棵榆树后面。"

印第安·乔的脸又抽搐了一下。

"还有别人吗？"

"有，先生。我是和……"

"等一下。你不要提及你同伴的名字。我们在适当的时候会传问他的。你到那里去，带着什么东西吗？"

汤姆犹豫着，不知所措。

"说出来吧，孩子——别害怕。说真话总是让人敬佩的。带了什么去的？"

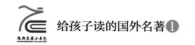

"就带了一只——呃——一只死猫。"

人们一阵哄笑。法官把他们喝止住了。

"我们会把那只死猫的残骸拿来给大家看的。现在，孩子，你把当时发生的事说出来——照实说——什么也别漏掉，别害怕。"

汤姆于是讲起了当晚的经历。座席上的人们张着嘴，屏住呼吸，兴致盎然地听他讲述着这个传奇般的经历，他们都被这个恐怖而又魅力十足的故事吸引住了。

到最后，汤姆终于说到了最关键的地方："……医生一挥那木牌，莫夫·波特便应声倒在地上。印第安·乔拿着刀跳过来，狠狠就是一下……"

只听得哗啦一声巨响，所有人都被吓了一大跳。大家这才注意到印第安·乔那个混账一下子跳上窗口跑了！

这下，汤姆成了整个小镇的英雄，他的名字甚至上了报纸，还有些人相信汤姆将来总有一天会当总统。

然而，汤姆虽然白天过得神气十足，可晚上却是在恐怖之中度过的。印第安·乔老是出现在他的梦里，而且目露凶光。天黑以后他再也不敢出门了。可怜的哈克也是如此，虽然当时汤姆并没有说出他的名字，可这事毕竟已经捅出来了。

法院张贴悬赏，整个地区都搜遍了，可就是没抓到印第安·乔。从圣路易斯那些神通广大的非凡人物中来了一名侦探。他四处调查，摇头晃脑，看起来颇为不凡，然而却始终没有抓到人，杀人犯印第安·乔就好像凭空消失了一样。

第 19 章　艰难的寻宝之路

　　漫长的日子一天一天地熬过去，每过一天，汤姆心里的恐惧负担就相应地稍稍减轻一点。两个月后，汤姆的恐惧基本上被淡忘得差不多了，他觉得应该延续一下三个海盗的故事。他跑去找乔·哈帕，但没有找到；接着，他又去找本·罗杰斯，可是他去钓鱼去了；不久，他碰到了"赤手大盗"哈克·费恩。

　　如获至宝的汤姆把哈克·费恩拉到一个没人的地方，提出了自己考虑很久的"寻宝计划"——其实就是在野地里刨坑。

　　两个人一拍即合，商议要去一些特殊的地方寻宝，比如岛上，有朽木箱子埋在枯死的大树底下，或者是半夜时分树影指向的地方，等等。

　　"是谁埋的箱子呢？"哈克问。

　　"嘿，你想，还会有谁？当然是强盗们喽！难道是校长不成？"

　　"换了我，我才不把它埋起来。我会拿去花掉，痛痛快快地潇洒一回。"

　　"我也会的。但是，强盗们不这样干。他们总把钱埋起来，然后便撒手不管了。"

"那么，我们准备去哪儿寻宝呢？"

"我们已经在杰克逊岛上找过一阵子了，以后什么时候我们可以再去找找。还有鬼屋，河岸上有间闹鬼的老宅，周围有许许多多的枯树——多得很呢。"

哈克的眼睛亮了起来。

两人很快就找到一把不太好使的镐和一把铁锹，踏上了寻宝之路。等到达目的地，俩人已经热得满头大汗，气喘吁吁，于是往就近的榆树下面一躺，一边休息，一边讨论挖到财宝之后该怎么花。

哈克说："要是我挖到了财宝，我就天天吃馅饼，喝汽水，有多少场马戏，我就看多少场，场场不落。我敢说我会快活得像活神仙。不然的话，我爸一回到镇上，很快就会把钱花得一个子儿不剩。你打算怎么花你的钱呢？汤姆。"

"我打算买一面新鼓、一把货真价实的宝剑、一条红领带和一只小斗牛犬，还要娶个老婆。"

哈克被汤姆娶老婆的打算笑得直不起腰来。两人一边打闹一边挖，干了半个小时，什么也没挖到，又拼命地干了半个钟头，还是一无所获。

眼看天要黑了，俩人把工具藏到矮树丛里，相约夜里再来继续挖

财宝。

当夜，两人如约而来。他们坐在树影底下休息的时候，忽然发现这地方有些阴森森的。沙沙作响的树叶像是鬼怪们在窃窃私语，暗影里不知有多少魂灵埋伏着，远处不时传来沉沉的犬吠，一只猫头鹰阴森地厉叫着。两个孩子被这种阴沉恐怖的气氛吓住了，大气都不敢出，只顾埋头挖坑。

两人也不知道挖了多久，直挖到筋疲力尽，仍然一无所获。

"咱们得换个地方挖了！到那间闹鬼的屋子里去挖。对，就这么办！"汤姆说。

"那里可是出过人命案的！我不敢去！"哈克立刻怂了。

汤姆嘲笑了哈克一番，最后哈克终于同意第二天白天去鬼屋挖，因为白天鬼怪不会出来。

他们一边商量一边往山下走。在他们下面的山谷中间，那间"鬼屋"，孤零零地立在月光底下，围墙早就没有了，屋子四周杂草丛生，窗框空空荡荡，屋顶一角也塌掉了，一副鬼气森森的样子，仿佛在凝视着夜空下的两个少年。

第 20 章　假海盗遇上真强盗

　　第二天中午，这两个孩子到那棵枯树下来拿工具。汤姆急不可耐地要到那个闹鬼的屋子去；可是在哈克的提议下，他俩玩了一下午的罗宾汉游戏，后来直接回家了。星期六中午刚过不久，两个孩子又来到那棵死树旁。他俩先在树下聊了几句，然后鼓起勇气进到了鬼屋里面。

　　进来之后，两人发觉这屋子似乎没有外边看起来的那么可怕，他们仔仔细细地审视了一番，既惊奇又十分佩服自己的胆量。接着，俩人相互壮胆，把手中的家伙扔到墙角，踩着晃晃悠悠的木楼梯上了楼。楼上除了墙角处有个壁橱之外，跟楼下没什么差别。正当他俩准备下楼动手时，汤姆忽然听到了什么，他一把拉住哈克。

　　"怎么回事？"哈克脸色吓得发白，悄悄地问道。

　　"嘘！……那边有脚步声……你听见了吗？"

　　"听见了！……哦，天啊！我们快逃吧！"

　　"安静！别动！他们正朝门这边走来。"

　　两个孩子趴在楼板上，眼睛盯着木节孔，等着，恐惧得要命。

　　很快，楼下进来了两个男人。哈克小声说："一个是那个又聋又哑的西班牙老头儿，我前些时候在镇上见过他，另一个不认识。"

　　只见西班牙老头儿头戴宽边帽，披一条墨西哥花围巾，脸上长着密密麻麻的白色络腮胡，长长的白发垂下挡住了两边的脸，鼻子上架一副绿眼镜，又挡住了上半张脸。另一个人则衣衫褴褛，蓬头垢面，

脸上的表情令人难受。

　　两人面对门，背朝墙，一屁股坐在地板上，另一个人一直在说话，声音传到楼上，汤姆和哈克听得很清楚。

　　"不行，"另一个人说，"我不干了，这事太危险。"

　　"没出息的东西！"那又聋又哑的西班牙人咕哝着说。两个孩子大吃一惊，吓得喘不过气来，浑身发抖。

　　他们吃惊的倒不是聋哑人开口，而是听出了这个声音其实就是印第安·乔的声音！

　　沉默了一会儿，印第安·乔说："我们上次干的活儿比这更危

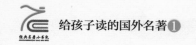

险，可并没有出差错。"

"那可不一样，那是在河面上，离河岸很远，附近也没有人家，而且我们也没干成。这里可不一样，大白天过来，很容易就被人看见。"

"这我知道。可是这附近没有比这更方便地方了，昨天我就想走，可是那两个可恶的小子在山上玩，他们看这里看得一清二楚，没办法行动。"

听到"那两个可恶的小子"这句话，汤姆和哈克顿时明白了。两人吓得浑身发抖，心里就像有一万只小鹿在蹦。

印第安·乔沉默了一会儿，吃了点东西，开口说："你还回河上游流去，我进城探探风声，如果没问题，咱们再行动，事成之后就去得克萨斯！"

另一个人表示同意，印第安·乔说："我困得要命！该轮到你望风了。"

印第安·乔蜷着身子躺了下来，很快就睡着了。不一会儿，望风的人也打起瞌睡，头越来越低，两人呼呼打起鼾来。

汤姆觉得这是个逃跑的好机会，可哈克老是不敢动，汤姆慢慢站起身，轻轻地一人往外走。可他一迈步，那摇摇晃晃的破楼板就吱吱作响，吓得他立即趴下，不敢再动一下，两个孩子躺在那里一分一秒地数着时间，度日如年，心里只盼望楼下的两个危险人物赶紧离开。

这时有一人鼾声停了。印第安·乔坐起来，看到同伴的脑袋都快垂到膝上了，于是一脚踹醒了那家伙：

"你就是这样望风的？"

另外一个人眨巴了半天眼睛才醒过来：

"天哪，我睡过去了吗？"

"时候不早咱们该开路了，剩下的那点油水怎么办？"

"像以前那样，先藏起来，等咱们去得克萨斯时再拿上，背着650块银圆走可不是件容易的事情。"

"也好，不过干那事可能要等很长时间，弄不好会出差错。这地方不保险，还是埋起来放心。"印第安·乔说。

"你真聪明。"

另一个人一边说一边走到屋对面，取下一块墙后面的炉边石头，像变戏法一样一把掏出一个沉甸甸叮当响的袋子，自己拿出二三十块银圆，然后又拿出同样的一份。印第安·乔已经在角落里开始挖地了。

600块钱！楼上的汤姆和哈克浑身发抖！不过这已经不是害怕了，而是兴奋！他们走了狗屎运，真的找到财宝了！两人不时地相互对望，那眼神仿佛在说："噢，现在你该高兴，我们呆在这里是对的！"

印第安·乔突然喊了一声："这是什么？"

另一个人走了过去，两人在土里翻弄了一番，掏出来几块烂木头和一把闪闪发亮的东西。

"伙计，是金子！"

两个男人仔细端详满手的钱币——不，是金币。上面的两个孩子眼睛也亮了，他们简直不敢相信楼下这两个家伙竟然也有这么好的狗屎运。不，这一定不是他们的运气，而是我们的，汤姆想。

"我们得动作快点。我刚才看见壁炉那边拐角处的草堆中有把上锈的铁锹。"

拿来了工具，箱子很快被挖了出来，不太大，外面包裹着铁皮，经过岁月的侵蚀，现在没有以前牢固了。那两个男人对着宝箱，兴奋得直搓手。

"伙计，这至少有一千块。"印第安·乔说道，"我听说莫列尔那帮人来过这一带。"

"这下发财了，现在你不用去干那活儿啦！咱们去得克萨斯吧！"

印第安·乔摇了摇头，眼里射出凶恶的光："老子不光是为了钱，而是要复仇，你懂啥。活儿照干，你按原计划行事，干完活儿就到得州去，回去看你老婆和孩子们，等我的消息。"

"好，那么这箱金币怎么办？再埋起来？"

楼上的两人听到这句话，激动得差点儿蹦起来。

"你有没有脑子？还埋起来？这里是有人来的！你动动你的猪脑子，那把铁锹拿来的时候，上边还有新鲜的泥土，你还不明白咋回事吗？"印第安·乔瞪了同伴一眼。

"那放到咱们的一号地点去？"同伴挠了挠头，问道。

"不，是二号，十字架下面的。别的地方不行，没有特别的地方。"

印第安·乔站起身来，一边观察外头的动静，一边说："谁会把锹和镐头拿到这里呢？你说楼上会不会有人？"

楼上的两个孩子被吓得大气不敢喘。印第安·乔手上拿着刀，犹豫了一下，转身朝楼梯口走去。汤姆和哈克不约而同看向了壁橱，可是腿都吓软了，动弹不得。

脚步声吱吱嘎嘎地响着。两个孩子脑袋里一片空白，正要冒险冲到壁橱里，就听见轰隆一声，印第安·乔连人带朽楼梯一下子掉到了地上。

楼梯年头太久，腐朽了，难以承受印第安·乔的重量。

印第安·乔骂骂咧咧地从木头堆里爬起来，灰头土脸，眉毛都竖了起来。他气坏了。

这时，他同伴说："这一看就没有人上去过。天快黑了，咱们赶紧行动吧。"

印第安·乔嘟囔了几句，开始收拾东西。随后他俩在渐渐沉下来的暮色的掩护下溜了出来，带着宝箱往河那边走去。

汤姆和哈克站起来，终于松了一口气。可是马上有一个更大的问题：两个强盗带着金子走了，如果不知道他们去哪儿，那到手的金子就要飞了，可是跟踪两个强盗是要冒着极大风险的，怎么办？

这时候，一个可怕的念头出现在汤姆的脑海里。

"报仇？哈克，要是他们指的是我俩，那可怎么办？"

"噢，别讲了。"哈克呻吟着，差点儿昏过去。

两人越想越害怕，也顾不上去看两个强盗到底去哪儿了，回家的路上谁也没说话。

第 21 章　忐忑不安的跟踪

当天夜里，汤姆做了一夜噩梦，一会儿梦到自己被印第安·乔捅死，一会儿梦到自己找到了装满金子的宝箱，就这么翻来覆去地做梦，天亮的时候，汤姆一共被"杀死"了三次，找到了四次宝箱……

早上醒来后，汤姆躺在那里一动不动，梦境和头天晚上的经历在他脑袋里不停地盘旋。他一度以为所有的事情都是在做梦，可是他越想，冒险的事情就越历历在目，他觉得这也许不是梦，是真的，因为那份恐惧太真实了。他一定要弄个水落石出，于是他三口两口吃完早饭后就去找哈克。

哈克坐在一条平底船的船舷上边，两只脚没精打采地放在水里，看上去忧心忡忡。

"哈克，你好！"

"喂，你好。"

一阵沉默。

"那个，就是昨天那件事，我刚才还以为是个梦。"

"我还真做了不少梦，昨晚我做的梦比去年一年都多！那个独眼的西班牙鬼子一直追着我——该死的家伙！"哈克苦着脸说道。

"那我们还找不找金子了？他们说的二号地点也不知道是哪儿。"

"二号，对，我也在想这事，可理不出头绪来，你有何高招？"一提到金子，哈克一下子兴奋起来，表情都变了。

汤姆挠了挠脑袋："我也不知道那是个什么地方。太难了，想不出来。哈克，那或许是个门牌号码？"

"不，汤姆，那不是门牌号。这个巴掌大的小镇，这城里就这么巴掌大一块，根本用不着什么门牌号。会不会是客栈的房间号？"

汤姆灵机一动，一下子站了起来："哈克，呆在这儿，等我回来。"

两个人一起行动毕竟太显眼。汤姆只花了半个小时，就把两座客栈的情况摸清楚了。他发现在那家新一点的客栈里，一个年轻律师长期住在二号房间，到现在也没走。可是那家老客栈，二号房间却是个谜。客栈老板那年轻的儿子说，二号房间是有人住，可是一直锁着，除了晚上，从来没有人进出，另外他还曾注意到前天晚上二号房间里有灯光。

"看来这个老客栈的二号房间有问题。"哈克说。

汤姆说："二号房间后门通着客栈和旧轮窑厂之间的小窄巷子。你去把所有能找到的门钥匙全弄到手，我去偷波莉姨妈的，等天一黑我们就去试门。提醒你注意印第安·乔的动静，他说过要溜回城里打探虚实以便伺机报复。你如果看见他，就跟踪他；他要不进二号，那就不是这个地方。"

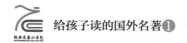

给孩子读的国外名著❶

想到跟踪印第安·乔这件事，哈克就想打退堂鼓，可是一想到那整箱的金币，一下子又觉得自己没问题了。

晚上过了9点，汤姆和哈克就开始行动了。他俩一个在老远处注视着小巷子，另外一个看客栈的门。他们就这样一直蹲守了好几天，却一无所获。星期四晚上，天阴了下来，夜色深深，万籁俱静，远处偶尔传来一两声雷声。

他俩等的就是这种月黑风高的夜晚，汤姆决定今晚去老客栈二号房一探究竟。两个人很快就碰头了，哈克放哨，汤姆揣着一堆钥匙，摸进了巷子。哈克也不知道等了多久，他只知道自己越等越紧张，几乎无法呼吸了，感觉已经过去了一个月那么久，汤姆还是没有出来。突然，灯光一闪，只见汤姆狂奔着从他身边闪过。

他只听到汤姆说了一句："快逃命！"

　　哈克就像听到发令枪的短跑运动员，箭一般冲了出去。他自己都没想到自己能跑那么快，据后来汤姆的描述，哈克的速度足足有每小时40英里！他俩一口气跑到村头旧屠宰场的空木棚才停下来。他们刚到屋檐下，风暴就来了，接着大雨倾盆而下，两个人扶着墙，一个字也说不出来，喘得就像村东头铁匠用了40年的老风箱。

　　"我试了两把钥匙都没开开门，声音哗哗直响，我快吓死了！"汤姆终于喘过气来，"你猜怎么着？门没上锁！我不小心一碰把手，门就开了！你猜我看到什么了？我差点儿被吓死。"

　　"是什么？——汤姆你看见了什么？"

　　"我差点儿踩上印第安·乔的手！"

　　哈克激动得都快尿裤子了，忙不迭地问：

　　"老天爷，你干了什么？他醒了吗？见到那个箱子了吗？"

"没醒，连动也没动。我想，一定是喝醉酒了。我抓起毛巾就往外跑！"

"哈克！你这个财迷心窍的玩意儿！我哪有时间找箱子？除印第安·乔身边的地上有一个瓶子和一只洋铁杯之外，别的什么也没看见。对了，还看到屋里有两只酒桶和一堆瓶子。"

哈克喜出望外，说："他喝醉了！是找箱子的好机会呀！汤姆！"

"说得简单，你去找箱子吧！"汤姆瞪着眼睛说。

哈克吓得直往后退："得了，我没那个胆量。"

"就知道你只会吹牛。"汤姆说。

最后两人商定：由哈克每天晚上负责盯着老客栈二号房间，只要印第安·乔出门，哈克就马上去通知汤姆，由汤姆去房间里寻找金币箱子。

第 22 章　汤姆开小差，哈克当英雄

星期五早晨，汤姆听到了一个天大的好消息：撒切尔法官一家前天晚上又回到了城里，又可以见到贝基了！

宝箱的事情一下子被汤姆抛到了九霄云外，世界上最重要的事情又变成了见贝基。他俩和一群同学捉迷藏，玩了整整一天，然后又得到另一个天大的好消息：贝基的母亲同意了他们第二天去野餐的事。

大人们替孩子租了那只老蒸汽渡船，撒切尔夫人临走时最后对贝基说："孩子，要是很晚才回来，你不如到离码头很近的女孩家去住。"

"妈妈，那我就到苏珊·哈帕家去住。"

路上汤姆对贝基说："喂，告诉你，不要去乔·哈帕家，我们直接去爬山，到寡妇道格拉斯家歇脚。她家有冰淇淋，我们去，她一定会拿出冰淇淋招待我们。"被汤姆游说了一通，贝基才勉强同意了。

渡船开出去大约三英里，在树木丛生的山谷口靠岸停泊。孩子们一窝蜂地涌上岸，不久树林中、高崖处到处都回荡着孩子们的欢歌笑语。大家直跑得汗流浃背，筋疲力尽，胃口大增，见到好吃的东西就饱餐一顿。饭后，有人提议要去山洞里探险，得到了一致赞成。

大家准备好了成捆的蜡烛，开始爬山。洞口在山坡上，像字母A。洞里寒气逼人，四周是天然的石灰岩墙壁，上面水珠晶莹透亮，显得既浪漫又神秘。

山洞很深，还有几个岔路口，大家沿着主要通道的陡坡往下走，那

一排烛光照得高耸的石壁模模糊糊，影影绰绰，非常刺激。因为麦克道格拉斯山洞是个通道交错的大迷宫，有人说你在这错综复杂的裂口和崖缝中一连走上几昼夜都找不到山洞的尽头，所以大家探索了一会儿之后就开始往回走了。

回到洞口才发现，天马上就要黑了。钟已铛铛地敲了半个小时，这样结束一天的探险活动很浪漫，因此大家很满意。当渡船载着兴高采烈的游客起锚时，除船老大外，没人有浪费时间的感觉。

渡船的灯光一摇一闪地从码头边经过时，哈克已经开始守夜了，他并没有留意渡船，而是专心致志于守夜。晚上11点钟，客栈也熄了灯，只剩下一片漆黑。哈克等了很长一段时间，几乎要睡着了。

突然他听到了动静。他立即全神贯注地听着，小巷的门轻轻关上。他连跑带跳来到砖厂拐弯的地方。这时两个男人从他身边一掠而过，其中一人腋下挟着件东西。一定是宝箱！他们是在转移财宝啊！

怎么办？现在回去叫汤姆，那两个人一定会逃跑，那样就再也找不到他们了。来不及思考了，哈克光着脚果断跟了上去，靠夜色来掩护自己。

他们顺着沿河的街道走了三个街区后，向左转上了十字街，然后径直向前来到通向卡第夫山的那条小路，经过半山腰上威尔斯曼的老房子，一直往上爬。哈克一路跟着两人爬上了山顶。前边的两个人一头钻进了茂密的漆树林中，一下子消失在了黑暗中。哈克紧跟了几步，忽然发现周围除了自己的心跳声外，什么也听不到！

跟丢了！他正想拔脚去追，忽然听见不到四英尺外的地方有人说话。哈克的心一下子跳到嗓子眼儿，站在那里一动也不敢动。他发现这儿离寡妇道格拉斯家庭院的阶梯口非常近，为什么他们跑到这里来了？哈克很奇怪。

"她家里也许有人——这么晚还亮着灯。"这是印第安·乔的声音，很低。

"我看不到有什么灯。"另一个人说。

哈克听出来另一个人的声音——那个闹鬼的房子里的陌生人。哈克想到他们说过的复仇，一下子担心起寡妇道格拉斯来。那个女人不止一次地待他很好，如果这两个人要对她不利，可怎么是好？

"我也觉得有人，要不别干了吧。"陌生人说。

"咱们就要离开这个国家了，这次不干，以后可能永远没有机会了。老子本不稀罕她那几个小钱，一会儿找到的钱都归你！她丈夫当年是治安官，不光抓我坐牢，还让我在全镇人面前挨马鞭抽，你懂吗？他死了是他走运，不过这仇我要从他女人这里报回来。"

"你要弄死这个女人吗？"

"弄死她？那太便宜她了，你只要毁她的容就行。你扯开她的鼻孔，把耳朵弄个裂口，让她看上去像头猪。"

"天哪，那可是……"

"咱们先别急，等里边的灯灭了再动手。"

哈克只觉得浑身的血液都在往脑门上冲。情况危急，他做了个决定，开始一点一点地往后退，短短几分钟的时间就像一年那么漫长，哈克终于退到了树林之外。他敏捷而又谨慎地往回走，到了石坑那边，觉得安全了，拔腿就跑，一路飞奔一直跑到威尔斯曼家门口才停下来。他怦怦地敲门。

"大半夜的，谁在敲门？你想干什么？"

"哈克贝利·费恩——我有紧急的事情，请让我进去！"

老人认出了他，给他开了门。

三分钟后，老人和他的儿子带好武器上了山。他们手里拿着武器，踮着脚尖进入了那片漆树林。哈克没敢走得太近，就在他不知所措的时候，突然传来枪声和喊声。

哈克一下子跳起来拼命朝山下冲去……

一夜无眠。第二天早上天刚蒙蒙亮，哈克就摸上山，跑到老威尔斯曼家敲门。主人让哈克坐下，老人和两个高大的孩子很快穿好衣服。

"孩子，看得出来你饿坏了，一会儿早饭就好，等着吧。话说昨晚我和孩子们还等你到家里来过夜呢。"

"我吓坏了，"哈克有些不好意思地说，"我跑了，一听见枪响我就跑了。一口气跑出去有三英里，然后我就不敢回来了，我怕碰到那两个鬼东西……"

"嗯，我看出来了，孩子。真不随人愿。昨晚我们按照你说的位置准备伏击那两个家伙，我打了个喷嚏，那两个家伙就逃走了，我们来回开了好几枪也没打着。他们跑得太快，后来我们下山去叫醒了警

官。他们调集了一队人马，守在河岸上，等天亮后，警长还要亲自带一帮人到森林去搜查。我的两个儿子一会儿也要跟他们一起去搜查，你看清那两个家伙的模样了吗？孩子。"

"我见过他俩，还跟踪过他们！一个是又聋又哑的西班牙人，有一两次他来过这里；另外一个长相难看，衣衫褴褛。"

"太棒了！快去告诉警长。"老人对两个儿子说。

"请你们千万别对任何人讲是我走漏的风声！啊，千万千万不要！"

老人的两个儿子答应了。老人询问哈克为什么不让说出他的名字。

哈克不能说宝箱的事，就编了个理由，只是说他认识其中一人，不想让那人知道是他本人在和他作对，否则肯定要送命的。

老人又问起哈克为什么之前盯梢过那两个人。哈克狼狈万分，又开始编理由："昨天晚上我睡不着，大约午夜时来到街上，走到禁酒的客栈旁那个老砖厂时，正巧这时那两个家伙悄悄从我身边溜过，腋下夹着东西，我想一定是偷来的。一个家伙抽着烟，另外一个要接火。他俩就停在我前边不远，雪茄烟的火光照亮了他们的脸。"

"雪茄的火光能让你看清他衣衫褴褛吗？"老人是个细心的人，留意到了这个问题。

哈克吞吞吐吐地说："嗯，这不太清楚——不过我好像是看清了。后来我想知道他们要干什么坏事，一直跟到寡妇道格拉斯家院子的阶梯那里，站在黑暗里听见一个人在替寡妇道格拉斯求饶，可那西班牙佬说，一定要破她的相……"

"又聋又哑的西班牙人说的？"

哈克此时真想抽自己几个大嘴巴子……

　　老人看出了哈克是在隐瞒什么，说道："孩子，你如果不告诉我实话，我就没办法保护你的安全。"

　　哈克看了看老人那双真诚的眼睛，过了片刻侧过身去，对着老人低声耳语道："那不是西班牙人，是印第安·乔啊！"

　　威尔斯曼听后差点儿从椅子上跳起来。

　　"我明白了，那个杀人不眨眼的恶魔确实什么事都能干出来。"

　　随后老人让哈克睡一觉休息休息，哈克躺在那里，一想到自己像只笨鹅一样，差点儿露出马脚，不免有些懊恼。不过他又忍不住想：那财宝一定还在二号房间里，如果那两个家伙当天就被捉住，关进牢里，那他和汤姆晚上就可以不费吹灰之力弄到那些金子，根本用不着担心有人来打搅。那就太完美了。

第 23 章　汤姆和贝基失踪了

　　两个强盗的事情一下子传遍了整个小镇，成为所有人议论的焦点。威尔斯曼家一下子热闹起来，来的人越来越多，老人一遍又一遍地对大家讲那天晚上发生的事情。

　　因为今天学校放假，主日学校也不上课，人们都想早点到教堂去跟别人探听一下这桩惊人的事情，可是到了教堂之后，家长们彼此一交流，却又爆出了另外一件惊人的大事：汤姆和贝基失踪了！

　　大人们迫不及待地询问孩子们和老师们。有个年轻人说他们仍在山洞里。撒切尔夫人当即晕了过去，波莉姨妈捶胸顿足地放声大哭。

　　这个惊人的消息很快传开了，不到五分钟的工夫，大钟疯了似的铛铛铛、铛铛铛直响，全镇的人都行动起来，盗贼的事也放到了一边。不到半个时辰，全镇就有两百多个人潮水般顺着公路和河流向山洞方向去找人。

　　人们一直找到深夜，也没有任何收获。哈克因为受了惊吓发起烧来，一直睡在威尔斯曼家。第二天人们接着在山上和山洞里搜索，接着第三天……仍然一无所获，全村的人都陷入绝望。

　　原来，野餐那天，汤姆和贝基跟大家一起进了山洞，越玩越开心，又玩起了捉迷藏的游戏。他和贝基高举蜡烛，顺着一条弯曲的小路往前逛，边走边念着用蜡烛烟油刻写在石壁上面的名字、年月、通讯地址和格言之类的东西，不知不觉地来到了另一个山洞，越走越深，没想到里边的景色更漂亮，泉水位于石窟中间，四周石壁全由形状奇特的柱子撑着，这些石柱是大钟乳石和大石笋相连而构成的，是千万年来水滴不息的结果。

　　这时，石窟上聚集着的蝙蝠被惊扰了，吱吱地叫着乱飞一气，把蜡烛都扑灭了。黑暗中，两个孩子平生第一次感到这寂静的山洞里好像有冰冷的魔掌要攫取他俩的灵魂。

　　他们开始害怕，于是点上蜡烛往回走，结果越走越不对劲儿，他们
找不到自己之前做的记号了！

　　他俩又开始往前走，过了一会儿工夫，汤姆把贝基的蜡烛拿来吹
灭，这种节约意味深长，贝基明白了其中的含义，开始哭泣，汤姆也
不知道该怎么安慰她，只是一个劲儿地往前走。

　　到后来，贝基柔弱的四肢再也支撑不住，她一步也走不动了。她
坐在地上，汤姆也坐下来陪她休息。两人谈到家、镇子里的朋友、家
里舒服的床铺，尤其是家里的灯光！贝基哭了起来。汤姆想另换话题
来安慰她，可是连他自己都觉得这安慰实在太过苍白。

　　过了一会儿，贝基哭累了，沉沉地睡去。

　　然而贝基很快又醒了过来，汤姆觉得不能坐以待毙，他搜遍自己的
口袋，找出所有吃的递给贝基，然后又找出一卷风筝线，准备用它来做

记号，去探探不同的洞口。可是没走多远，一个深不见底的坑洞挡住了路。贝基放声大哭，汤姆尽全力来安慰她，可是一点用也没有。又过了不知多久，蜡烛也烧完了，饥饿又开始折磨这两个小家伙。

汤姆觉得再等下去，恐怕要死在这里了。他拿出风筝线，和贝基一起边走边放线，就这样探了几个洞口，在其中的一个洞口发现一个拐角，汤姆跪了下来。

这时汤姆忽然看到了亮光！在不到二十码的地方，有只手拿着蜡烛，从石头后面出来了。汤姆大喝一声，那只手的主人——印第安·乔的身体立即露了出来。汤姆脑子里一片空白，动弹不得。紧接着，就见那"西班牙人"拔腿就跑，转眼就不见了。汤姆在想印第安·乔没听出他是谁，否则会过来杀了他，以报他在法庭上作证之仇。

汤姆·索亚历险记

　　贝基在后边什么都没有看到，汤姆也只是对她说，他大喝一声只是为了碰碰运气。

　　不过没过多久，印第安·乔带来的害怕就淡了许多，因为饥饿和疲乏快要把两个孩子击垮了。他俩在泉水旁又度过了一个漫长而又乏味的夜晚，醒来后汤姆提议继续去找出路，问题是贝基虚弱得很，几乎要昏过去了，她让汤姆丢下她自己出去找路，但又让他保证在最后时刻来临时，一定要守在她身旁，握着她的手，一直握下去。

　　汤姆吻了她，虽然他也在流泪，可还是装出信心十足的样子。安慰过贝基之后，他手里拿着风筝线爬进一个通道。

第24章　意外归西的凶手

星期二下午，已经是搜寻行动的第三天了，依旧没有任何消息，很多人都认为很显然不可能再找到那两个孩子了。撒切尔夫人病得不轻，发烧让她在大部分时间里直说胡话，不停地呼唤着孩子的名字。波莉姨妈那头原本灰白的头发现在几乎全都变白了。晚上，整个村庄在一片悲哀和绝望的氛围里静了下来。

半夜时分，村里的大钟突然又当地响起来，声音特别急，所有的人都被惊醒了，他们连衣服都没来得及穿好就冲到街上，大声嚷着："大家快起来，快起来，孩子找到了！孩子找到了！"接着还能听见洋铁盆和号角的喧嚣声。人群自动集合起来，朝河那边走，去迎接那两个孩子。

汤姆和贝基坐在一辆敞篷马车上，周围的人群前呼后拥，再加上迎车的人，大家浩浩荡荡地涌上大街，欢呼声此起彼伏。村子里灯火

通明，这是这个小地方有史以来最壮观的一夜。起初的半小时里，村民们一个接一个地来到撒切尔法官家里，抱着两个孩子就亲，使劲地握住撒切尔太太的手，想说点什么，又说不出来——然后他们就涌了出去，泪水洒得满地都是。

波莉姨妈快活极了。撒切尔夫人也差不多。汤姆躺在沙发上，周围一群热心的听者听他讲述这次历险的故事，他不时地添油加醋大肆渲染一番。最后，他描述了他如何离开贝基独自一人去探路，然后又是怎样利用风筝线探索不同的洞口，最后如何发现了一个通向密西比河的小洞口。他还说到回去告诉贝基的时候，贝基根本不信，只觉得自己快要死了，汤姆这是在安慰她……

人们听到这里都在哄笑，贝基则羞红了脸。

汤姆后来又讲到他俩出来之后高兴得大喊大叫，然后遇到了乘着小艇经过的人们。人们听了他俩的经历，惊奇得下巴都快要掉进河里了——这里距离上游的山洞足足有五英里！

因为两人在山洞里整整被困了三天三夜，所以接下来整个星期三和星期四，他们都卧床不起，好像是越睡越困，越休息越乏力。汤姆

星期四稍微活动了一下，星期五就到镇上去了，到星期六几乎完全恢复了原样，可是贝基一直到星期天才出门。她看上去很瘦，好像害过一场大病似的。

汤姆听说哈克病了，星期五去看他，可是因为担心传染，人家不让他进卧室。汤姆随后在家中听说了哈克经历的卡第夫山开枪事件，还知道人们后来在渡口附近的河里发现了那个衣衫褴褛的人的尸体，他也许是想逃跑，结果却被淹死了。

这天，汤姆去看望贝基，撒切尔法官和几个朋友让汤姆打开话匣子，有个人半开玩笑地问汤姆还愿不愿意旧洞重游。汤姆说再去也没什么关系，法官就说："汤姆，我可以让你放一百二十个心，以后再也没有人会在洞里迷路了。"

"这是怎么回事呢？"汤姆有些疑惑。

"因为两周前我已经用锅炉铁板把大门钉上了一层，上了三道锁——钥匙由我保管。"

汤姆好像突然之间想起了什么大事，一下子蹦了起来，脸色变得煞白。

"法官大人，我竟然忘记了！印第安·乔还在洞里呐！"

二十分钟之后，十几只载满人的小艇往麦克道格拉斯山洞划去，渡船也满载着乘客随后而去。汤姆·索亚和撒切尔法官同乘一条小艇。

洞口的锁被打开，暗淡的光线下显现出一幅惨兮兮的景象——印第安·乔躺在地上，四肢摊平，死得透透的。他的脸离门缝很近，看上去好像是在最后一刻，用企盼的眼神死盯着外面的光明和那自由自在的欢乐世界。

一把猎刀掉在印第安·乔身边，刀刃崩裂。看起来他死前拼命用刀砍过那门下面的大横木，凿穿了个缺口，可是这没有用，外面的石头天然地形成了一个门框，用刀砍这样坚固的门框，简直就是拿鸡蛋砸石头，根本不起作用。

不远处有个石笋，已有些年月，它是由头顶上的钟乳石滴水所形成的。现在石笋已经断了，断面上放着一块砸出小坑的石头，看起来是用来接那少得可怜的一点水。往常，人们可以找到五六截游客们插在石头缝隙间的蜡烛头，可是这次一截也没有，因为这个可怜的家伙把所有的蜡烛头都找出来吃掉了。地上还有几只吃剩的蝙蝠爪子。很显然，这个可怜而又不幸的家伙最后是饿死的。

印第安·乔后来被埋在山洞口附近。城里、乡下周围好几里远的人都乘船或马车成群结队地来到这里。他们领着孩子，带来各种食物，饶有兴致地来围观一个坟墓，就好像那是个著名的旅游景点。

第25章　重回山洞

　　埋了印第安·乔后的那天早晨，汤姆找到哈克，说有件重要的事情要跟他说。此时哈克从威尔斯曼和寡妇道格拉斯那里知道了汤姆历险的经过。可汤姆却说他还有一件事没跟哈克说，这正是他现在要讲的。哈克虽然不情愿，但还是跟着汤姆出来了。

　　随后哈克把他的全部历险经过告诉了汤姆。汤姆这才知道那天晚上是哈克去给威尔斯曼报信救了寡妇道格拉斯的事情。

　　他笑着说："哈克，老客栈的二号房就是二号房，根本不是他们嘴里说的二号地点！"

　　"你说什么？"哈克仔细打量着同伴的脸，半信半疑："汤姆，难道你又有了新线索？"

　　"哈克，你一定想不到，二号地点在山洞里！"

哈克的眼睛一下子亮了。

"再说一遍，汤姆。"

"二号地点在山洞里！钱在洞里！"

"汤姆，你是开玩笑还是说真的？"

"当然是真的。我什么时候骗过你？咱们的合作计划还没有结束，你跟我去，咱把它弄出来好吗？"

"发个誓！只要你进了山洞真的能找到回来的路，我就跟你去。"

"哈克，我发誓，这次进洞不会遇到任何麻烦事。"

"棒极了，你真是神了，你怎么会知道钱在山洞里？"

"哈克，别急，进去就知道了，要是拿不到钱，我愿把我的小鼓，还有别的东西全都给你，决不食言。"

"好，一言为定。你说什么时候动身吧。"

"马上就去，你看呢？你身体行吗？"

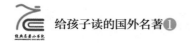

"要进到很深的地方吗？我可能走不了太远，最多一两英里吧。"

"没问题，别人进洞得走五英里，可有条近路只有我一人知道。哈克，我马上带你划小船过去。回来时我自己划船，不用你动手。"

哈克大喜过望，两个人准备了面包、肉，还有烟斗、一两只小口袋、两三根风筝线和几包火柴。一过中午，两人趁着守船人午休的功夫"借"了条船，就出发了。

在离岩洞还有几英里的地方，汤姆说："你瞧，这高崖从上往下一个样：没房子，没锯木厂，灌木丛都一样。你再瞧那边崩塌处有块白色空地，那就是我们的记号之一。好了，现在该上岸了。"

他们上了岸，在一大堆绿树丛后面找到了汤姆所说的洞口。

"这简直太隐蔽了，妙极了！我站在跟前都没能发现这个洞口！"

哈克大惊小怪地咋呼起来，汤姆则一脸得意地看着他。

"哈克，你瞧洞在这里；这是最隐蔽的洞口，别对外人说。我早就想当侠盗，知道需要这样一个洞好藏身，可是到哪里能碰到这样理想的洞确实是个大问题，现在问题解决了，但得保密，只能让乔·哈帕和本·罗杰斯进洞，因为我们得有同伙，要不然就没有派头。以后咱们不当海盗了，咱们要当侠盗，怎么样哈克？"

"嗯，是挺爽的。汤姆，把这里当成咱们的秘密基地怎么样？"

"当然好了，我在书上看的，侠盗是最有正义感的人，他们抢了那些为富不仁的人，就会把钱分给穷人，要是他们遇到一个漂亮姑娘，那姑娘就会爱上他。所有的书上都是这么描写的。"

"哇，太棒了，汤姆，当侠盗是比当海盗好。"

"的确有些好处，因为这样离家近，看马戏什么的也方便。"

此刻，一切准备就绪，两个孩子就开始钻山洞。汤姆在前头带路，他们好不容易走到通道的另一头，系好风筝线作为记号，又继续往前走。没有几步路，他们便来到汤姆跟贝基被困的泉水处，汤姆浑身一阵冷战，他让哈克看墙边泥块上的那截蜡烛芯，讲述了他和贝基两人当时看着蜡烛火光摇曳，直至最后熄灭时的心情。

洞里一片寂静，气氛诡异吓人。两个孩子开始压低嗓门，低声说话。他们再往前走，很快就钻进了另一条通道，一直来到那个低凹的地方。他们借着烛光发现这个地方不是悬崖，只是个二十英尺高的陡坡。

汤姆高高举起蜡烛，小声说道："哈克，现在让你瞧件东西。尽量朝拐角处看，看见了吗？那边——那边的大石头上——有蜡烛烟熏出来的记号。"

"十字架！汤姆，是他们说的十字架！"

"那时他们说二号在十字架下，对吗？哈克，我就是在那看见印

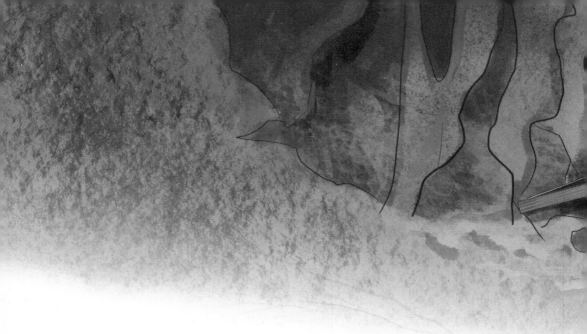

第安·乔举着蜡烛的！"

哈克盯着那神秘的记号看了一阵，然后声音颤抖地说："汤姆，咱们出去吧！不要财宝啦。印第安·乔的鬼魂就在附近，肯定在。"

哈克一边说，一边就要扭头跑。

"你脑子进水了吗？哈克！鬼魂一般在人死的地方，那洞口离这还儿有五英里远呢！"

"不，汤姆，这是他的钱，就算成了鬼魂，他也会回来守着他的钱！它就在钱附近，我晓得鬼的特性，这你也是知道的。"

汤姆被神神叨叨的哈克吓住了，他担心也许哈克说得对，他也满脑的怀疑，但很快他有了个主意："喂，哈克，咱俩可太傻了，印第安·乔的鬼魂怎么可能在有十字架的地方游荡呢！"

汤姆这下说到了点子上。哈克一下子不怕了，兴奋得直搓手。

"汤姆，我怎么没想到十字能避邪呢。我们真幸运。我觉得我们该从那里爬下去找那箱财宝。"

说干就干。汤姆先下，边往下走，边踩出一些小坑。哈克跟在后

面，有大岩石的那个石洞分出四个岔道口。两人查看了三个岔道，结果一无所获，在最靠近大石头的道口里，他们找到了一个小窝，里边有个铺着毯子的地铺，还有个旧吊篮、一块熏肉皮、两三块啃得干干净净的鸡骨头，可就是没钱箱。两个小家伙一遍又一遍地到处找，可还是没找到钱箱，于是汤姆说："他说是在十字下，你瞧，这不就是最靠近十字底下的地方吗？这一定就是二号地点。不可能藏在石头底下面吧？这下面一点缝隙也没有。"

一无所获的两人有些灰心丧气。他们坐下来，不停地挠脑袋，最后汤姆拿着蜡烛仔细观察地面，忽然发现，这块石头的一面泥土上有脚印和蜡烛油，另一面却什么也没有。他一下子有了主意："你想想，这是为什么呢？我跟你打赌钱就在石头下面，我要把它挖出来。"

"想法不错，汤姆！"哈克兴奋地说道。

汤姆立刻朝下挖起来，没挖到四英寸深就碰到了木头，哈克也开始挖，不一会工夫，他们把露出的木板移走，下面没有箱子，竟然出现了一个通往地下的天然裂口。汤姆举着蜡烛钻了进去，哈克紧随其后，两人弯着腰穿过裂口。路越来越窄，渐渐地往下通去。先是右，然后是左，汤姆沿着通道曲曲弯弯地往前走，哈克跟在汤姆后面。后来汤姆进了一段弧形通道，不久就大声叫道："老天爷啊，哈克，你看这是什么？"

哈克三步并作两步冲了过去，眼前的景象让他惊呆了：是宝箱！千真万确！它藏在一个小石窟里，旁边有个空弹药桶，两只装在皮套里的枪，两三双旧皮鞋，一条皮带，另外还有些被水浸得湿漉漉的杂物。

"我们发财了！财宝终于找到了！"哈克边说边用手抓起一把金灿灿的钱币。"汤姆，这下我们发财了，哈哈。"

汤姆也无比激动，可是箱子足足有50磅重。汤姆费了好大的劲儿才把它提起来，很显然两人没办法搬走这个大家伙。

汤姆早已为此准备了小布袋子，钱很快被分装进两个小袋子里，俩人一趟又一趟把袋子搬上去拿到十字岩石旁。

"我现在去拿枪和别的东西，"哈克说。

"别去拿，别动那些东西，我们以后当侠盗会用得着那些东西，现在就放在那里。我们还要在那里聚会，痛饮一番，那可是个难得的好地方，我们要当成秘密基地，侠盗们在这里聚会，吃肉喝酒，岂不是很爽？"

"那可太爽了！"哈克拍手称快。

第 26 章　两个少年"暴发户"

汤姆和哈克出来后钻进了绿树林,警惕地观察四周,确认岸边没人之后,才把所有东西都搬上船,俩人还在船上吃了些东西,心情无比舒畅。

太阳快接近地平线时,他们撑起船离岸而去,黄昏中汤姆沿岸边划了很长时间,边划边兴高采烈地和哈克聊天,天刚黑他俩就上了岸。

"哈克,"汤姆说,"我们把钱藏到寡妇道格拉斯家柴火棚的阁楼上,早上我就回来把钱过过数,然后两人分掉,再到林子里找个安全的地方把它放好。你呆在这儿别动,看着钱,我去'借'本尼·泰勒的小推车,一会儿就回来。"

没一会儿工夫,汤姆就带着小车子回来了,把两个小袋子先搬到上车,然后再盖上些破布,拖着"货物"就出发了。走到威尔斯曼家时,他俩停下来休息,正要动身时,威尔斯曼走出来说:"嘿,那是谁呀?"

"是我俩,哈克和汤姆·索亚。"

"来得正是时候!孩子们跟我来,大家都在等你俩呢。快点,你们先进去,我来帮你们拉车,咦,怎么这么重?装了砖头?还是什么破铜烂铁?"

"烂铁。"汤姆说。

"我就知道,镇上的孩子就是喜欢东找西翻弄些破铜烂铁卖给翻砂厂，最多不过换六个子。不说了，快走吧，快点！"

汤姆和哈克满腹狐疑，想知道为什么催他们快走。

"别问了，等到了寡妇道格拉斯家就知道了。" 威尔斯曼始终不肯告诉他们，好像在故意卖关子。

哈克由于经常被人诬陷，所以心有余悸地问道："威尔斯曼先生，我们什么事也没干呀！"

"你们想到哪儿去了？我的好孩子。哈克，我也不知道是什么事。你跟寡妇道格拉斯不是好朋友吗？这次可是她托我找到你们，邀请

你们的。"

　　哈克还是没转过弯儿来，这时已经到地方了。他和汤姆一起被推进道格拉斯的客厅。威尔斯曼先生把车推到门边，也跟了进来。

　　让两个孩子大吃一惊的是，客厅里灯火辉煌，村里有头有脸的人物全都聚在这儿，还有很多陌生人，大家全都衣着考究。

　　汤姆跟哈克浑身都是泥土和蜡烛油，跟大家的衣着形成了强烈对比。波莉姨妈臊得满脸通红，皱着眉朝汤姆直摇头。

　　寡妇道格拉斯热情地拥抱两个孩子，一点都不介意他们身上的灰

尘。他觉得这两个孩子可受了大罪。

随后寡妇道格拉斯把两个孩子领到一间卧室，然后对他们说：

"你们洗个澡，换件衣服。这是两套新衣服，衬衣、袜子样样齐备。这是哈克的——不，用不着道谢，哈克。一套是威尔斯曼先生拿来的，另一套是我拿来的。不过你们穿上会觉得合身的。穿上吧，我们等着——穿好就下来。"说完，就出去了。

哈克这辈子都没有受过这样的优待，心虚了，盯着那一堆从未穿过的新衣服对汤姆说："汤姆，要是弄到绳子，我们就可以滑下去，窗户离地面没有多高。"

"你说什么呢？干吗要溜走呢？"

哈克哭丧着脸，浑身都不自在起来："是这样的，跟一大群人在一起怪不习惯的，受不了。汤姆，反正我不下去。"

"没关系的。哈克，其实没什么大不了的事，山洞你都不怕，这个有什么？我根本不在乎，我会照应你的。"

这时希德来了。

"汤姆，"他说，"波莉姨妈一下午都在等你。玛丽也为你准备好了礼服。大家都很为你担心。"

汤姆觉得希德这小子话里有话，撇着嘴说："一定是哈克跟踪强盗到寡妇道格拉斯家的那件事情。我想威尔斯曼今晚想要隆重感谢一下哈克，对不对？不过我敢打赌，他不会成功。"

希德笑了，心满意足地笑了。

"希德，这事是不是你这个大嘴巴说出去的！"

"得了，别管是谁说的，反正有人已经说出了那个秘密。"

"希德，我用脚指头想都能知道这事一定是你干的。你要是处在哈克的位置，你早就溜之大吉了，根本不会向人报告强盗的消息。"

汤姆一边说，一边连踢带推地把希德撵到门外。

一旁的哈克也听了个大概，他觉得更不自在了。

几分钟过后，寡妇道格拉斯家的客人都坐在了晚餐桌旁，十几个小孩也被安排在同一间房里的小餐桌旁规规矩矩地坐着，威尔斯曼先生作了简短的发言，他感谢寡妇道格拉斯为他和儿子举办此次宴请，他说了很多后，突然话题一转，戏剧性地宣布这次历险中哈克也在场，并且一开始是哈克跑下山喊的人，救了寡妇道格拉斯。人们都装出很惊讶的样子，实际上他们事先已经知道了。只有寡妇道格拉斯一人表现出相当吃惊的样子。她一个劲地赞扬和感激哈克的所作所为，结果让哈克几乎忘却了众目睽睽下穿新衣不自在的感觉。

这时寡妇道格拉斯又宣布了一件事，说她打算收养哈克，让他上学受教育，一旦有钱就让他做点小买卖。

这时汤姆忍不住开口说道："哈克不需要那个，他现在可是个暴发户了。"

"哈克现在真的有钱了，你们或许不相信，不过我可以证明这一切。喂，你们别笑，我会让你们看到的，请稍等片刻吧。"

汤姆一边说一边起身跑到门外，屋里所有的人都不明就里，不知道汤姆在搞什么，好奇地看着，再问哈克，哈克却张口结舌，一副大脑短路的样子。

没一会儿，只见汤姆吃力地背着口袋走进来。他把黄色金币哗啦一声倒在桌上，说："你们看呀！我刚才怎么说的？一半是哈克的，一半是我的！"

在场的所有人都瞪大了眼睛，惊呆了！大家瞪眼盯着桌上，足足有两分钟没有人说话。接着，大家一致要求汤姆解释这是怎么一回事。汤姆从头到尾把事情的来龙去脉说了一遍，说了足足两个小时还多，但在场的人却都听得津津有味，没有一个人插话打断他的叙述。

汤姆讲完后，威尔斯曼先生说："原本我今天想要给大家一个惊喜，现在听了汤姆的讲述，我承认我的消息根本算不上是什么惊喜，汤姆和哈克才是我们最大的惊喜！"

随后大家将桌子上的钱清点了一下，总共有12000美元。尽管在座的人当中，有的家产不止这个数，可是大家都还是头一回见到这么多现钱。

第 27 章　哈克想成为受人尊敬的侠盗

汤姆和哈克两人意外成为暴发户这件事轰动了圣彼得堡这个穷乡僻壤的小村镇。尤其是两个人"历险记"一般的经历，实在是让人难以置信，这些天以来几乎所有的人都在谈论此事。

在镇上，汤姆和哈克两人无论走到哪里，都是人群的焦点，俨然成了大明星。更有一些狂热的"粉丝"收集了他俩过去的资料，列举出种种事迹，说以前他俩就不同常人，村里的报纸还请专人撰写并连载了两个孩子的传记。

寡妇道格拉斯把哈克的钱拿出去放债收取利息，波莉姨妈则委托撒切尔法官把汤姆的钱也拿出去放债。所以汤姆和哈克每个月都有一笔数目惊人的收入。这笔钱在当时已经是相当大的数目了。毕竟在当时，1元2角5分钱就够一个孩子一学期上学、膳宿的费用，连穿衣、洗澡等都包括在内。

因为汤姆救了自己的女儿，撒切尔法官十分器重汤姆，他说汤姆绝不是个平庸的孩子，因为他在救自己女儿的时候，展现出了一个年轻人高尚的情操和宝贵的品质。尤其是听到贝基悄悄地告诉他，汤姆在校曾替她挨过鞭笞时，法官显然被感动了。他甚至举出了华盛顿小时候砍樱桃树又勇敢承认的例子，来说明汤姆身上有着伟大、不凡的潜力，他希望汤姆以后成为一名大律师或是著名的军人。

贝基从未见父亲如此激动地称赞一个人伟大和了不起，还特意跑去找到汤姆，把这事告诉了他，汤姆听得眼睛都直了。

哈克·费恩有了钱，又归寡妇道格拉斯监护，这样他再也不是从前那个流浪小孩了，可是烦恼却接踵而至——寡妇道格拉斯的佣人帮他又梳又刷，每天都把他收拾得干干净净；他吃饭得用刀叉，还要用餐巾、杯子和碟子；然后他还得念书，上教堂；说话枯燥无味没关系，但谈吐要斯文，无论走到哪里都要文质彬彬、以礼待人，这让哈克苦不堪言。

三个星期之后，又出事了——哈克突然失踪了。寡妇道格拉斯急得要命，四处去找他，找了整整有两天两夜。众人也十分关注此事，他们到处搜索，有的还到河里去打捞，却一无所获。

　　汤姆实在看不下去了，于是在第三天一大早，径直跑到破旧的屠宰场后面，果然在一只空桶中发现了哈克，他就在这过夜。当时哈克刚吃完早饭，吃的全是偷来的剩饭菜，正舒服地躺在那里晒太阳休息。才三天时间，哈克就又变回了邋遢不堪、蓬头垢面的模样。

　　汤姆把他撺出来，告诉他惹了麻烦，要他快回家。哈克脸上悠然自得的神情消失了："汤姆，我真的不想回去，那种生活不适合我过，我不习惯。寡妇道格拉斯待我好，可是我受不了每天早晨按时起床，受不了每天都要洗脸、梳头，还不能在柴棚里睡觉。汤姆，那些新衣服紧绷绷的，虽然很漂亮，可是弄得我站也不是，坐也不是，浑身上下都不自在，更不能到处打滚。更要命的是我还得去做礼拜，我

恨那些一文不值的布道辞！我一天到晚既不能捉苍蝇，也不能嚼口香糖，到了星期天还得整整齐齐穿着鞋袜，每天吃饭、上床睡觉、起床等寡妇道格拉斯都要按铃，总而言之，我受够了，我快要疯了。"

"不过，哈克，大家都是这样的。"汤姆安慰道。

"汤姆，你知道，我不是大家，我受不了，我过惯了自由自在的生活，捆得那样紧真让人受不了。连伸懒腰，抓痒痒都不行，我真的要疯了！"

"学校快要开学了，不跑就得上学。我以为发了横财就更自由了，没想到发财简直就是发愁，受罪。汤姆，那些钱给我带来这么多的麻烦，我不想要了！你把我那份钱也拿去，偶尔给我几毛零花钱就行了，不要给我太多，因为我觉得容易得到的东西没有什么太大的价值。请你到寡妇道格拉斯那儿为我告辞吧。"

汤姆实在不知道该怎么劝哈克了，这时他想到了他们在山洞里的

约定，灵机一动，计上心来。他说：

"喂，哈克，你还想不想当侠盗呢？"

"怎么不想？我做梦都在想！现在，钱、秘密基地都齐了，就差行动了！"

"哈克，我不得不跟你说一声，我们不接受不体面的人入伙。"

哈克一下子呆住了。

"不让我入伙，汤姆？你不是让我当过海盗吗？"

"是让你当过，不过这跟入伙没什么关系，总的说来，侠盗比海盗格调要高。在许多国家，侠盗算是上流人当中的上流人，都是些公爵之类的人，不是随随便便谁都能做的。"

哈克有点着急了，不停地问汤姆："汤姆，你一直对我很好，你不会不让我加入吧，汤姆？"

"哈克，我的好兄弟，我当然想让你加入！可是他们会不屑一顾地说：瞧汤姆·索亚那帮乌合之众。哈克，你不会喜欢他们这么说，我也不喜欢。"

哈克沉默了一会儿，他显然正在作激烈的思想斗争。最后他开了腔："算了，我再回寡妇道格拉斯家里应付一个月，看能不能适应那种生活。不过，汤姆，你会让我加入，对吧？"

"好吧，哈克，一言为定！走，兄弟，我去跟寡妇道格拉斯讲，让她对你要求松一些。"

"你答应了？汤姆，你对我真好！你打算什么时候结伴儿当侠盗呢？"

"我这就去找其他人，把他们集中起来。顺利的话，咱们今晚就举行入伙仪式。"

"这真好玩，真有意思，汤姆。"

……汤姆终于把哈克哄了回来，相信以这件事作筹码，哈克再也不会轻易说出离开的话了……

经典名著小书包

姚青锋 主编

给孩子读的国外名著 ①

昆虫记

［法］让·亨利·卡西米尔·法布尔◎著

胡 笛◎译 书香雅集◎绘

当代世界出版社
THE CONTEMPORARY WORLD PRESS

图书在版编目（CIP）数据

昆虫记 /（法）让－亨利·卡西米尔·法布尔著；
胡笛译 . -- 北京：当代世界出版社，2021.7
（经典名著小书包：给孩子读的国外名著 .1）
ISBN 978-7-5090-1580-3

Ⅰ . ①昆… Ⅱ . ①让… ②胡… Ⅲ . ①昆虫学－少儿
读物 Ⅳ . ① Q96-49

中国版本图书馆 CIP 数据核字 (2020) 第 243354 号

给孩子读的国外名著.1（全5册）

书　　名：昆虫记
出版发行：当代世界出版社
地　　址：北京市东城区地安门东大街70-9号
网　　址：http://www.worldpress.org.cn
编务电话：（010）83907528
发行电话：（010）83908410（传真）
　　　　　13601274970
　　　　　18611107149
　　　　　13521909533
经　　销：新华书店
印　　刷：三河市德鑫印刷有限公司
开　　本：700毫米×960毫米　　1/16
印　　张：8
字　　数：85千字
版　　次：2021年7月第1版
印　　次：2021年7月第1次
书　　号：ISBN 978-7-5090-1580-3
定　　价：148.00元（全5册）

打开世界的窗口

书籍是人类进步的阶梯。一本好书，可以影响人的一生。

历经一年多的紧张筹备，《经典名著小书包》系列图书终于与读者朋友见面了。主编从成千上万种优秀的文学作品中挑选出最适合小学生阅读的素材，反复推敲，细致研读，精心打磨，才有了现在这版丛书。

该系列图书是针对各年龄段小学生的阅读能力而量身定制的阅读规划，涵盖了古今中外的经典名著和国学经典，体裁有古诗词、童话、散文、小说等。这些作品里有大自然的青草气息、孩子间的纯粹友情、家庭里的感恩瞬间，以及历史上的奇闻趣事，语言活泼，绘画灵动，为青少年打开了认识世界的窗口。

青少年时期汲取的精神营养、塑造的价值观念决定着人的一生，而优秀的图书、美好的阅读可以引导孩子提高学习技能、增强思考能力、丰富精神世界、塑造丰满人格。正如我国著名作家赵丽宏所说："在黑夜里，书是烛火；在孤独中，书是朋友；在喧嚣中，书使人沉

静；在困惫时，书给人激情。读书使平淡的生活波涛起伏，读书也使灰暗的人生荧光四溢。有好书做伴，即使在狭小的空间，也能上天入地，振翅远翔，遨游古今。"

多读书，读好书。希望这套《经典名著小书包》系列图书能够给青少年朋友带来同样的感受，领略阅读之美，涂亮生命底色。

本书主编

2021年5月

目录
CONTENTS

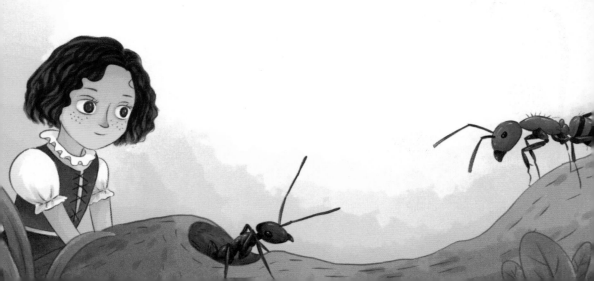

论遗传

我们的性格或才能可能遗传自我们的祖先，但如果要追究源头的话，就会发现无比困难。

有几个这样的事例：一个小牧童曾热衷于数地上的石头，长大后竟成了一名著名的教授；另外一个小孩儿跟其他小朋友年龄相仿，但是在别人玩耍时，他却总是待在旁边幻想各种乐器弹奏出来的声音，日复一日，他的脑海中真的浮现出一首完整而神秘的曲子；还有一个小孩儿，他的爱好和其他小朋友完全不同，他不喜欢闹来闹去，也不爱玩玩具，却对陶土情有独钟，时常用陶土捏成各种形状的小玩偶，也许未来某一天他会成为一名著名的雕刻家吧。

而我在童年的时候，和同龄孩子也有不同之处，因为我更喜欢和大自然亲近，更擅长观察植物和昆虫的性格。如果你觉得我的这项爱好和遗传因素有关，那就有些可笑了。因为我的祖先都是乡下人，他们并不在意植物和昆虫如何生长，而是把更多精力放在了自家喂养的牛羊身上。

别说植物和动物了，他们就连自然是什么都不了解。至于我，在没有接受任何培训的情况下，为什么会对大自然感兴趣？可能和我的一次外出有关。对于小时候外出采集野生菌和寻找鸟巢的情景，我到现在仍记忆犹新。每次回想起当时的情景，我都无比兴奋。

记得有一次，我兴致勃勃地去爬山。那座山离家不远，山顶上的一片树林一直让我心驰神往。我时常透过窗户望向那片树林，欣赏着树叶在夏风里摇曳，在秋日里凋落。也不知从什么时候开始，我便产生了特别想去树林里看一看的想法。

正巧有一个机会。不过爬山时确实花费了很长时间，因为自己腿短，再加上山坡比较陡峭，爬山速度十分缓慢。

虽然一路跌跌撞撞，脚步匆忙，但我还是捕捉到了一只可爱的鸟儿。它就藏在草丛后面，我想，它的鸟巢也一定在附近。果然，不一会儿，我就看到了小鸟精致的巢。更让人惊奇的是，鸟巢里还有六颗小小的鸟蛋，每颗蛋都散发着漂亮的蓝色光泽。

这是我收获的第一个惊喜，它使我内心莫名的快乐，于是我便忘乎所以地趴在草地上观察起鸟儿来。于我而言，除了开心和快乐，我还盘算着带走一颗鸟蛋作为这次旅行的纪念品。鸟妈妈焦急地在岩石周围飞来飞去。可当时我的年龄比较小，并不懂得鸟妈妈的痛苦。时过境迁，现在我才体会到鸟妈妈当时的感受。

大概过了两个星期，我又一次来到这个地方。雏鸟们已经破壳而出，只是还不能高飞。我试图把它们全部带走。然而，在回家的路上我遇到了一个牧师。在我骄傲地告诉他我是如何得到这些雏鸟时，牧师告诉我："拿走萨克锡克拉（鸟）是不对的，你不能把鸟妈妈的孩子残忍夺走。你要答应我，以后不要再去打扰它们。"

　　也是从那时起，我才懂得偷走鸟儿是件无比残忍的事。其实，任何动物和人类一样都有感情，也有属于它们自己的生活。

　　后来我也常常反问自己：森林里或草原上那么多的动植物，它们都叫什么名字呢？牧师提到的"萨克锡克拉"又代表什么含义？

　　数年后，我才明白这个名称的意思是"岩石中的居住者"；而从那些散发着蓝色光泽的鸟蛋里孵出来的鸟儿也有一个专属的名字，叫作石鸟。

　　记忆中，一条静静的小河从村间流过，河的两岸是茂密的树林，其中一棵参天大树长得十分笔直。在这片神奇的树林中，我第一次采到了形状奇特的野生菌。第一眼看到它时，我有一种错觉，觉得它长得特别像母鸡在苔藓上下的蛋。

森林里面的野生菌种类太多了，无论颜色还是形状都完全不一样，有的长得像小铜铃，有的像圆灯泡。让我印象最深刻的是，有一种菌竟然会流出牛奶般的白色乳液，当被人踩到时，白色乳液就变成了蓝色。

从此，我便经常光顾这片树林，也在这里了解到了很多知识，这些知识是书本无法给予的。我一边观察自然一边摸索着实验。

在我的一生中，有两门课是最重要的，分别是化学和解剖学。

我的解剖学老师是自然科学家摩根·史东。虽然我跟着他学习的时间很短，但收获特别多。老师教会我怎样在一盆水里观察蜗牛的内部构造。

相比学习解剖学来讲，我学习化学的经历就有些坎坷了。有一次，在试验过程中，玻璃烧杯突然爆炸，教室的墙上也被溅了一些斑点，很多同学因此受伤，甚至失明。

时隔多年，我已不再是学生，而是以老师的身份依旧站在这间教室里。教室里坐着一届又一届的学生，但墙上的斑点年年存在。因为有过一次教训，我每次做试验时一定会提前让学生们离远一些。

荒石园

　　曾经，我有个愿望，就是在野外建造实验室，可是一直没有实现。人总要为生活奔波，那种愿望太过于天方夜谭了。40余年，我的心里一直想着这件事，梦想能拥有一块小小的土地，四周围上篱笆，任由荒草生长，太阳暴晒，哪怕招来蜜蜂与黄蜂，我也不去打扰，只是观察它们的生活。

幸运的是，我的愿望终于实现了。我在一个小村落旁找到了一个僻静角落。那是一块红土地，有着耕种过的痕迹。当地人说，这块土地曾经种过葡萄和百里香。但遗憾的是，这些植物都已经被农夫锄掉了。我只好自己重新种上茂盛的百里香，以此作为蜂群的猎场。

40年来，我不断地奋斗，终于得到了这样一个乐园。一开始它的确有些荒凉，可现在已经不同了，完全变成了蜜蜂跟黄蜂的游乐场。在这里，可以看到各种各样的昆虫。其中，有一种蜜蜂特别与众不同，它能够把黄色刺桐花的网状叶脉剥开。此外，还有成群结队的切叶蜂和泥水匠蜂，后来更多的野生蜂也在这里安家了。

这片土地周围有成堆的细沙石，里面还有一些住户——掘地蜂和猎蜂。它们每天都在忙忙碌碌地试图猎取小毛虫。

除了昆虫朋友们，附近还居住着很多鸟类，包括夜莺、麻雀以及猫头鹰。青蛙自然不用说了，每当夏季来临，它们便躁动地组成了合唱团。

当然，除了可以和这些昆虫动物们做伴之外，如果我想观察其他的风景，只需走几段路，就能看到路边生长着的野草莓和蔷薇花。有了这样宝贵的财富，便觉得城市生活也可以舍弃。

奇妙的池塘

茶余饭后，我最喜欢做的事情就是走到池塘边静静地凝望着池塘，从不觉得疲倦。因为我知道在池塘的深处，无数生生不息的生命在忙碌着。偶尔，我也会在路边观察小小的田螺，它们一边呼吸着空气，一边展望着水上的世界。

池塘的面积不大，只有几尺见方，可是池塘边的宁静是在其他任何地方都无法感受得到的，有时候甚至会让人忘记时间在流逝。

池塘之所以让我如此钟情，是因为我在孩童时代的一段经历。有一天，母亲突然提议："我们在家里养些小鸭子吧！等它们长大了还能换不少钱。"

父亲也开心地附和。这个主意太好了，那么快开始准备吧。

父母无比开心，但只有我知道，他们的兴奋程度还不到我的一半。那一晚，我无比幸福，甚至可以说是在幸福的簇拥下进入了梦乡。

梦里，成群的小鸭子在池塘里游来游去，每只小鸭子都非常可爱。它们有着嫩黄蓬松的绒毛，在水里嬉戏打闹，我就静静地站在一旁微笑地看着。等到太阳落山，我便带着小鸭子回家。有一只小鸭子玩累了，显得有些疲惫，我便轻轻地把它捧在手心。

虽然这只是一场梦，但两个月之后，我梦里的场景真的在现实生活中出现了。那天父亲带回两打鸭蛋，可笨拙的鸭子并不会孵蛋，好在家里有只老母鸡，这只鸡便承担起了孵蛋的责任。搞笑的是，老母鸡根本不清楚鸡蛋和鸭蛋的区别，只要是圆溜溜的蛋，老母鸡都会关怀备至。哪怕孵出来的孩子和自己大不一样，老母鸡也依然视若己出。

小鸭子嬉戏玩闹的第一站是我找到的一个半旧木桶。我在木桶里面装了一些水。风和日丽的一天，小鸭子们挤进了这个专属游泳池，享受着阳光和水波带来的乐趣。

可仅仅两周时间，木桶已经远远不能满足小鸭子了，它们在水里面的本领见长，这片小小的水域已无法让小鸭子继续操练。

小鸭子们急需一个更宽广的地方，最好有丰茂的水草和广阔的水面，可以让它们无忧无虑地潜行和跳跃。这些需求看似简简单单，但对那个时候住在山中的我来说却成了负担。

在山中居住，水资源极为匮乏，从山脚下打回来的水只能满足日常使用，尤其是在炎热的夏季，全家人都没办法痛饮解渴、消暑，更何况小鸭子呢？

虽然我家附近有一口半枯的老井，可我对它不抱任何期待。因为这口枯井里的水除了供应附近人家的日常所需，有时候还会遭遇本村校长家的驴的掠夺。

我发现山脚下有一条小溪，但是想要到达这片乐土，要经历各种坎坷。为了让小鸭子们能够嬉戏玩乐，我不得不带领着它们穿过村里

的小路，有时候甚至还会遇上几只恶狗和猫。这些家伙毫不留情地扑进鸭群，并以此为乐，哪怕我费尽力气把它们赶走，惊慌失措的小鸭子们也没办法再次聚集。

我觉得太得不偿失了。正当我发愁究竟该如何解决问题的时候，脑海中突然闪现了一个地方，那是一个足够大的池塘，池边还有青草。虽然地方远了些，但绝对不会遭遇猫狗的打扰。

第二天一早，我就起身了。原本我想象得很顺利，可事与愿违，第一次做牧童并不快乐，因为路途实在太过遥远。我赤裸着双脚行走，山里锋利的岩石把我的双脚划出了很多伤口。

为什么不把家里存放的那双鞋子穿在脚上呢？是因为鞋子太过于宝贵，只有重大节日时我才舍得拿出来穿。

和我一样遇到同样困惑的还有这些小鸭子们。小鸭子的脚蹼还没有长成熟，这样长途跋涉也让它们耐不住疼痛，嘎嘎地叫了起来。

每当这时，我就会带着小鸭子们去宁静的树荫下休息一会儿，我实在不忍心听这些小生灵们痛苦的乞求。

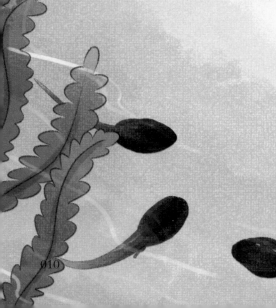

　　终于远远地望见池塘了。小鸭子们突然兴奋了起来，欢快地奔向水畔，马上低下头寻找着美味的食物。

　　吃饱喝足后，它们跳进了池塘，享受着水波带来的欢乐。小鸭子们洗澡的姿势更是千奇百怪：有的一头扎进水里，只在水面上露着尾巴；有的在水里游来游去，好像在跳水上芭蕾。

　　这片池塘里，除了有可爱的小鸭子，还有其他居民，比如拖着扁平小尾巴游来游去的蝌蚪。靠近岸边的地方，还有一种奇特生物，它的背部散发着黑色光泽，浮在水面上一刻不停地打旋儿。

　　池塘深处漂浮着墨绿色的阴影，那是互相纠缠着的水草。我用一根木棍轻轻拨开水草，无数细小的泡泡升腾而上，水面也瞬间沸腾了起来。冒起的大水泡让我无比兴奋，因为我觉得水草下也许还藏有更奇妙的生物。

玻璃池塘

你是不是跟我一样，也非常渴望有一个专属于自己的室内小池塘？虽然池塘在室内，里面的生物远远不如野外的池塘丰富，但仍旧别有一番天地。在室内池塘工作的时候，你不会遭到外界的打扰。试想一下，当你站在池塘边，望着池塘里面游来游去的生物时，内心该多么骄傲。因为这些水生动物是你精心养育的，你可以仔细观察它们生活里的任何一个细节，这些知识都是在野外池塘无法获得的。

有了这个想法，我便开始付诸行动。我请了一位铁匠和一位木匠，他们两位技艺高超，经过通力合作，室内池塘很快便出现在我的眼前。这个池塘有着铁制框架和玻璃围墙，被固定在大小合适的木质基座上。我把这个小池塘放在了家里阳光充足的窗户旁。

虽然是室内池塘，但该有的也必须要有。水当然不可少，我记得当时一共加了12加仑。我往池塘里面放了厚厚的苔藓石块，有了这些大自然当中的苔藓，池里的水将会更加清洁。如果你不知道具体的原因，那就跟我一起看下去吧！

如果水下的动物想要生存的话，就必须有充足的氧气，排出二氧化碳。但植物对生长环境的要求就没有那么高了，那些被动物排出的二氧化碳正好成了植物必不可少的营养。比如水草正好能够吸收水里的二氧化碳，经过神奇的转化，产生出来的氧气又刚好可以供水下的动物们呼吸。

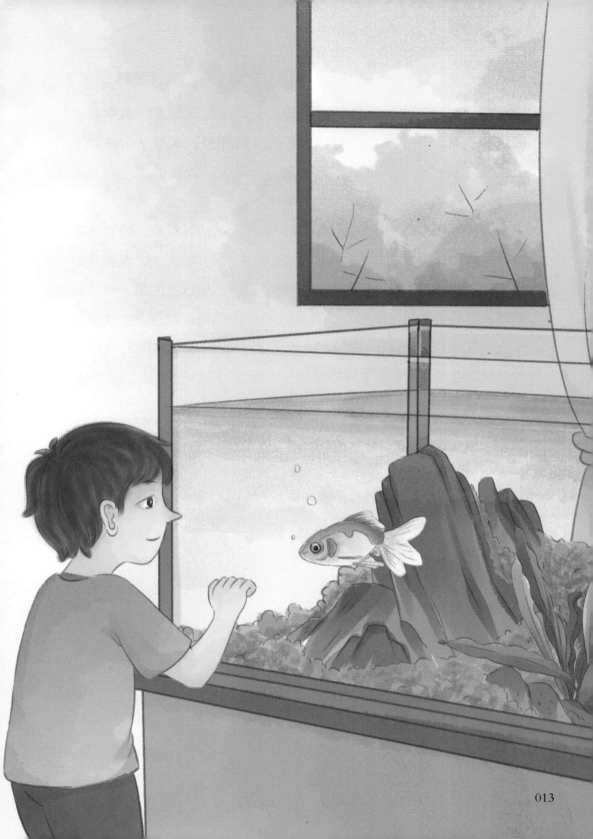

　　我仔细观察水生动物和植物的成长，还惊喜地发现缠绕着水草的礁石上有很多小水泡。它们不断地升腾炸裂，水草从中获取了二氧化碳，同时也释放了更多的氧气，为水生动物提供了生存必不可少的物质。

　　有时候在生活中感到疲惫，我会站在池塘边，眼睛一眨也不眨地盯着池塘里升腾着的气泡，脑海里也产生了很多的想法，跟随气泡一起升起。我在想，在一万年前甚至更早以前，地球上的第一棵植物难道就是这样制造氧气的吗？由此才能有更多动物在世界上生存繁衍，一直演化到现在我们所看到的美丽世界。我的这个玻璃池塘虽然不大，但它也告诉了我关于万物起源的故事。

石 蚕

　　室内小池塘建起来之后，我开心极了。当时我想做的第一件事就是去找一些"居民"来，思考着要找一些什么样的动物和植物。经过反复考量，我先把一批石蚕放进了池塘。

　　石蚕是一种特别机灵的动物，它们一般会在茂密的芦苇丛中生活。有部分小虫子时常会漂浮在芦苇之上或在水面飘荡，这也就意味着它们没有安稳的居所。可以说，它们是浪迹四方的"游子"，被生活所迫。其实石蚕并不喜欢游荡的生活，所以不管漂到什么地方，它都会随身带着"精巧的小房子"。

　　如果你也见到过石蚕的小房子，肯定也会认为这样的房子真的堪称艺术品。池塘上面漂浮着很多植物碎屑，因为常年浸泡在水里，碎屑已经腐烂，对于石蚕来说这些漂浮的碎屑是建造小房子最好的材料。

　　小虫子自力更生，已经开始建造工作了。它们先是准备好建筑材料，也就是我们刚才提到的植物碎屑，然后用牙齿把碎屑撕成粗细适合的纤维，接下来再把细小的纤维编织成正好可以容纳自己身体的小房子。

　　不过，建造小房子的过程比较艰难，耗时漫长。有时候一些小石蚕也会想一些其他办法，不会采用植物碎屑做建筑材料，而是将极小的贝壳或谷粒当作材料，然后按照自己的设想堆砌起来，这样的小屋

同样非常精致，甚至可以说是豪宅了。

也许你的内心已经有了疑问：为什么石蚕建造的房子仅仅够自己容身呢？建造得更大一些，空间不是更充足，生活在里面不也更舒适吗？如果你有这样的疑问，就表明你对石蚕并不是很了解。石蚕有自己的秘密，屋子的大小也是很有讲究的，只有居住在适合自己的小屋里才能够随心所欲。

我又一次来到池塘边，认真地观察着这些小动物是怎样生活的。我看到石蚕在池塘里自由自在地遨游，它们有时会把头部露出来，有时也会潜入池塘最深处，有时还会安静地浮在水里。我正观察着，突然间有了一个想法：如果将一只石蚕从它自己建造的屋子里拉出来，然后再把屋子和石蚕丢进水里，石蚕会有什么反应呢？

我迫不及待地做了这个实验，看到的结果和我想象的差别比较大。我把它们丢到池塘里的时候，石蚕表现得非常慌张，仿佛已经忘了怎样游泳，看起来可怜巴巴的，然后便沉到了池塘最底部，而它的小屋子也像是被击溃了的战舰一样，冒着一串串气泡。这个结果让我产生更加浓厚的兴趣，我非常渴望尽快了解石蚕生活的秘密。

闲来无事的时候，我就会跑到池塘边观察，经过很长一段时间的了解，我发现石蚕想去水底休息时会先把身子缩成一团，再把自己塞进它建造的精致小房子里面。当它想浮出水面享受阳光的温暖时，便会倚靠着一根芦苇梗，把身子稍微向外舒展一些，在屋子内部腾出些空隙，形成一种像自救用的救生圈的东西。也正是依靠这一点点的空隙，小房子得以浮起来，石蚕也被拖着浮出水面。这个小家伙真的很聪明。最让我惊喜的是，每一次它都会调节救生圈的大小，以此来控制浮游的深度。

看到这一幕，我由衷地感叹，千年以前产生的物种石蚕竟然拥有这样的智慧。众所周知，现如今这个时代，潜水艇是非常实用且奇妙的发明，是无数科学家一年又一年努力的结果，可在那个时候，石蚕就掌握了这项沉浮技术。这一点更加坚定了我了解小动物的决心。

不过，我后来又观察到石蚕在水里面也不像我们想象的那么完美。在池塘里，有一次我发现了它的秘密。那天我像往常一样观察着它们，偶然间发现石蚕航行的时候竟然无法自由灵活地转向。这也并不能说是一个致命的缺点吧，毕竟所有的工作只靠它露在房子外面的那部分身体来控制。它的身体是多么柔弱呀！既要当作桨来使用，又要完成舵的任务。每次看着石蚕努力地操作，我都忍不住想要帮它一把。

　　石蚕建造房间不仅仅是为了休息，更多时候是为了预防敌人入侵，保全自己的生命。有一次，我就在玻璃池塘里见到了惊心动魄的一幕，甚至可以说是石蚕的一次小战争。池塘里面还有水甲虫，水甲虫在水里一直趾高气扬。无意间，我撒下了几只石蚕，石蚕的突然到来，让那群嚣张的水甲虫无比生气，仿佛自己的地盘被占领了一般。水甲虫不管三七二十一冲了上去，咬住了石蚕的小房子。水甲虫的突袭让石蚕很是担心，就算有小房子作为第一道防线，也毕竟是不结实的。水甲虫实在太厉害了，不停地晃动着石蚕的小房子，仿佛要把石蚕咬碎一样。躲在小房子里的石蚕面对这样的境况，觉得躲在里面也不是办法，便冷静下来，想了一个方法——金蝉脱壳。

　　石蚕溜出了小房子，沉到了水底。不知道过了多久，水甲虫才发现自己遭到了愚弄。它把空屋子丢下，垂头丧气地游向了别的地方。水甲虫并不知道，这段时间里石蚕已经在另一处建造了新的小房子。

圣甲虫

　　圣甲虫是一种在六七千年前就出现的动物，最早发现于古埃及，相关记载里写道：在那片尼罗河滋养的肥沃土地上，每年春天到来，温度逐渐升高，花儿依次地开放，农民们也开始了正常的劳作，也正是在这个时候，田埂里有一种小昆虫也在忙碌着，这种昆虫就是圣甲虫。有着黝黑外表的圣甲虫正忙着推动一个大圆球，这一举动让大家疑惑不已。

　　当时有人脑洞大开，想象着这个圆球可能就是地球的模型吧，小昆虫这样做代表着天体的运行不息。在那个年代，农民们非常淳朴，他们只会用自己的体力来换取相应的成果，根本想象不到这样的小昆虫究竟有什么作用，更别说了解天文学方面的知识了。

　　其实在那个时候，古埃及有一部分人甚至以为圣甲虫不停推动的这些圆球里面有它们产的卵，小小的圣甲虫就是在这个圆球里面诞生的。但真实的情况和人们想象的差距比较大，这种圆形小球是实心的，并不是什么容器，而是圣甲虫的食物。

　　更让人们诧异的是，这种食物并不美味，之所以逐渐地组成圆球，是因为圣甲虫在行走的过程中不断地将路边的粪便积攒起来而形成的。对于我们而言，这个小球并不大，积攒成小球也很容易，可对于小小的圣甲虫来讲，想要滚成圆球实属不易。

　　圣甲虫长有三对牙齿，均呈半圆形，位于嘴巴的两边。平时圣甲

虫会把牙齿当作工具，完成挖
掘和切割等一系列工作，而这只
是前期的基础操作。除此之外，
圣甲虫还需要用到一件法宝，即两
条弓形前腿。圣甲虫的前腿非常强壮，而且腿上还长有类似锯齿的东
西，所以圣甲虫经常会用前腿清除障碍物。

  在寻找食物或者储存食物的过程中，圣甲虫先用牙齿进行挖掘，
再用前腿分拣，过不了多久，它就会搜索到很多有用的材料；然后，
圣甲虫再把对自己有用的东西压到身子底下，用四条后腿不停地拖
动；最后，这些材料就会粘在一起，慢慢形成圆球。

  刚开始圆球很小，但勤劳的圣甲虫一刻也不停地工作着，最终把
这个小球变得越来越大，从胡桃大小变成苹果大小。我曾经见到过一
次，有一个很小的圣甲虫把球堆得差不多跟人的拳头一样大小，那时
我想这只小虫实在是太喜欢吃粪球了吧。

  平常圣甲虫除了要完成食物球的工作之外，还有其他工作要做。
它们总要不停地忙碌着。比如要把完成的杰作送到安全的地方，于是
一段旅程便开始了。如果自己完成的食物球比较大，运输过程也就更
加艰辛一些，在此我不得不提一下圣甲虫运送小球的方式，因为真的
非常奇怪。它会先趴在小球上，然后用四条后腿紧紧地抓住球面，接
着再非常小心地把头朝向地面，用前面两条强有力的前臂支撑，最后
就是慢慢地开始行走了。

  看到这样的场面，我倒不觉得这是在运输食物，反而更像是一
场滑稽的表演。圣甲虫的头部朝地，压根儿看不清楚前面的状况，完

全在凭着感觉前行，所以当遇到斜坡或者比较坎坷的道路的时候，圣甲虫可就犯难了。但好在它比较坚强和有毅力，无论遇到什么样的困难，始终没有回避或者放弃，依旧带着刚出发时就下好的决心，推着沉重的食物球，努力地攀登斜坡，如果一不小心，很可能就前功尽弃了，但即使是这样，圣甲虫还是一次又一次地尝试。有时候，小小的草根也能把圣甲虫给困住，它根本没办法上去，甚至还会失去重心，跟着小球一起滚下斜坡。但无论尝试10次还是20次，无论多么困难，圣甲虫依旧那么有耐心，不断地重新来过。在努力地尝试后，有时会渡过难关，但更多的时候，圣甲虫的力量太有限了，体力不足，便渡不过难关。在这种情况下，它们想到的不是放弃，而是换一种方法或者走另外一条道路。

圣甲虫是一种懂得合作的小昆虫。那天，一只圣甲虫工作了很长时间后终于把食物球制作完了，便开始推着球，慢慢地离开工作的场所。可路途坎坷，它遇到了一个上不去的坡，这时候它恰好遇到了自己的同类。对方同样在堆积圆球，只是还没有完成。看到这只小圣甲虫遇到了困难，对方便把手上的工作丢下，来到这只小虫的球前方，开始帮它拉动小球。这样的画面实在太温馨了。不过让人感到遗憾的是，对方这么做并非出于善意，而是要趁火打劫，它不是在帮助那只

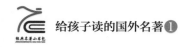

圣甲虫运送食物，而是想偷一个现成的食物球，因为它觉得做完一个大食物球实在太耗费时间了。

　　让人很气愤的是，有些窃贼竟然仗着自己体型庞大或者身体强壮就会对同类滥用武力，在没有任何商量的前提下，一下子就扑到了弱小的圣甲虫做好的食物球上。弱小的圣甲虫还没有做好防御准备，对方就把球主人击倒，然后高傲地趴在球上，两条前腿横在胸口前，摆出防御的姿态，趁着球主人还没有反应过来，给予其狠狠一击。

　　球主人也并不是那么好惹的，毕竟食物球是它费了很大功夫才做成的，不可能轻易被别人抢走。不甘示弱的主人展现出了自己的倔强劲儿，两只圣甲虫便厮打在了一块。只见两只小虫四条前腿紧紧地缠在了一块，不停地冲撞，激烈得几乎要摩擦出火花。终于，主人凭借自己的顽强和坚毅夺回了应有的食物，而强盗只能落荒而逃，不得不回到自己的工作场地继续制作小球。这种场面我看到过好几次，为了争得归属权，主人和强盗展开斗争，有时候甚至会有第三只圣甲虫加入其中。

　　和这些强取豪夺的强盗相比，骗子更让人头痛，它们看起来是在帮助别人，但其实另有打算，等主人放松警惕时就会伺机夺走食物。

　　更多的时候，骗子们都假装自己是很善良的路人，协助对方越过重重障碍完成运输工作。因为运输过程中球主人一直头朝下，什么也看不见，所以前面的骗子只是装装样子而已，除了趴在球顶看一看风景，其他的什么都没有做。当食物终于运输到了适合的安全地点，骗子便立刻装作一副非常疲惫的样子趴在球上睡着了。好心的球主人不忍心打扰好朋友休息，便离开去做其他工作了。

　　圣甲虫不停地开凿泥土，没过多久便被淹没在土穴中了，完全

看不到自己的球在什么地方。但有时候它也不放心，会回到地面看一看，每一次都发现自己的食物球还在，而那位朋友因过于劳累，在球顶上睡得死死的，于是圣甲虫完全放下了戒心，继续往更深的地下挖去。也就是在这个时候，假装过于劳累而熟睡的骗子便开始飞快地推动起小球。假如这时主人正好探起头来，骗子就会立马调整姿势，摆出无辜的样子，以示忠诚。于是，球主人花费很长时间和精力制作的食物球就这样被骗子偷走了。这时候，球主人也只能自认倒霉了，一切都要重来一遍。

如果一切都很顺利的话，圣甲虫就能把食物放在一个安全的地方储藏起来。储藏室当然也需要圣甲虫自己来挖掘。储藏室空间一般很狭窄，刚好够把食物球放下。食物球被推到洞里之后，圣甲虫就会用一些废旧材料堵住通道，把自己跟食物隔绝在密室当中。接下来的事情，我们也就能够猜出来了：圣甲虫会靠着墙壁每天啃食食物。但哪怕再大的食物球，也只能维持一两个星期。

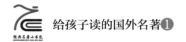

这里要强调一下，古埃及人曾经认为圣甲虫是从黑眼球里诞生的，这个观点非常不正确。那么圣甲虫的产卵和孵化究竟是怎样一个过程呢？我恰巧看到过。

村里有一个特别可爱的孩子，我暂且把他称为我的小助手吧。这个孩子和我一样，平时也特别喜欢研究昆虫的奥秘。记得是在6月的一个周末，那个孩子从很远的地方跑来我这里，到达时已经大汗淋漓了，不过他根本不在意累不累或者出没出汗，只是兴高采烈地向我展示他手里面的东西。从外表来看，它就像是已经不新鲜的小梨一样变得有些腐朽，再仔细一看，原来是一个用泥土捏制的小球，非常精致。孩子高兴地说："这里面有虫卵。"

当时我也很好奇，于是我们约定好第二天去他发现这个东西的地方看一看。次日凌晨我就出发了，没过多久就来到

了圣甲虫的地穴。我看到雪上有新鲜的泥土，小助手用小刀拼命地挖掘，我仔细地观察着是不是有细小的东西。终于，我们发现了一个精致的梨形土球，和小助手拿到的相差不多，这简直就是圣甲虫制作的最完美的作品了。我们两个人就好像是考古队员一样，对这样的发现无比赞叹。后来又搜寻了一阵子，我们发现另外的土穴中也有这样的土球，只是这一次成年母圣甲虫把这只"梨"紧紧地环抱住了，当下我们就判断里面肯定有圣甲虫的卵。

后来我们又去过无数次，在那儿一共发现了上百个这样的虫卵。圣甲虫母亲为什么会把虫卵放置在这些"梨"当中？因为它们要为自己的孩子提供可口营养的食物，这些"梨"正好可以被它们利用起来。圣甲虫会把卵放在比较扁的那一侧，因为幼虫生长过程中也需要空气，比较扁的那部分犹如育婴室一般，外壁薄薄的。刚刚出生的幼虫可以自由呼吸；待生长到一定年龄，它们也可以不费力气地走出这个庇护所。

稍微大一些的那头，外壁坚硬，透气性比较差。圣甲虫这样设计有一定的道理。它们所在的地区，夏季非常燥热，温度有时候会很高，在这里储存食物会完全失去水分，如此一来，这样坚硬的食物对于刚出生的幼虫而言，简直就像一场噩梦。炎热的8月，我见到过不少的牺牲者。幼虫在这个小小的空间里没有办法呼吸，为了让孩子们存活，母亲便会把坚硬的外壳挤碎。

正常情况下，卵在"梨"形容器内大概要7到10天的时间就会孵化出来。幼虫也非常聪明，刚出生就能准确判断具体的方向。首先，它会把比较厚的外壁吃下去，把肚子填饱，这样就不至于去吃较薄一侧的外壁，从而破坏掉自己的生长环境。过不了多久，幼虫就会长得肥胖，透明的皮肤和脊背隆起，在光线充足的时候，甚至能清楚地看到虫子的内脏。这个阶段是圣甲虫最丑的时候。

但只需很短的时间，圣甲虫就会变漂亮了，它们会经过多次蜕变变成成年甲虫，色泽由红白变成黝黑。在整个过程中，圣甲虫的甲胄也在不断变厚。小圣甲虫就像个小孩子一样，渴望着有一天可以去外面的世界过自由自在的生活，所以它每天都想着撞开外壁，但究竟能不能成功还是个未知数。

小圣甲虫往往会选择在每年8月破壁而出，这段时间是每年最炎热的时间。我曾经做过一个实验，当我把干燥坚硬的梨形小巢带回实验室，放入一个干燥的盒子后，几乎每天都能听到盒子里的摩擦声，这些声音代表着硬壳里面的小圣甲虫正在尝试破壳而出。可是过了几天，并没有一只虫能够成功。

我已经迫不及待了，便想了个办法帮助圣甲虫，就是用小刀在"牢笼"上戳了个洞。可是，这些小虫并没有因为我的恩惠而在进度上有所领先。大概过了两个星期的时间，盒子里完全没有了动静，也许是它们实在没有力气了吧。只能说非常遗憾，也许它们再努力一下就能看见胜利的曙光了。

后来我又做了第二次实验，只是这一次和上一次有所差别：我同样挑选了坚硬的巢穴，但是把它们包裹在了湿布当中，等到湿气完全浸透，我又把巢穴放入玻璃瓶内。和上一次相比较，这次小巢不再那么坚硬，圣甲虫们努力着冲破外壁。果然和我期待的一样，它们终于成功了。在这样的实验条件下，它们逃脱了那个"牢笼"。

蝉

夏天来临的标志是什么呢？首先是温度上升，再就是蝉鸣。也许我们都已经很熟悉蝉的叫声了，不过大家真的了解这种动物吗？曾经我听到过一则故事，内容大概是这样的：

一整个夏天，蝉不用做太多事情，它们只需要高高地端坐在枝头上开心地唱着歌曲就行了。可是蚂蚁却不一样，每天都在不停地忙碌，为过冬储藏食物。漫长的冬天到了，蝉饥寒交迫，不得已只能跑到邻居那里借粮食，可是邻居家的粮食也不多，便拒绝了蝉的请求。

蚂蚁很轻蔑地问："夏天的时候你为什么不去储存一些食物呢？"蝉却不以为然地回答："夏天时我在忙着为大家唱歌呀。"蚂蚁毫不客气地说："你在夏天唱歌，那现在你也可以去跳舞了。"说着便关上了门。

确实如此，我在村庄里生活，到了冬天真的没有见过蝉，而且每一个庄稼人都觉得，这种夏天时很熟悉的昆虫总会随着天气越来越冷而逐渐从我们的眼前消失。秋季的时候，我们还有机会见到它们。比如，在树根旁的泥土里可以发现蝉的幼虫，这些幼虫缓缓地爬出来，挂在树干上，把老旧的皮蜕掉，然后就变成了一只蝉，飞到了高高的树枝上唱歌。

不过，夏天才是蝉最多的季节。我家门前有两棵高高的树，到了夏季，蝉就会成群结队地来到我家门前的树荫中，不分昼夜地唱歌。

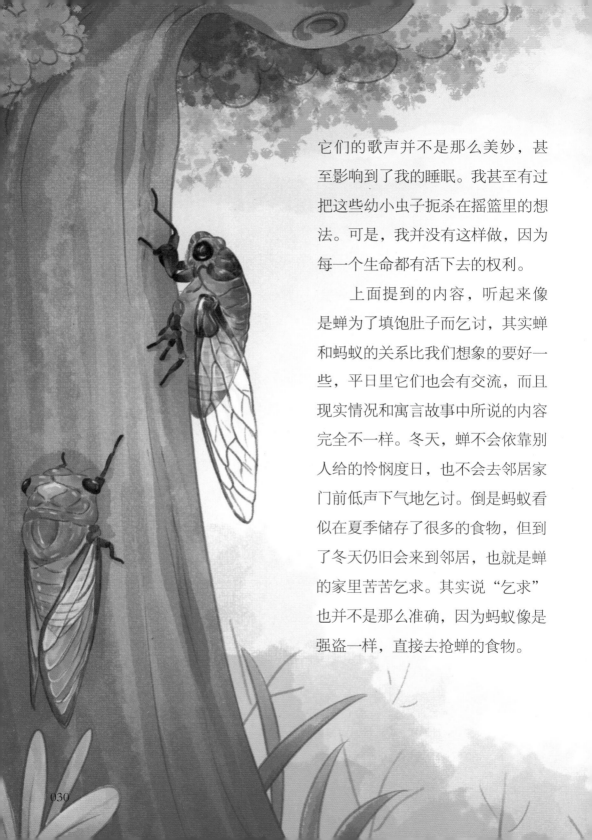

它们的歌声并不是那么美妙，甚至影响到了我的睡眠。我甚至有过把这些幼小虫子扼杀在摇篮里的想法。可是，我并没有这样做，因为每一个生命都有活下去的权利。

上面提到的内容，听起来像是蝉为了填饱肚子而乞讨，其实蝉和蚂蚁的关系比我们想象的要好一些，平日里它们也会有交流，而且现实情况和寓言故事中所说的内容完全不一样。冬天，蝉不会依靠别人给的怜悯度日，也不会去邻居家门前低声下气地乞讨。倒是蚂蚁看似在夏季储存了很多的食物，但到了冬天仍旧会来到邻居，也就是蝉的家里苦苦乞求。其实说"乞求"也并不是那么准确，因为蚂蚁像是强盗一样，直接去抢蝉的食物。

7月时，天气正炎热，昆虫们也都口渴难耐，它们不停地在花丛中穿梭着，渴望找到可以解渴的饮品。蝉同样也非常需要水分，不过它并不像其他昆虫一样焦头烂额、漫无目的地寻找，而是非常自信地伏在树干最高处。

蝉的嘴巴尖尖的，看起来像个吸管，这样形状的嘴巴也为它喝水提供了便利。平常如果觉得口渴，这位"歌唱家"便会用自己的"吸管"刺破眼前的"饮料桶"，一直喝到尽兴。蝉的嘴巴很尖利，可以穿破大树的树皮，获得清甜的汁液。获得饮品看起来轻而易举，但其实它们也面临着麻烦。

周围很多动物都没有找到喝的东西，看到蝉竟然有这样一个绝招，不一会儿就都飞到这里，把蝉包围了起来，有的舔舐汁液，有的直接学习蝉的方法，但可惜它们的嘴巴不够尖利。这个强盗集团中有我们熟悉的苍蝇和玫瑰虫，但数量最多的还是蚂蚁。虽然蚂蚁个头小，但是它们抢夺食物的能力却不弱，不过好在主人很大方，总会稍微抬起身子给它们让出些空地。有些个头比较大的昆虫，看到主人这么大方，一点儿都不感激，反而直接把它们强盗的本性暴露出来，哪怕它们已经喝够了，还会折返回来，企图将这个地方霸占。最凶悍的就是蚂蚁了，我曾经见到过很多蚂蚁爬上蝉的腿和背部，想要把蝉给拖走。

最后，"歌唱家"实在太过疲惫，不想再和这些强盗们争夺了，只好无可奈何地抛弃了这个地方。蚂蚁们马上开始享受食物，它们狼吞虎咽，过不了多久，这口"井"便干涸了。接下来，这些酒足饭饱的家伙又开始计划着寻找下一个地方。

这样的事实和寓言故事完全相反。寓言故事里辛勤的蚂蚁在现实

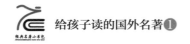

生活中变成了强盗，而故事里所谓的不为自己储藏粮食的蝉却是个辛勤的劳动者。

　　7月是研究蝉最好的时机。7月初，我就看到我家门前的大树上已经落满了蝉。于是，我们成了邻居，只是我在屋内，它们在屋外的那片天地。蝉统治了那棵大树，它们的统治让人觉得很不舒服。夏至那天，我第一次追踪到了蝉。我发现地上有很多圆孔，尤其是在阳光的折射下，这些圆孔显得那么耀眼，甚至可以伸进去一个手指头。我走近观察，忽然发现这些圆孔里面都是蝉的幼虫，它们正缓慢地往上爬。不过，它们还没有完全变成蝉，只有把外壳蜕去才可以成为真正的蝉。

　　虽然这些幼虫看起来很弱小，但它们可以用强有力的武器拨开坚硬的沙石。当我得知那些圆圆的洞就是幼虫的巢穴，于是便开始拿起手斧往下凿。不过开凿前，有一点我特别在意，圆孔的四周并没有尘土，但其他昆虫类的巢穴门口总会出现一堆尘土。后来我才知道，不同的昆虫所使用的工作方法也不一样，就像我们前面提到的圣甲虫，它们是从洞口开始工作，总会将挖掘时的废料堆在洞口。蝉是从地下钻出来的，废料自然不会堆积在洞口。

　　蝉为破土而出做了很多准备工作。它们首先要慎重考虑什么时候才是最好的时机。对于它们而言，天气是最关键的一个因素。它们会想尽各种办法获得天气的信息。完成了这些工作，就可以顺利地来到这个世界。不过，幼虫并不贪玩，它们只是在巢的附近徘徊一下，再找到一个安全的地方，把破旧的衣裳脱掉。

　　最适合的地方是树木或草丛。找到了适合的地方，它们就会趴在那里纹丝不动：先是将最外层的皮裂开，慢慢露出里面淡绿色的新皮肤；然后抬起头，从旧皮囊中抽身出来，只留下尾部还在继续脱壳；接着，蝉展开薄薄的新翼，努力地弯起身子，头朝地面，以最快的速度舒展身子，同时把蜕下来的皮紧紧勾住；它们一直重复这个动作，直到尾部解脱。这项工作大概会耗费三个小时，甚至更久。

刚刚换了新装的"歌唱家"短时间内还不能非常自由地行动，因为此时它们的身体太过虚弱。一段时间之后，蝉背部的嫩绿色会变成光泽比较明显的深棕色，这时它们也就拥有了足够的力气，可以展翅高飞了。

蝉为什么一直不停地叫呢？原来它们宽阔的飞翼后有一个"乐器"，只是它们并不满意这个"乐器"。为了增加声音的强度，它们的胸腔部位安装了"响板"。可以说，蝉为了追求艺术牺牲太多了，这块"响板"大概占据了胸腔所有的空间，甚至连五脏六腑都没有地方安置，只能处在偏僻的角落。但蝉却并不觉得委屈，因为它太爱歌唱了。

不过，很不幸，蝉认为自己演唱的是动听的歌谣，但带给别人的却只有痛苦和烦躁。除了本能这一缘

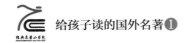

故，我本人真的没有找到什么合理的理由来为蝉解释它们卖力唱歌的目的。也许大家会猜想，蝉唱歌是为了召唤同伴吧？但事实一次又一次地证明，这个猜测并不正确。

15年的时间，我和蝉比邻而居。每年夏季，它们总会出现在我家门前的大树上，它们在我的视线中一直挥之不去，同时也带来了聒噪。我经常看见蝉肩并肩地靠在树干上唱歌，好像很享受，但我却很难受。有时我就猜测，也许蝉压根儿听不到它们自己的声音，也许压根儿对于这种粗鲁的歌声不了解。

除了声音很大之外，蝉的视觉系统也非常强。蝉有五只眼睛，无论在什么环境下，随时可以判断身边的状况，一旦发现敌人，歌声就会瞬间停止。但蝉一点儿都不怕其他声响，无论我们站在不远处谈话，还是拍手或撞击，蝉都镇定高歌。

有一次，我还专门向村里的邻居借来了办喜事用的长枪。这种长枪在使用时声音很大，我悄悄地把枪放在了大树下，这样蝉就看不到我做什么了。把长枪安置好后，我便小心翼翼地跑到了屋里，并打开窗户，因为我很怕巨大的声响把玻璃震碎。接下来，长枪发出了"砰"的巨响，就像天崩地裂一般，可是蝉丝毫没有受到影响。紧接着，长枪又鸣响了第二声，声音同样很大，但是蝉没有一丝恐惧和惊慌。

我想，这次实验应该可以说明蝉是真的耳聋，不仅听不到自己的声音，还听不到外界的任何声音。

红蚂蚁和蜜蜂

我喜欢小动物，尤其是蜜蜂，所以很想从多个角度了解它。还记得曾经有人跟我提到蜜蜂辨认方向的能力特别强，不管它被抛弃在哪个地方，总能顺利地找到自己的巢穴。听到这一点时，我的心里很是质疑，但我想做个实验，以证明别人说的究竟是对还是错。

有一天，我做好了做实验的准备，并安排我的女儿待在家门口，我自己则去屋檐底下的蜜蜂窝里捉了40只蜜蜂，装在提前准备好的纸袋子里。接下来，我带着蜜蜂走了大概2.5千米的路程，然后把纸袋子打开，里面的蜜蜂全部飞了出来。我这么做，就是想看一看这些蜜蜂是否可以顺利飞回家。

为了更加准确地区分它们，我还在每只蜜蜂身上做了白色记号。不过，为了完成这一步，我的确吃了很大苦头。蜜蜂不管你究竟是什么人，都会蜇你的手，于是我的这双手便被蜇了很多下。为了完成实验，我只好强忍着，紧紧地按住蜜蜂，等我把每只蜜蜂都做好标记，差不多已经有二十几只蜜蜂受了伤。我把纸袋中的蜜蜂放出来以后，它们好像无比烦躁，四处逃窜着，看起来并不能分辨究竟哪条路才是回家的路。

巧合的是，当我放飞蜜蜂时，空中吹来了一阵风，也许蜜蜂是为了减轻阻力，每一只都飞得比较低，低到快要贴到地面上了。我心里无比忐忑，它们真的能够飞回那么遥远的家园吗？带着这个疑问，我先迈上了回家的路，一路上我想过无数种可能。这群蜜蜂面对如此陌生的环境，会不会已经失去了回家的希望呢？最终结果证明我的担忧是多余的。我还没有跨进家门的时候，我那可爱的女儿便开心地朝我跑了过来，说道："有两只蜜蜂在2点45分的时候就已经回到这里了，身上还带着花粉呢。"

女儿说这些话时，我非常吃惊，因为我清晰地记得在野外放飞蜜蜂时，怀表显示的是2点整，仅仅45分钟，蜜蜂就奔波了2.5千米的路程，飞回了家。

我的内心无比欣喜，同时也有些忐忑，因为还有一些蜜蜂没有回来。我一直等，等到暮色降临时还是没有看到其他蜜蜂。接下来就是漫长的一夜，我的信心好像已经被消磨光了。第二天清晨，我早早地从床上爬了起来，第一时间去检查蜂巢，不料那场面又让我兴奋起来了。

我数了一下，竟然又有15只蜜蜂飞了回来，它们安然无恙，安静地待在巢里。如此算来，我的实验获得了巨大的成功，在20只受伤的蜜蜂里面，有17只成功地飞了回来。它们完全没有迷失方向，凭借坚强的毅力，哪怕逆着风，哪怕身处陌生的环境，哪怕心中十分恐惧，也终于回到了属于它们的巢穴。

这个实验带给我的不仅有欣喜，还有震惊。在我看来，蜜蜂实在是太无法割舍自己的巢穴了，也可以说非常眷恋。这里所说的眷恋，是生活的本能，哪怕被别人带向很远的地方，但它们还是要克服重重困难回到自己的家里。蜜蜂能够飞回来，不仅代表它们具有超强的记忆力，还代表它们具有神秘的本能，一种我们人类都没有的本能。

　　蜜蜂的实验到这里就告一段落了，接下来再说一说村子里一大块废墟上的那群红蚂蚁。它们占领那块废墟，将它变成自己的地盘。这群红蚂蚁过得很潇洒，它们不愿意被子女束缚，也不愿意去外面寻找食物。可还是得填饱肚子呀！为了生存，它们往往会采用不道德的方法，就是把黑蚂蚁的儿女全部掠夺过来养育，等到孩子们都长大了，这些黑蚂蚁便全部成为红蚂蚁的奴隶。黑蚂蚁每天寻找食物，供慵懒的红蚂蚁食用，无论是盛夏还是寒冬。

　　记得有一次，一个夏天的下午，我看见一支浩浩荡荡的红蚂蚁队伍。它们出去是为了寻找黑蚂蚁巢穴，一旦发现，就会无比兴奋。队伍前头有几只蚂蚁像间谍似的，会首先出击。接下来，大队伍仍旧蜿蜒前行。最后，它们会悄悄潜入黑蚂蚁的洞穴口，出其不意地攻击对方。红蚂蚁实在太嚣张了，它们长驱直入，肆无忌惮地冲进了黑蚂蚁的育婴室，把刚刚出生的黑蚂蚁掠夺出来。被红蚂蚁大军杀得溃不成军的黑蚂蚁只能眼睁睁看着自己的孩子被对手掳走，那种心情恐怕无以言表吧。

下面，我再讲一讲它们在归途中发生的那些故事。红蚂蚁们达到了目的，一路唱着凯旋的歌曲，沿着池塘边有序地前进着。可是它们怎么也没有想到，狂风突然大作，很多红蚂蚁一不小心被吹到了池塘里面。它们挣扎着，却没有任何用处，于是成了鱼儿的晚餐。没有掉进池塘的红蚂蚁，似乎不害怕大风的袭击，根本没有要改变路线的想法，哪怕经其他道路也可以回到家。这群家伙头脑简单，只会沿原路返回。

因为当天我还有其他事情要忙，所以便请来了另外一个小助手帮我仔细观察红蚂蚁的动向，这个小助手就是我的孙女。小孙女平时也很喜欢观察蚂蚁。那天，我提出这个请求时，她非常开心，表示愿意帮我。小女孩儿之前就听过关于蚂蚁的故事，也见证过红蚂蚁的战争，于是这次欣然接受了我的请求。那天下午，天气晴朗，小孙女一动不动地蹲在花园里面，像个侦探一样瞪大了眼睛，盯着地面上蚂蚁的一举一动。

大概过了两三个小时，小孙女突然跑向我，说："爷爷，你快来看，红蚂蚁又去黑蚂蚁家里了。"

我问她："你还记得它们走的是哪条路吗？"

小孙女说："当然，我全部做了记号呢。"

"什么记号呢？"

小孙女告诉我，她在红蚂蚁经过的路上撒了小石子。听到她这么讲，我赶紧跑到园子里面。小孙女说得非常对，红蚂蚁已经完成了掠夺，正沿着原路往家里赶呢。

当时，我突然想，如果人工干扰一下红蚂蚁，它们会怎么样呢？于是我随手从灌木上摘了片叶子，从队伍里面劫走几只蚂蚁，将它们放到了其他地方。果然和我猜测的一样，这几只红蚂蚁迷了路，不知道该沿着什么方向走，而队伍里的其他红蚂蚁因为记得之前的路，所以一直按原路返回了。这一点确实证明了，红蚂蚁不如蜜蜂那么聪慧，它们只能记住沿途景物，需要摸索才能回到自己家。

斑纹蜂

　　要是不仔细观察的话，很多人会混淆矿蜂和蜜蜂，因为二者的长相实在是太相似了。矿蜂身形细长，体型有着很大的差异，有些矿蜂比黄蜂还大，有些矿蜂比苍蝇还小。但不管是大矿蜂还是小矿蜂，它们都有一个最明显的特征，就是腹部最底端藏着矿蜂对付敌人的有力武器。

　　在这里，我想着重聊一聊那种带有红色斑纹的矿蜂，也就是斑纹蜂。

　　斑纹蜂的巢穴一般会建在结实的泥土里面，以减少崩塌风险。我们家院子里有一条平坦的小路，这里是最适合斑纹蜂建巢的地点了。每年春季，花儿开放时，斑纹蜂就会聚集在这里，开始建造它们的家。这里的每只斑纹蜂几乎都有自己的专属卧室，除了主人之外，别人都不能进入。如果有一只斑纹蜂举止轻佻，试图进入其他房间，那么主人绝不会留任何情面，甚至还会发生斗争。所以，大部分斑纹蜂都遵循着这样一个规矩：安分地守着自己的家业，不去冒犯别人。也正因此，蜂巢才显得那么平静。

　　每年4月，它们就变得忙碌起来了。当然，我们人类也有自己的事情要忙，所以平时很少有人观察这些小动物的身影，也是在后来我才知道它们一般是在地道里来回穿梭，这么辛苦忙碌也是为了不错过采蜜的好时节。到了5月，阳光变得更为充沛，鲜花开放得如同小孩子的笑脸，此时它们就会变成忙碌的采蜜者。

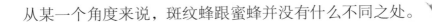

　　要想找到斑纹蜂的巢穴，其实并没有那么困难。前文我也提到了，斑纹蜂的巢会建在地面上，有时候走路时会不小心踢到它们的巢穴。这些巢穴看上去就像倒扣在地上的碗一样，只不过中心有条长通道，差不多和铅笔那样粗，一直连到了地下的巢穴大厅。巢穴中有很多椭圆形房间，密密麻麻的。看得出来，每一个房间都经过了精心装饰，非常光滑和精致。也许你亲眼见到之后也会惊叹：这样的建筑是多么巧夺天工！它们究竟是用什么样的工具建造出来的？不过，我说了你可能也会质疑，建造这么精致的房间用的工具也只是石头而已。

　　有一天，我突发奇想，如果往蜂巢里灌入一杯水，后果会怎样？有了这个想法，我便立刻找来一杯水。结果也让人惊奇，竟然没有一滴水可以流入蜂巢。后来，我才明白原因，斑纹蜂在巢穴上面涂抹了一层唾液，而这层唾液具有防水功能，所以水无法浸入。就算暴风雨突然来临，斑纹蜂的巢穴也依旧安全。

　　从某一个角度来说，斑纹蜂跟蜜蜂并没有什么不同之处。

它们同样需要去采蜜，每次采蜜回来也总是会先把尾部塞入房间，把花粉细细地刷下来，再转过身把头钻进房间，将含在嘴里的花蜜喷洒在花粉上。斑纹蜂们就是通过这样的方法储存劳动成果的。

日复一日地辛勤劳作，斑纹蜂的小房间已经被蜂蜜和花粉塞得满满当当，看着自己拥有这么多的材料，斑纹蜂们又开始为未来的子女准备食物了。它们经常会把花蜜跟花粉混合起来，再搓成一粒又一粒的小丸子，丸子大小均匀，差不多跟豌豆一样大小，中心是干燥无味的花粉，外面包裹的则是甜蜜的花蜜。斑纹蜂母亲非常细心，它早就已经计划好了——蜜汁是专门为刚出生的宝宝准备的，花粉是宝宝成长过程中最丰富的食物。

过了几天，这些食物便制作完成了。接下来，斑纹蜂还要做其他事情，那就是产卵。斑纹蜂并不跟蜜蜂一样，它们产完卵会把巢穴密封起来，继续去工作。其实，斑纹蜂也想要见证孩子出生的过程，可是为孩子的成长打好基础、承担起应尽的责任更为重要。

过了几个星期，在母亲的精心呵护下，小斑纹蜂茁壮成长。成年后，小斑纹蜂会独立结茧，直到这个时候，母亲才依依不舍地封住巢穴，离开这里。如果一切都顺利的话，过两个月的时间，小斑纹蜂就可以破茧而出了。它们也要和自己的爸爸妈妈一样，独自去采花粉、花蜜，让自己生活得更好一些。

但有时候并没有那么顺利，并不是所有的小斑纹蜂都可以茁壮成长，因为就算母亲再厉害，巢穴也不是完美无缺的。巢穴周围很可能会有一些强盗虎视眈眈，等待机会。其中有一种是蚊子，虽然体型很小，但对于斑纹蜂来说，简直是最可怕的敌人了。

我曾经长期观察过，斑纹蜂巢穴周围时常有一群蚊子，它们非常狡猾，就算烈日炎炎也一直冷静地潜伏着，一旦发现斑纹蜂路过就会尾随其后，一直跟到斑纹蜂的巢穴前。等到斑纹蜂采蜜归来准备飞进巢穴的时候，发现这些敌人在跟踪，于是警觉地停在门口。而偷偷摸摸尾随的蚊子便在此时露出了原形，于是在距离斑纹蜂不远的地方停留下来，双方便对峙着。

斑纹蜂原本可以直接冲上去，把这些试图偷盗的贼撕得稀烂，或者直接用尾部的利剑刺穿蚊子的身体。可是斑纹蜂并没有这样做，它只是很严肃地立在门口。狡猾的蚊子显然也不害怕，也许它们已经猜到斑纹蜂并不会主动出击吧。

没过多久，斑纹蜂已经无暇和蚊子对峙，匆忙地飞往其他地方。而蚊子正好抓住这次机会，飞速冲进斑纹蜂的巢穴。蚊子非常嚣张，闯入别人家里，大肆地为非作歹，可是斑纹蜂母亲却拿它们没办法。蚊子肆意地挑选出一个巢，然后将卵产在巢里。当主人回来时，这个家伙早就已经逃跑了。

差不多过了几个星期，当我再次拜访斑纹蜂的巢穴时，竟然发现原本十分精致的巢穴现在变得一片狼藉，有些小房间储存了食物，更多的房间里则是一些尖嘴小虫在蠕动，它们是蚊子的幼虫。

强盗的孩子气焰也很嚣张，它们糟蹋着斑纹蜂母亲辛苦得来的成果，而真正的主人则已经好久没有吃东西了，早就饿得瘦骨嶙峋。本该属于自己的一切竟然被入侵者所掠夺，可怜的小主人只能躲在角落任身体日渐消瘦，最终一命呜呼。而蚊子压根儿不会怜悯，依旧那么凶残，哪怕可怜的斑纹蜂幼虫已经死了，还是会成为蚊子的口中之物，连尸体都没有留下。

斑纹蜂母亲也非常惦记自己的孩子，经常会抽出时间回到家里看一看孩子，但它并没有意识到自己的巢穴早已被强盗占为己有了。斑纹蜂母亲回到家的时候，丝毫没有在意周围的环境，误以为孩子还安然无恙地待在巢穴里，便谨慎地把巢封好。它幻想着孩子可以在巢里快乐成长，但它不知道的是巢穴早就空空如也，甚至连蚊子幼虫都不知道什么时候逃走了。

如果那群可恶的入侵者没有来斑纹蜂的家里，如果幸运女神眷顾了它们的家，每只斑纹蜂宝宝应该都能够健康成长，直至成年吧。尽管在成长过程中经历了一些坎坷，但这些幼虫依旧非常坚强。

那么，这些勤劳的斑纹蜂们每天都在做着什么样的工作呢？

我看到一只斑纹蜂很早就飞出了家门，过了好长一段时间它终于满载而归。很巧的是，当时有好几只斑纹蜂同时从外面飞回来，要是入口足够宽敞的话，它们就能够顺利地钻进去。可是入口实在太小了，并不能容大家同时进来，而且每只斑纹蜂都载着花粉，如果一不小心和其他斑纹蜂撞到一起，辛苦得来的花粉就会洒掉，劳动了大半天的成果就会功亏一篑。

为了避免出现这种状况，一条不成文的规矩产生了：如果大家同时到了家门口，那么最先进门的是靠近洞口的斑纹蜂，其他斑纹蜂需要在门口等待一阵子，等到第一只斑纹蜂顺利进入巢穴，第二只再跟着进去，紧接着是第三位、第四位……这样一来，大家就都能有条不紊地进入巢穴。不过有的时候，一种更尴尬的情况出现了——采满了花粉的斑纹蜂刚要钻进洞里时，洞里正好有一只斑纹蜂要飞出来。遇到这种情况时，进门的斑纹蜂都会很客气地先退让到一旁，等里面的斑纹蜂飞出来之后，自己再不慌不忙地钻进巢穴。

　　其实不管哪只斑纹蜂都默认了这条规矩，这也许和它们成长的环境有关。还有一次，我看到两只斑纹蜂都特别有风度，它们在门口相遇，互相让着对方。不过，这样的场景确实有些让人忍俊不禁。一只斑纹蜂飞到洞口，正要出来又退了回去，因为它想要把窄窄的洞口让给辛苦了一天刚飞回来的采蜜者。这是多么有趣的现象啊！我也非常佩服斑纹蜂的风度。我想可能正是因为它们有了这种精神，工作时才那么井井有条，这个家族才会一直生生不息。

　　要是一直观察斑纹蜂的话，就会发现更加有趣的事情。偶然间，我观察到一只斑纹蜂风尘仆仆地采满花粉回到洞口时，一块堵住洞口的门忽然落下，空出一条通路。当蜂进门之后，门又升起来堵住了洞口。如果里面的斑纹蜂想出来，门就会先降到最底部，等蜂飞走后，门又会缓缓地升上来。我不禁好奇，它们是如何做到的呢？

　　其实原理比较简单，就是门里面有一只蜂，充当着房子的门卫，在操控着这个门。它用自己硕大的头颅把洞口封住，要是有蜂进进出出，它就会心甘情愿地退到一边，等到大家都通过之后，它又用脑袋封住洞口，看起来非常契合。而有时候，也会有不速之客来临，门卫就会飞出洞来。趁着这次机会，我仔细地观察了一番这个门卫。

　　当然，从外形来看，它和其他斑纹蜂没有什么太大区别，只是头稍微扁一些，皮肤呈深黑色，浑身上下的纹路几乎快看不出来了。这样的外表确实稍显沧桑。实际上，用自己身躯守护着巢穴的斑纹蜂老门卫，正是这间巢穴最年长的主人。在屋内屋外不停忙碌的斑纹蜂们都是这位老门卫的子孙。

　　几个月前，这个所谓的老门卫是那么年轻，每天都在忙忙碌碌地工作。可仅仅几个月过去，它就已经成了最年长的斑纹蜂。不过，虽然它已经建造了舒适的房子，但它在年老时依旧发挥着余热，要趁自己还有能力时去尽力保护它们的小家。老主人看起来年纪已经很大，但头脑却很清醒，它能够清晰地分辨出来者到底是不是家族成员。如果是，它就会打开门；否则，绝不会让步。

　　有时候，蚂蚁循着香味闯入斑纹蜂的地盘，可它还没有到达斑纹蜂洞穴门口，老门卫就默默地抬起了头，蚂蚁被这张脸吓了一大跳，顾不得再去搜寻香味的来源便仓皇逃走了。如果有些蚂蚁不识趣地逗留在附近，老斑纹蜂也会毫不客气地把它们教训一番。

　　有一种小虫就像蚂蚁一样非常不识趣，它们是樵叶蜂的寄生虫，我曾经亲眼见证过这些寄生虫因太过鲁莽而受到惩罚。这种小虫偷偷

摸摸地跑到隧道里面，它还以为自己能够潜入樵叶蜂的家。等反应过来时才发现自己闯入的是斑纹蜂的家，而老门卫正瞪着双眼虎视眈眈地来到它的背后。没过几分钟，这个笨蛋就落荒而逃了。由此可见，如果哪一个傻瓜想野心勃勃地闯入斑纹蜂的巢穴，其下场恐怕和这只寄生虫没有区别。

有时候斑纹蜂之间也会爆发战争。7月是斑纹蜂最忙碌的时候，如果你仔细观察就会发现，田野里有两种完全不一样的斑纹蜂：一种蜂行动非常敏捷，它们穿梭在花丛中采蜜，采完了足够的蜂蜜就会飞到巢穴里，为繁衍后代做准备；而另一种是老年斑纹蜂，它们完全没有多余精力，只是从一个洞口飞往另一个洞口，就像迷路的老人一样，它们就是那些被蚊子坑害而失去家庭的老年蜂。

初夏的时候，满怀希望的斑纹蜂母亲突然发觉自己建造的家园已经被蚊子毁坏，就连自己的孩子都没了，这才恍然大悟。所有的一切都没有办法挽回，它们内心很自责，觉得是因为自己的疏忽而导致家破人亡，所以迫不得已离开旧巢，飞往其他地方另谋生路了。它们每天东瞅瞅西看看，企图找到一份工作，哪怕给别人当门卫或管家。可是，幸福的斑纹蜂家族有它们的老门卫负责这项工作，而且它们也并不是很信任失去了家园的同类，甚至对它们没有一点儿同情。那些孤独的流浪者就这样煎熬度日，继续漂泊。一天一天过去，它们变得更加衰老，最终绝迹。这其中，有些是老死的，有些是饿死的。

萤火虫

虽然昆虫有很多种类，但提到能够发光的昆虫，大家应该会不约而同地想到萤火虫吧。萤火虫是一种非常稀奇的小动物，它的尾巴犹如挂上一盏灯，到了夜晚分外亮眼。这盏灯，也许是萤火虫为了表达对快乐生活的美好祝愿吧！也许我们和萤火虫见面的机会不多，但这样一种与众不同的动物却是很多人渴望了解的。古希腊人曾把萤火虫称为"亮尾巴"，这样的称呼实在是太直接、太形象了。

萤火虫不能被称为蠕虫，因为即便是从外表来看，它也长得并不像蠕虫。萤火虫有六条腿，短短的，不过这些短腿为它提供了很大的帮助。从另一个角度来说，萤火虫可称得上是真正的闲游家。到了发育完全时，雄性萤火虫会长出翅盖，看起来就像甲虫似的。不过，萤火虫确实属于甲虫的一个种类。相比之下，雌性萤火虫并不是那么引人注目，对于飞行的快乐也一无所知。这是因为有些可怜的虫儿不完全具备自由飞行的能力，自然而然也就享受不到这种快乐了。雌性萤火虫因为这个缘故看起来似乎永远也长不大，但即便这样，使用"蠕虫"这个词来形容它也不贴切。

萤火虫的外皮具有各种艳丽的颜色，可以用来保护自己。它胸部的颜色微红。另外，在萤火虫身体每一节的边缘部位都带有粉红色的斑点。这样的衣服实在太艳丽了，蠕虫根本不会穿。虽然有人还是把它称作发光的蠕虫，但是全世界都知道它的名字是萤火虫。

　　萤火虫有两个最与众不同的特点：一个是它获取食物的方式；另一个就是我们最好奇的地方：为什么它的尾巴会发光？记得法国一位著名科学家曾经说过："告诉我你喜欢什么，我就能知道你是什么样的人。"这句话同样适用于昆虫。我们想要研究昆虫的生活习性，研究其以什么食物为生是最重要的知识。

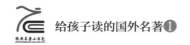

从外表上来看，萤火虫似乎纯洁可爱，但实际上它无比凶猛，犹如一个山中猎人。它的猎捕方法也很凶狠。如果只是从萤火虫的外表来判断它究竟性格如何，那就大错特错了。它的外表跟某些昆虫一样，具有欺骗性。通常它们会俘获一些蜗牛作为食物。关于这一事实，人类早已了解，只是不了解萤火虫捕捉蜗牛的方法。我曾经见过类似的例子，其捕猎食物的独特性真的非同一般。

萤火虫在捕食之前，会给对方打一针麻醉药，让对方失去知觉，从而失去抵抗能力。这时候，萤火虫就会扑上去享受美食。这个做法类似于人类动手术之前先要在病床上接受麻醉，然后慢慢地失去知觉，无论医生做什么，病人也没有疼痛的感觉了。

刚才我也提到了，萤火虫一般会猎取小蜗牛当作食物，个头小的蜗牛有苍蝇般大小，萤火虫几乎捕捉不到比樱桃还大的蜗牛。天气炎热时，路边的枯草里就会有大群蜗牛聚集，像是在乘凉一样。蜗牛也懒得动弹，一只一只地趴在草丛上，好像动一下就会中暑。它们就这样

一直静止着，懒洋洋地度过整个夏季。不远处，也会有一些萤火虫，正在寻找机会，有些已经捕捉到了食物，开始细细地咀嚼。

除了枯草上有很多萤火虫之外，其他地方也有萤火虫出没，比如阴暗的沟渠。这些地方杂草丛生，蜗牛更多。对于萤火虫来说，这些蜗牛简直就是难得的美味，饱饱地吃上几顿，绝对没有问题。在这些地方，萤火虫先把俘虏杀死，就地处决似的，再把丰厚的战利品转移到自己的地盘，接下来就是享受盛宴了。

我家的院子里也有这样一处地方，那是蜗牛乘凉的好去处，同样也是萤火虫捕捉猎物的好场地。我专门建造了这样一个场所，吸引萤火虫的到来，就是为了更方便地观察它们的举动。下面就一起看看这种奇怪的场景吧！

我先是找了一些小草，然后把草放到玻璃瓶内，再往里面装几只萤火虫和蜗牛。我找的蜗牛个头适中，不是很大，也不算很小。准备好了这些，接下来就是静静等待了。

等待的时间很长，需要有足够的耐心。不过，在等待过程中必须要留意一点，就是目不转睛地看着玻璃瓶里的动静，哪怕动静再微小都不能错过。因为事情的发生总是那么不经意，而且持续时间很短，几乎也就十几秒或几秒的时间。

果然，我等了很久，都快要失去耐心了。不一会儿，我发现玻璃瓶里发生了变化，萤火虫注意到了它的美食。对于萤火虫来说，蜗牛的吸引力实在太强了。按照正常情况来讲，蜗牛一般会选择待在边缘的地方，身体稍微露出一部分，其他部位则全部隐藏在壳里，因为这样才更安全。此时，萤火虫准备进攻。它先是把身上带的武器抽了出来。这件武器非常细小，如果没有放大镜帮助的话，甚至看不到它带了件什么武器。

此外，萤火虫身上还有两片颚，它们分别弯曲，然后又合拢到一块儿，形成钩状。就这样，一把细小尖利的钩子出现了。要是放到显微镜下，还能发现这钩子上竟然还有沟槽。除此之外，倒也没有什么特别之处了。可是，对于捕获猎物来说，这件武器的用处真的很大，甚至可以直接置对手于死地。

萤火虫正是利用一件这么小的兵器，在蜗牛的外膜上不断刺击，但是蜗牛却表现得非常镇定，神情也无比温和。这种情形乍一看倒好像不是萤火虫在捕取猎物，反倒像两只动物在亲密接吻。在进行这一步骤时，萤火虫有它自己的方法。你能够看到它丝毫不着急，似乎很得心应手，每次扭动一下，还要停下来一会儿，仿佛要仔细看一看效果如何。萤火虫扭动五六次，蜗牛便完全丧失了行动能力，失去了知觉。再后来，萤火虫又扭动几下，就开始享受战利品了。看起来，这几次扭动更加重要。至于为什么要做这样的举动，我当时也不知道真正的原因。

萤火虫用飞快的速度将毒汁从沟槽传进蜗牛体内，这个动作十分迅速，一定要仔细观察才能够看到。可能你会有疑问：萤火虫刺击蜗牛时，蜗牛为什么不反抗？原因在于蜗牛不会感到痛苦。我曾经专门做过一个实验，结果证明确实如此。

有一次，萤火虫进攻一只蜗牛。差不多在萤火虫扭动了四五次后，我马上把蜗牛挪开，然后用一根非常小的针去刺蜗牛的皮肤，可是蜗牛的肉没有任何收缩表现，已明显表明蜗牛已经没有了生命。还有一

次，我偶然间看到了一只蜗牛正遭受萤火虫的攻击。当时蜗牛正慢慢蠕动着，忽然这只蜗牛乱动了几下，但立马停止了动作，也不再往前爬了，整个身体仿佛瞬间失去了活力，就连长长的触角也变软了，再也没有任何知觉。从种种现象来看，蜗牛已经死了。

但事实上，这只蜗牛还没有完全死去，我打算给它第二次生命。于是就在这个无辜的生命不生不死的几天时间内，我每天都给它清洁身体，治疗伤口。过了几天，奇迹真的出现了。这只差点儿丢命的家伙竟然恢复了知觉，可以像之前一样自由爬行了。当我用小针刺它的肉时，它立刻有了收缩反应，背部也藏到了壳里，长长的触角又重新伸了出来。蜗牛醒了之后，精神倍增，仿佛在失去知觉的那些日子里一直在沉睡，现在才完全苏醒。

被管虫

　　春天来临，万物复苏。这个季节总会有一种奇怪的小东西出现在尘土飞扬的马路旁或老旧的墙垣下。从远处望过去，这个奇怪的东西就像柴束一样，明明没有风，它却跳动了起来。第一次见到这种景象，你可能会被吓到，但如果你仔细观察，就能将谜题解开。这一捆柴束里有一条非常漂亮的小毛虫，身上有着黑白相间的装饰。小虫行色匆匆，正在大街上寻找可以结茧的地方。除了头部和六只脚，小虫的其他部位都被包裹了起来，只要有任何一丝动静，它就会缩进壳中。这种虫子叫"柴把毛虫"，属于被管虫的一个种类。被管虫全身赤裸，害怕寒冷，为了抵御气候的变化，它为自己建造了一个轻便的随身小屋。

每年春季，大概4月时，随处都能看见这种虫子的身影。它们有时候会蛰伏起来，在一个地方默默结茧成蝶，这时便是我们观察它们的最好机会。从外观来看，它们的外衣犹如从模子里刻出来的一般，外形像纺锤，前端固定起来。编织外衣所用的主要材料是光滑的树枝，此外还有草叶和鳞片状的细枝。材料确实不够用的时候，它们才会在外套里面加入一些枯枝碎叶。不管怎么说，小小的毛虫只要随地取材，就能编织御寒的衣服。

小虫子并不是那么认真的工人，它们在编织衣服时只是很随意地把材料前端系在一起。唯一让它们在意的是，外衣的前部必须足够柔软，才能保证它们在任何情形下都能自由活动，所以比较硬的树枝只能被编织在外衣尾部。领口部分更是经过精心设计的，材料一般会使用细碎的木屑，不过木屑需要提前准备。出于好奇，我曾经把被管虫的外衣剖开，想要了解其内部构造。经过观察，我十分惊讶：这件外衣看似随意，但里衬大小适中，全部由坚韧的丝编织而成，韧性很强，哪怕我使劲儿拉扯，也很难破坏它。

为了更近距离地观察被管虫的生活状态，我捉来几只幼虫，把它们放入一个铁制的小笼子。这些幼虫一开始都在结茧，期待着有一天可以

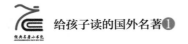

化成飞蛾。被管虫不停地蠕动，先是找到最适合的位置，然后编织出一个舒服的垫子，把身体固定住，接下来就是漫长的蜕变过程了。

差不多等到6月底，幼虫就会从简陋的外衣里跑出来。其实它们现在再也不是毛毛虫了，已经完全变成了飞蛾——有雌性，也有雄性。雄性飞蛾长着黄灰色的皮肤，大小跟苍蝇似的，它们的触须毛茸茸的。雌性飞蛾成熟时间要稍晚几天，甚至都不能称之为飞蛾，因为雌性飞蛾并没有翅膀，和毛虫没有太大区别。

雌性飞蛾会慢慢地把蛹壳蜕掉。肥大的雌性飞蛾一次会产很多卵，时间也更长一些，往往长达30个小时。尽管雌性飞蛾外表丑陋，但是每一只都是非常伟大的母亲。

西班牙犀头

我相信你还记得前面介绍过的圣甲虫，这种虫子花费大量的时间在路上收集废料以作为食物，并将其改造成巢穴似的大圆球，实在是太神奇了。梨形小巢穴很有好处，它可以保存食物水分，确保幼虫孵化出来后吃到的是最营养的食物。

我居住的地方出现了另外一种甲虫，名字叫作西班牙犀头，它的最大特征就是头上的角，可以利用这个特征迅速地把它跟其他甲虫区分开来。这种甲虫有着又短又圆的身体，天生没有圣甲虫灵活，腿也不是很强壮。受到惊扰时，它的小短腿就会缩在身体下，丝毫不敢动。这种虫子确实不够勇敢，即使长成了成虫，其外形还是让人觉得似乎没有发育好。

这是一种比较胆小的甲虫，一般只会出现在黄昏或夜里。它们在晚上觅食，找到食物时便立刻原地开挖，所以地上总会有很多洞，洞的大小大约能塞个小苹果。接下来，它们便会把附近的食物推进洞里。通常，食物会把洞穴塞满，甚至堆积到洞口。这种家伙实在太贪吃了。只有积攒了这么多食物，它们才会心满意足地钻进地下，直到把食物吃个精光。

如果实在没东西吃了，这些懒惰的家伙才迫不得已回到地面上，重新寻找食物，重新挖洞、储存，如此循环下去。单从这方面来看，这样的甲虫也只是个平庸之辈。

转眼就进入了夏季，西班牙犀头们就要产卵了。这时我才发现它们并不是那么平庸。它们摇身一变，爆发出惊人的潜力。到了6月，西班牙犀头跟其他昆虫一样，会深谋远虑，开始为家族储存食物，但它们还是不会搬运食物，一旦发现食物也只会找个地方藏起来。相比之前，这时它挖的洞更大、更宽敞，也更精致。

在野外环境下，我对这种甲虫的观察不太全面，而且也不能具体了解它们的生活习性，所以我决定把小虫子们带回我的小屋。如此一来，我就能更近距离地了解它们了。刚开始，这群小家伙惊慌失措，可能是以为被强盗俘虏了吧！刚搬进昆虫屋的几天，小甲虫们提心吊胆，匆匆地挖个洞躲了起来，不过后来逐渐熟悉环境后，小家伙们的胆子更大了，它们敢外出活动了，甚至一夜间就把我提供的食物储存到了地下。大概过了一周，我感觉时机已经成熟，便慢慢地把泥土翻开，这时它们所储存的食物就完整地显露出来了。

底下简直就像一个巨大的仓库，仓库的角落有个圆形孔洞通向地面的走廊。我能够想象得出小甲虫是通过走廊在地面和仓库间穿梭的。仓库旁还有个洞穴，那里难道是西班牙犀头的别墅吗？这里的墙壁建造得完全不像仓库那么潦草，每一处都经过了多次碾压和精心修饰。相比仓库而言，这栋豪华别墅异常坚固。

不过想要装饰出这么漂亮的一处住宅，不仅需要力量，还需要智慧。甲虫们进行这项工程时很团结，它们和伴侣一起承担一切。我也相信它们的合作让效率提升了很多，任务也变得轻松了一些。不过，甲虫伴侣的关系并不是那么天长地久，如果房屋建造完成，食物储存也足够，雄性甲虫便会隐退，独自回到地面，到其他地方生活。

　　我们还是再回到仓库看一看。仓库的食物随意地堆砌着，还有一些食物球，除了通道外，仓库都被塞满了。巨大的食物球，有的像鸡蛋，有的像洋葱，有的甚至像正圆形的东西，但不管是哪个形状，外表都很光滑。

　　犀头母亲一次又一次地往返，每次都带来了食物。它先把食材捣碎，再糅合在一起。这个小昆虫看起来笨手笨脚的，可是在储藏食物时又是那么得心应手。有一次，我看到了一只雌性西班牙犀头在食物球顶端拍来拍去，每一寸表面都拍得圆滑紧实。忽然间，犀头母亲发现了我，慌慌张张地躲藏了起来，也许它觉得这个地方太不安全了，

便连自己辛苦获得的食物都放弃了。

我想了解这种昆虫制作食物时更多的细节，但又害怕因我的围观而吓到这种胆小的昆虫。我想到了一个好主意——把小家伙放在玻璃瓶里，用墨纸盖住瓶子。这样一来，小昆虫就不会感觉到有人在偷窥了，而我也观察到了更多有趣的事。我先是目睹了一个大食物球被完整修饰的过程，这个球和其他甲虫的球完全不同。西班牙犀头的食物球不是仅仅依靠撮和滚的动作来制作。这个球体太过庞大，根本不可能在洞穴里翻滚，而这种小虫子也没有足够的力量移动它们。具体的操作是这样的：

一开始，这位母亲犹如一个面包师，不停地揉面，用锋利的颚把所有材料切碎，等准备工作结束后，就把食材堆得像山一样高。这时它爬上了小山，用腿努力地抱在食物上，企图让自己经过的地方都变得平整。就这样，西班牙犀头不断地在食物

上爬来爬去，差不多持续了一天的时间。终于，小山的棱角已经没有了，初步出现了球的形状。可这位艺术家还是继续忙碌着。空间太狭小，或者说作品太大了，西班牙犀头甚至没办法转身，尽管这样，它依旧坚持着，把食物球做好了。

最后只需要做简单的修饰。和前面的工作相比，修饰工作就比较轻而易举了。西班牙犀头不断地在食物上爬着，几条腿就像砂轮，把表面打磨得光滑。之后，它又爬到球的顶部，轻柔地施压，直到出现一个坑，然后在坑里产下卵，小心翼翼地把四周的边缘按压下去，就像把口袋收紧一样，这个小坑就被封闭起来了。剩下的几个小球上的育婴室，也是用同样的方法建造的。

经过长时间工作，人们以为犀头母亲会放松一下，再找点儿美食。可事实和人们想的相反，这位母亲废寝忘食地为后代努力，哪怕完成了所有准备工作，也没有要离去的意思，只是静静地待在那里。让人为之动容的是，这位母亲虽然早已饥肠辘辘，但就算趴在山一样高的食物上也不会去碰。它觉得自己吃掉一口，可能不久后孩子就会挨饿。宁愿自己承受痛苦，也不愿意让即将出生的孩子遭受委屈，这就是母爱，这就是令人敬佩的奉献精神。

樵叶蜂

　　忙碌之余，在庭院中漫步，呼吸着新鲜的空气，享受着大自然的馈赠，是多么惬意的事情。我经常这样做，虽然我在信步闲游，可我还是渴望探索自然的种种奥秘。比如我发现，路边的丁香或玫瑰花叶子上总有一些小洞，这些小洞非常精致，好像是被灵巧的双手裁剪的似的。后来奇特的小洞变得更多了，最后花的叶子只剩下叶脉。其实，做这些恶作剧的不是别人，正是樵叶蜂。它的嘴巴就像剪刀，靠着旋转身体在叶片上留下一个又一个洞。

这些被剪下来的叶片，对它们的繁衍生息至关重要。樵叶蜂灵巧地把树叶拼凑在一起，做成圆形口袋。这些口袋可以储藏蜂蜜，还可以当作蜂卵孵化成长的摇篮。

泥潭边有很多地道，这是蚯蚓的地盘，不过很多樵叶蜂也会聚集在这里。它们并不是想要把所有的空间占为己有，因为地道深处阴暗、潮湿，很可能存在威胁，它们只是把距离地面近的那一段作为定居点。樵叶蜂很弱小，一生中会遇到很多敌人，蚯蚓的简陋隧道自然无法保障安全，所以樵叶蜂把从叶子上剪来的碎片堵在了深处的地洞里。

这些碎片看似是被漫不经心地剪下来的，但其实形状和大小都不一样。它们把地道的深处塞得严严实实后，就开始建筑巢穴了。巢穴里往往有五六个小巢，相比于做填充物的碎片，筑巢用的叶片要求更加苛刻：所用叶片需大小相当，形状整齐。不同叶片的功能也不尽相同，圆形叶片作为屋顶使用，椭圆形叶片则被做成墙壁或者用来铺设地板。

樵叶蜂的巢穴都由它们自己设计，它们就像严谨的建筑师一样，对任何部分的要求都很高。比如地板，如果用大叶子不能把地面覆盖，那它们宁愿换上几片小叶片，直到树叶和地面完美契合。屋顶的圆形叶子弧度要精确，就像用圆规比着画过一样，大小刚好遮住小槽顶部。让我更惊讶的是，樵叶蜂并没有用任何测量工具或模型，它们

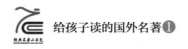

究竟是如何精确裁剪下叶片的呢？

有人曾猜测，樵叶蜂的身体就是圆规，它把尾部固定在叶片上作为圆心，头部就是圆规的脚，在叶子上转动，最终裁剪下来的就是标准的圆形。在外面时，樵叶蜂不能随时测量小巢的直径大小，但裁剪下来作为屋顶的圆形叶片却能够匹配小巢。在不使用任何工具的情况下，樵叶蜂是用什么方法完成这项任务的呢？

没有参照物，也没有任何数据，它们必须在远离巢穴的地方毫不犹豫地剪下叶片，而且要保证叶片和巢穴顶部完美契合。对人类而言，这都是极大的考验，但樵叶蜂却做得很熟练，看起来完全掌握了这项技术。

我很赞叹小动物的智慧和能力，也不得不承认，在某些方面我们的科学可能真的赶不上昆虫。

赤条蜂

接下来我要提到的这种昆虫，它有着玲珑的身材、长长的腹部以及纤细的腰肢。除此之外，最显眼的就是它肚皮上的红色纹路，看起来仿佛腰带一般。这就是赤条蜂。赤条蜂平常喜欢把巢穴建在土质松软的地方，一般多在杂草小路和烂泥滩上。

每年春意正浓的4月，我们总能看到赤条蜂忙碌的身影。它们会在泥土里打口"井"，直径很小，大概只有鹅毛管粗细，也不深。"井"底有个独立的房间，那里是赤条蜂的育婴室。

赤条蜂建造巢穴有条不紊，只是安静地工作，并没有热火朝天的干劲儿。挖掘巢穴时，它们手口并用，马不停蹄，却并不紧张。这些矿工来回往返，不眠不休地工作。赤条蜂和近亲们不太相同，它们每次都在施工现场带上粗沙或垃圾，慢慢地飞出坑道，在比较远的地方把垃圾扔掉，再慢悠悠地飞回来。它们一直重复着这样的工作。为了保证居住场所环境整洁，赤条蜂几乎都会把垃圾带走，不过有时候也有例外，一些赤条蜂会把沙粒堆积在家门口。

过了一段时间，洞穴终于挖好，赤条蜂会回来把沙子清理干净，并精挑细选出直径比较大的沙子，做一扇具有迷惑性的门。试想一下，赤条蜂外出捕猎到了毛毛虫，从容地回了家，推开沙粒门，把战利品拖进巢穴，再仔细封好门，是一幅什么样的场景啊？这粒沙子混杂在沙滩上，没有人能够猜得到哪一粒沙下面才有赤条蜂的洞穴，只

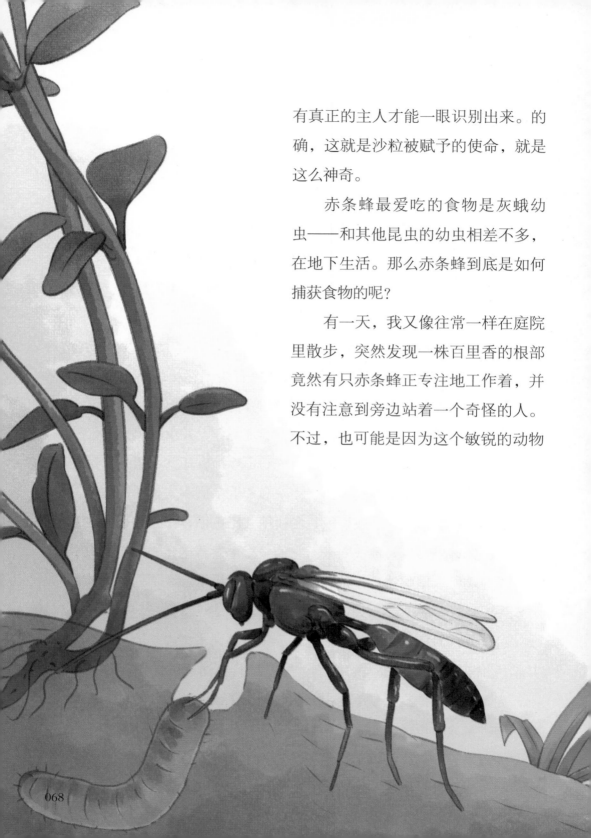

有真正的主人才能一眼识别出来。的
确，这就是沙粒被赋予的使命，就是
这么神奇。

　　赤条蜂最爱吃的食物是灰蛾幼
虫——和其他昆虫的幼虫相差不多，
在地下生活。那么赤条蜂到底是如何
捕获食物的呢？

　　有一天，我又像往常一样在庭院
里散步，突然发现一株百里香的根部
竟然有只赤条蜂正专注地工作着，并
没有注意到旁边站着一个奇怪的人。
不过，也可能是因为这个敏锐的动物

并不觉得我危险吧。

赤条蜂挖掉百里香根部的浮土，接着把矮矮的小草拔掉，把自己细小的脑袋探进裂缝里，不停地张望，就像敏锐的猎人等待着目标。灰蛾幼虫感觉到了地表上的异动，想要爬到上面看看热闹。正是它的好奇心葬送了它的性命。刚走出门，就和赤条蜂撞在了一起。还没等幼虫反应过来，赤条蜂一下子抓住了这个可怜虫，像个游刃有余的厨师，把幼虫每一节身体都刺了一遍。

其实，用外科医师比喻赤条蜂更为适合。它虽然不熟悉解剖学知识，却很熟悉解剖流程，知道每一针的力道和位置，让高明的医生都自愧不如。

那么，这只小昆虫是怎样获取本领的呢？我们人类可以通过学校或其他平台学习本领，但赤条蜂并没有学习机会。它们之所以能练就如此精湛的技能，我猜也许在它们出生前这类知识便早已深入骨髓。大自然是多么神奇和慷慨，能让这小小的生灵拥有超能力，进而在大自然中生生不息。

两种稀奇的蚱蜢

　　世界上的一切生命都来源于大海，直到今天，神秘莫测的大海中依旧有人类还没有发现的生物。它们是动物界最原始的模型。这些模型经过千变万化，最终遍布在地球的各个角落，才让这颗星球显得生机盎然。

　　陆地上的灾难和生存法则导致一些古老的物种逐渐灭绝，侥幸存活的大部分都是昆虫，比如螳螂，或者我们即将聊到的主角——恩布沙。这种动物很奇怪，它们的外观与众不同，不熟悉它们的人几乎不敢亲手去触碰它们。我清晰地记得，住在我家附近的孩子每次谈论起恩布沙时都会把它们称为"小鬼"。孩子们觉得这种昆虫就像童话故事里的那些懂魔法的恶魔。

　　这种奇怪的昆虫适应环境的能力很强，几乎四季都存在，只是在温暖的时节更为活跃一些。它们一般住在荒草丛或者阳光充足的矮树丛里。我想告诉你们恩布沙究竟长什么样子，但我一时间竟不知如何形容。大概来讲，它就像是一个长长的钩子，尾部高高卷起，几乎抬到了背部，身体下面有很多密密麻麻的鳞片，四条腿支撑起身体，每条腿的关节处有一个向外伸出的类似于刀片的硬质物。这样的外形让人不寒而栗。

　　除了腿上那可怕的武器之外，它还有一对刀片似的狩猎工具。它的身体构造不像昆虫，更像是一个机器，如果体型再大一些，绝对会

被人当作恐怖的刑具。

　　恩布沙的头部长得也很恐怖而怪异。脸孔尖尖的，眼睛突兀，两眼之间还有短剑似的锋口。前额有一种神秘的头饰，顶端向两边分开，仔细一看又觉得像僧侣戴的高帽子。恩布沙通体灰色，看上去很普通，但发育成熟后身上就会浮现出灰绿、粉红和白色相间的纹路。

　　如果你在草丛里面遇到了这种昆虫，它很可能会摆出准备战斗的姿态，四只脚牢牢地撑在地上，身体不停晃动，头部游离不定，双眼凝视着你。哪怕你身体庞大，它也丝毫不害怕，仿佛在说："我有足够的能力把你大卸八块！"要是你被它的气势吓退了，这只小虫就得逞了。如果你做出丝毫不怕的姿态，小虫又会立马收起暴怒的表情，俯下身子逃之夭夭。但即便这样，我还是把它抓住，关在了家里的铁丝笼里。

　　我之前没有接触过这种动物，更别说饲养了，再加上这次捕捉到的虫子只有一两个月大，所以我并不知道应该喂它什么食物。那时我很着急，一开始我捉了些蝗虫，可这个小恩布沙却临阵逃脱了。它绷紧神经伏在那里，如果蝗虫一不小心进入它的警戒范围，它便凶狠地用头上的高帽子把入侵者顶得落花流水。直到这个时候，我才明白这顶奇怪的帽子原来是恩布沙的自卫武器，就像山羊善于用结实的前额顶撞入侵者一样。

　　蝗虫并不是恩布沙的食物，反而让恩布沙感觉到害怕，我只能更换其他食物。一次，我捉来了活苍蝇，恩布沙很喜欢，它看到苍蝇时就用强有力的钳子抓住这只牺牲品。不过，我很惊讶它的食量居然这么小，一只小苍蝇足够它食用一天，就像个病入膏肓的人。到了冬天，恩布沙的胃口更不好了，拒绝食用任何食物，一直到春天回归，万物复苏，它才勉强开口，吃些小点心。

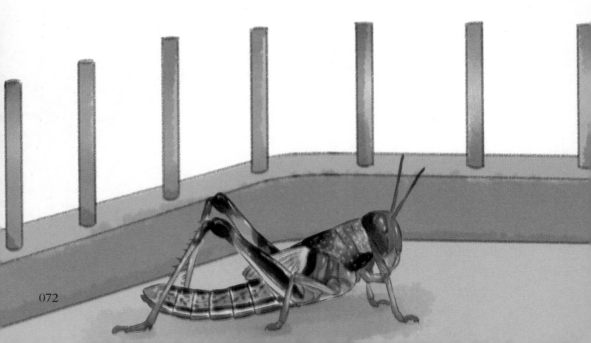

　　我居住的地方还有其他面孔的蚱蜢，它们有着婉转的歌喉和严肃的脸庞，可以算是蚱蜢中的首领，这就是白面孔螽斯。这种昆虫有什么特征呢？我觉得只要把握了以下三点，哪怕在旷野上看到了各种各样的蚱蜢，也能迅速地辨认出它来。首先，它通体泛灰色；其次，它有强有力的大腮；最后，也是最与众不同的，它的脸庞是象牙白色的。

　　要是你想捕捉这种奇特的小昆虫，倒也不是很困难。在炎热的夏季，荒草地上总能出现它们的身影。螽斯的颚是最引人注目的。它是一种善于撕咬的小昆虫，如果被这种虫子咬住了指头，你一定要当心，躲避不及时的话，它甚至能把你的指头咬出血来，那种感觉可真是痛彻心扉，难以忍受。它的武器就是强有力的颚。不管是谁，逮这种昆虫时一定要提防，否则很可能被它反击。它那两颊上的肌肉群，时刻都在显示着它超人的咀嚼天赋。

　　我的笼子里还关着一个白面孔螽斯。它一直在用自己的行为告

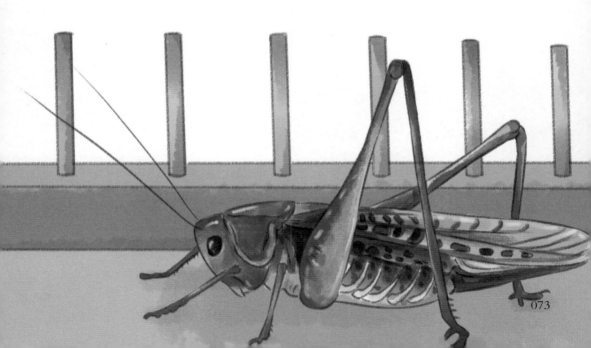

诉我，无论蚂蚱还是蝗虫都是它急需的食物，特别是长着蓝翅膀的蝗虫，简直就是它的挚爱。我把食物放到笼子里，通常会引起骚动，尤其是在它饿得着急的时候，它拖着沉重的步伐逼近笼子里的牺牲品，这时候螽斯的动作明显笨拙一些。

有些蝗虫拼命地乱跳乱飞，甚至爬上笼顶久久不敢动弹。螽斯身体笨重，此时已经没有能力再捕捉它们了。不过蝗虫的行为只能暂时保全自己，它们最终也无法逃脱被螽斯塞进嘴里的厄运。当蝗虫过于疲劳的时候，就会重新落到笼子底部，螽斯瞬时就会把猎物捕获。

白面孔螽斯虽然智力低下，却有一套科学性的杀戮方法。捕获猎物时，它们先是刺穿猎物颈部，再咬住神经中枢，使得猎物失去抵抗能力，这一点特别像老虎或猎豹的猎杀方法。但是蝗虫很难被杀死，有时候明明死了，躯体却还在跳动。我曾经见到过几只蝗虫，它们已经被吃掉一半，剩下的躯体却还在乱跳，最终竟顺利逃脱了猎人的爪牙。

黄　蜂

　　9月，风和日丽，万里无云，人的心情也因天气而变好了。我和我的小儿子约定好一起去看黄蜂的巢穴。小儿子保罗是一个善于观察的小朋友，在我研究昆虫的时候，他便成了我得力的助手。我们边欣赏着路边的风景，边寻找着黄蜂。忽然间，保罗指着不远处兴奋地说："爸爸，那儿有个黄蜂巢。"我顺着他指的方向看过去，果然有一团团黑影升腾而上，又四散消失，看上去好像是草丛里冒起了黑烟。我们实在按捺不住激动的心，又不敢轻易前进，只能挪着小碎步谨慎地靠近那个地方。如果我们稍不小心，就很可能惊动了这些小昆虫，后果将不堪设想。

　　我们小心翼翼地挪动，保持在一个安全的距离范围内观察。我看到黄蜂巢穴所在的地面上有一个裂口，大概有拇指粗细，那里应该就是黄蜂宿舍的大门。黑压压的蜂群就在大门口，它们来来往往，很是壮观。小保罗也被这景象所吸引，伸长了脑袋，似乎想要靠得更近一些，好好欣赏一下这样壮阔的景象，不过却被我制止了。此时我们所处的位置已经比较危险，如果再靠近一些，黄蜂会感到不安，那时候我们就成了众矢之的。想到这里，我甚至连一秒钟都不敢再逗留了，决定暂时离开那里。

我和儿子记住了黄蜂巢穴所在的位置，计划到了日落时分再回到这里观察。因为到了傍晚，巢穴里的每个成员都回家了，我们就可以没有任何风险地观察它们的巢穴。我深知，要是没有做任何准备与周密的安排，一切行动都是徒劳的，所以下午我准备好了材料，包括九寸长的空心芦苇管，半品脱石油，以及坚实的黏土，这些是我之前研究蜜蜂时摸索出来的最有效的工具。

如果不想被黄蜂蜇到，在行动时需要让蜂群窒息。这听起来很残忍，但为了自身的安全只能这样做了，没有更好的方法。其实在开始之前，我也思考了好久，但最后还是下定了决心。我并没有非常猛烈地把石油灌入蜂巢，要是直接对着入口强行灌入，必定是个巨大的错误。因为蜂巢埋藏的深度往往有九寸，假如我认为把石油灌进去便大功告成，第二天没有任何防备地进行挖掘，后果真的不堪设想，因为土层实在太厚了，会把石油吸收掉。次日，当你满怀期待地挖开泥土，本以为看到的是一片死寂，但结果很可能会是被暴怒的蜂群疯狂报复。

芦苇管也有极大的用处。我把芦苇管慢慢地深入蜂巢底部，做成了一个导流管，石油就能够顺着这个管道进入蜂巢底部。接着，我又用准备好的黏土死死地封住蜂巢的大门，工作到此就结束了。

　　现在回想起那个夜晚依旧很快乐，我听到了猫头鹰在枝头歌唱，蟋蟀在草丛里演唱，我们一边工作一边聊着有趣的事。保罗和我一样，也非常好奇昆虫的一切，他提出了很多的问题，有的问题我甚至都不知道如何解答，但为了不让他失望，我还是把我知道的都传授给了他。这项工作的第一步就是插芦苇管，这时一定要小心，需要有耐心和技巧。黄蜂挖的走廊并不是笔直的，我们无法得知走廊正确的走向。如果运气不好的话，就会惊动黄蜂，它们会迅速飞出来，把我们攻击得措手不及。为了避免出现这种不幸，我们分工合作。保罗准备了小手绢，做好了随时驱赶黄蜂的准备。不过，好在计划很成功，我们立刻用黏土把蜂巢大门封闭好，临走前还用脚将其踩实，避免这些狂躁的小生物飞出来。最后，我们就安心地回家了。

　　第二天，顾不得吃早餐，我们就拿好铲子和锄头来到了战场。我们去这么早，是为了躲开夜不归宿的黄蜂。如果不幸遇见侥幸逃脱的黄蜂，那昨晚的工作便功亏一篑了。空气有些冷，限制了黄蜂的行动，这个时候才是行动的最佳时机。

　　一开始我和儿子分头行动，先挖了一条不算深的壕沟。不久后，蜂巢的踪迹便显露出来。接下来，我们不停地挖掘，整个蜂巢都暴露出来了。如我们想象的一样，蜂巢完好无损，静静地吊在"屋顶"上，这个成果真令人兴奋。

　　蜂巢圆滚滚的，像一个南瓜，大部分都悬空而立，也有一些杂乱的茅草根须从地表扎下了根，从各个方向穿透蜂巢。最底部有一块空地，这里应该是黄蜂的广场，黄蜂们集结在这里努力地扩建家园。蜂巢下面还有更大的缝隙，也许这是黄蜂们为扩建工作预留的空间，在没有成为工地时，这里只是作为垃圾场使用。

　　毋庸置疑，这块地的确是由黄蜂们齐心协力挖掘而成的，因为自然界里这么规整的天然洞穴是不可能存在的。先进入现场施工的黄蜂可能是利用了鼹鼠废弃的隧道，这么做是为了有个容易的开端，当然后面的工作大部分都是黄蜂亲力亲为。

不过我比较好奇：为什么黄蜂挖掘的泥土没有堆在巢穴门口呢？之后我才知道，它们已经把多余的泥土遗弃在遥远的各个位置。毕竟有成千上万只黄蜂参与工程，还要随时准备扩建工作。它们在离巢时也会带上一小堆土，抛洒到远处的旷野上。所以在经历了这么浩大的工程后，巢穴还能够保持得如此干净。

虽然黄蜂们共同建造了一座居住场所，但其实在整个过程中，这些小昆虫也会被一些简单的问题折磨得束手无策。有一次它们把巢穴建在了我家的花园里，当时我很开心，因为终于可以近距离观察它们了。我立马拿来一个玻璃罩，趁着夜色将至，把玻璃罩扣在了蜂巢的出口上。

第二天，黄蜂准备开始一天的工作时，却发现自己被莫名地挡在了一个狭小的空间内。我想知道这些昆虫发现自己陷入困境时是否能略施小计，比如在玻璃罩下面挖条通道。我等了很久，发现它们并没有想别的办法，而是一次次碰壁，没有任何一只黄蜂试图利用其他方法逃离这个空间。

与此同时，几只夜不归宿的黄蜂飞回来了，被挡在了家门外。和里面的同类一样，它们也是接连碰壁。不过，终于有一只黄蜂飞到

了底部，尝试着挖新的通道，另外几只黄蜂看见它这么做，也开始效仿。终于，黄蜂们开辟了一条新的回家之路。我又用泥土把黄蜂刚挖掘的通道出口虚掩起来，目的是想让它们把新路径打通。可实验结果却事与愿违，这些黄蜂们并没有举一反三的能力，它们没有向伙伴介绍经验，只是加入了莽撞的碰壁大军中。

由于过于疲惫和饥饿，有的黄蜂已经没有了呼吸。也许是天气太过炎热，大概只过了一个星期，这个兴旺的家族就全部覆没了，玻璃罩内没有了任何生机。

幼虫的冒险

黄蜂和蜜蜂经常光顾沙质的丘陵，至于其中的原因，我想可能是那里没有太多植物，空间开阔，阳光充沛。5月的时候，两种蜂聚集在丘陵上开始工作。其中一种蜂会在地穴入口建造防御工事，泥土堆积成弧状，远远看去就像一截小手指。很多蜜蜂路过这里时都会观察一番。除了主人，没有其他蜂可以理解这种艺术品。

另一种掘地蜂的巢穴入口并没有这么抽象，而是直接敞开的。废旧的农舍是掘地蜂经常出没的地方，但相比那种地方，它们更愿意呆在路基上，所以你会经常看见路基上有掘地蜂开凿过的痕迹。

如果你看到宽阔的路面上有着密密麻麻的小孔，排列整齐，孔洞和走廊相连，那么蜂巢就建在下面。如果你想仔细观察一下在这种地方掘地蜂是如何开凿和建筑巢穴的，那么最好赶在5月下旬来到施工现场，这是最佳的观测时间。但是一定要和工地保持安全距离，不然它们一定会群起而攻之。

可是我却没有抓住这个黄金时期，我在八九月份才开始真正关注掘地蜂。这个季节，暑热没有完全消散，可秋意已经到来。昆虫很享受这段时光，掘地蜂早已完成了建造工作，巢穴没有了熙熙攘攘的繁忙情形，反而一片寂静，似乎让人感觉到了悲凉。成年的掘地蜂到哪里去了？我们也无从得知。襁褓中的幼虫静候着春天来临，同时也引来了贪食者。我此次的目的也是想要了解幼虫是如何在敌人的包围下

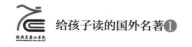

存活下来的。

我先是看到苍蝇飞往这里，它们从一个孔洞游荡到另一个孔洞，目的应该就是产卵。此外，这些地方的缝隙里还有准备狩猎的蜘蛛。蜘蛛布下了天罗地网，粗心的苍蝇时常会把卵错放到网上，这就相当于把自己的精血拱手让人了。这些网上还有其他牺牲者，比如甲虫或幼蜂，那些甲虫应该是产卵后不慎掉进了狡猾的蜘蛛所布的陷阱之中。

我慢慢地挖开表面的墙体，深入巢穴内部，发现了更有趣的事。蜂巢顶部有一层完全不同的房间，可能是由不同种类的蜂建造的，其中一种蜂房属于掘地蜂，另外一种属于竹蜂。地方选好之后，掘地蜂便开始施工，房屋很快就建造好了，完成了神圣的工作后，它们虽然不舍得离开，但也必须得离开。而在这时，埋伏的竹蜂伺机而动，等主人离开后就飞进来，炫耀自己的建筑功夫，把走廊随意地分割成大小不同的格子。和掘地蜂建好的房屋相比，竹蜂的成果显得幼稚极了，所以竹蜂就像是投机取巧又缺乏审美的小虫。

因此，我才发现这里居住着两种蜂，而且我能够很轻易地把它们区分开。躺在精致巢穴里熟睡的是掘地蜂的幼虫，它们包裹着厚厚

的茧；躺在摇摇欲坠的窝棚里的是竹蜂的幼虫。两种蜂又有各自的寄生者，苍蝇看上了竹蜂巢穴，掘地蜂的寄生者则是一种名字叫作"蜂螨"的甲虫。

后来，我的研究结果出来了。蜂螨发育成熟，但寿命很短，只有一两天，所以它的一生都是在掘地蜂家门口度过的。蜂螨的生命转瞬即逝，在这一生里除了繁衍后代，没有空余时间做其他事情。根据我的观察，蜂螨具备了成熟的消化器官，但对于这个器官究竟有没有用处，我一直持怀疑态度。雌性蜂螨几乎用一生的时间繁育后代，一旦完成使命，就意味着它们的大限之期来了。而雄性蜂螨在掘地蜂巢外伏上一两天就没命了，这也就解释了为什么蜘蛛网上会莫名地有这种甲虫的尸体。

有些研究者觉得蜂螨穷其一生跑遍各个蜂巢是为了产卵，但真实的情况并非如此。我曾经仔细地搜查过掘地蜂的隧道，最后的结果出乎意料。蜂螨只是把卵产在蜂巢门口，这些小卵堆积得像小山一样高。

对于这堆卵，蜂螨母亲没有做任何保护措施，也许是因为时间不够，没空思考怎样保护幼小的卵。总而言之，它们给幼虫的保护太少了，只是产卵，然后就离世了。

　　我对这些卵很有兴趣，想知道这些幼虫们到底是如何进入蜂巢内部的。我一开始猜测，它们应该是孵化后争先恐后地跑进了蜂房，但后来我的猜测完全被推翻了。这些黑虫孵化出来后，在掺杂着卵壳的幼虫里跑来跑去，我故意在幼虫前放了一个大土块，想试探它们是否有行动，可结果全是徒劳，这些小家伙好像只对自己的兄弟姐妹感兴趣。接下来，我又试着强行把几只小虫推到远一些的地方，没想到它们慌张极了，匆忙跑了回去，隐藏在同伴身边。

　　我疑惑不已，再次回到野外，想要观察一番，看看在自然条件下

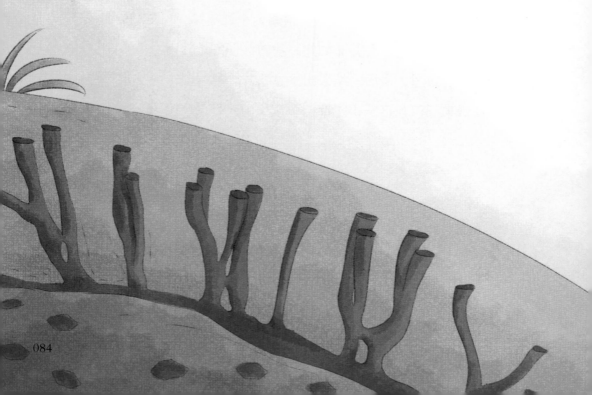

蜂螨幼虫是否也是盲目混居。在野外的自然环境下，我看到的现象和在实验室里看到的并没有什么区别，所以到现在，我还是没有办法解答一开始的疑问。我冥思苦想了很久，还是没有头绪，只能期待天气转暖后会有一些变化。

到了4月下旬，事情似乎出现了转机。这些幼虫先是一动不动的，后来突然活跃，它们在盒子里匆忙地爬着，到了一个地方也不逗留，看这情形，像是在寻找什么东西。其实，大家应该能想到它们找的是食物，从去年9月孵化出来后，这些幼虫一直聚集在一起，到现在也差不多七个月的时间了。如果有什么能够让幼虫如此兴奋的东西，那肯定就是食物。

已经有了初步了解的基础上，我又进一步展开了实验，想要证明我的结论。好不容易找到了一个蜂巢，把里面的主人赶了出去，把蜂螨放到了蜂巢的储物室里，然而事实严重地打击了我的内心。这个实验可以说是我做得最失败的一次。幼小的蜂螨丝毫对蜜汁不感兴趣，更糟糕的是，有些小蜂螨还被这些黏稠的蜜汁粘住了，以致窒息而亡。这个结局让人大失所望。我提供了这么好的环境和食物，可是幼虫并不满意，那么它们真正需要的是什么呢？虽然我已经没有了勇气，但还是要研究下去。后来得知，原来它们需要的就是掘地蜂亲自把它们带回巢穴。

西西弗

　　下面所说的昆虫是清道夫里个头最小却最勤快的一种。这种甲虫个头小，行动灵敏，完全不害怕道路上发生的意外，总会在失误的地方顽强地爬起来继续前行。也正是因为这样，人们给它起了个外号，叫"西西弗"。

　　7岁的儿子保罗一直和我一起努力研究。和同龄孩子相比，保罗的学识算是比较渊博了。他知道蟋蟀和蝗虫的秘密，对于清道夫的研究也得心应手。这孩子有着敏锐的目光，哪怕20步之外也能够辨认出甲虫的巢穴。而我已经上了年纪，急需保罗的帮助。保罗就像是个小昆虫学家，他也有专属于自己的昆虫笼子。他把圣甲虫养在里面，笼子

里还有个小花园，但保罗似乎没有太大的耐心。

　　5月的一天，我们在山脚下的草场上寻找着西西弗。小保罗已经足够老道了，他铆足了劲儿，不一会儿就收获颇丰，找到了好几对西西弗。我制作了个铁笼子，在里面铺上沙子，并提供了足够多的食物准备把这些西西弗放在里面。这些小昆虫长得很奇怪，它们的身体就像水珠，前面圆润，后部尖尖的，还有一对足。准备好了所有的东西，这对甲虫齐心协力地把食物储藏了起来。它们配合得很默契，和其他甲虫一样遵循着工作原则，不用其他机械就能把食物制作成近似球形。从这方面来说，西西弗和圣甲虫一样，是个专家。这对夫妇推着球四处游走，仿佛是在旅行一样。面对阻碍，它们从不绕道，后来终于把食物带到了笼子边缘。

　　检查好一切，这对甲虫把小球推进了地穴，母亲用腿抱住小球向下拉扯，父亲则在地面上抓住小球，缓缓往下放，而且还留心观察着周围是否有泥土阻碍。它们配合得特别默契，完美地控制着速度，等小球放置到洞中后，它们的工作暂时告一段落。

　　大概过了几个小时，甲虫父亲爬到洞穴旁打起盹儿来，而这时家中的甲虫母亲则正在完成自己的产卵工作。甲虫父亲也确实帮不上忙。就这样，差不多过了一天，甲虫母亲才缓缓爬出洞穴。甲虫父亲看见甲虫母亲出来，慌忙起身，再次重复着之前的一系列工作。我佩服西西弗的团结，但我不敢断定这是所有甲虫都具备的美好品质。

　　在西西弗夫妇忙着制造食物球时，我偷偷检查了一下它们的巢穴。这个巢穴不是很深，直径也不太长，这样一来，甲虫母亲就只能在狭窄的缝隙中移动。当然，也许是空间太小了，甲虫父亲才早早离开洞穴，而留下甲虫母亲在自己的家里完成了梨形雕塑。我在观察时还发现，铁笼里其他6对西西弗夫妇做了57个"梨"，每个里面都有虫卵，这样算下来，每对西西弗夫妇至少有9个孩子。

新陈代谢的工作者

　　世界上有很多虫子生命比较短暂。在有限的时间里，这些虫子一般都过着自由自在的日子，每天做着一些对自己有价值的事情。当然，也有些虫子做的事情对人类有好处，哪怕人们没有因此而赞赏它们的品质，它们也从不放弃。也许你走在路上看见过昆虫的尸体，尸体已经腐烂，甚至散发着恶臭，甲虫和蚂蚁在尸体上贪婪地享受。你可能会觉得不舒服，会认为昆虫很恶心，但不应该嫌弃它们，而要感谢它们为自然界做出的贡献。

　　下面，我们就更详细地来了解一下蝇类昆虫是怎样为自然界做贡献的吧。

　　首先看一看绿头苍蝇。它们在人类的日常生活中很常见，背上有绿色盔甲，还带有金属光泽，头上有两颗大眼睛。这种苍蝇对动物尸

体的腐臭味很敏感，一旦闻到，就会立刻飞过去停在尸体上产卵。过不了多久，你就会发现尸体已经变成了液态，而这一切要归功于尸体里面的小虫子。看到这个场景，你一定觉得比较恶心，但这却是最有效的处理动物尸体的方法。

要是没有绿头苍蝇的幼虫对动物尸体做处理，尸体过不了多久就会风干。这样一来，尸体要经过很久才会分解。而我们刚才提到的苍蝇幼虫能够让尸体变成液体，加速尸体分解。为了证实绿头苍蝇幼虫的这种本领，我做了个实验。

我把一个鸡蛋的蛋白煮得很老，然后扔给绿头苍蝇。我观察了一阵子，果然没过几天蛋白就变成了液体。这些苍蝇到底是如何做到的呢？经过研究发现，它们的幼虫嘴里可以分泌一种物质，如同人类的胃液一样，具有消化功能。有一种大型肉蝇也具有这种能力，它们身上携带着细菌，很喜欢贴在玻璃窗上。一定不能让它们靠近食物，当然也没必要残忍地把它们拍死。

寄生虫

八九月份，山坡被太阳烤得发烫，这个时候更应该出去看一看。尤其是迎着太阳的那面斜坡，虽然可能连石头都要被太阳烤焦了，可在这种地方最适合观察，只需一段时间就能收获很多知识。因为这一带是蜜蜂和黄蜂的乐园，此时它们可能正在土堆里整理食物：这里堆着一堆蝗虫或蜘蛛，那里陈列着毛毛虫；有的蜂则正忙着把蜜汁储藏在土罐或大瓮里。

蜜蜂和黄蜂热火朝天地苦干着，其间还有其他小虫子，我们称之为寄生虫。它们在各家不停穿梭，耐心地守候在其他动物家门口。你千万不要把它们当作喜欢串门的邻居，它们其实是想偷偷摸摸地寻找食物，而且以牺牲别人为前提。

其实这种现象在我们人类社会中也会出现，就像贫穷的人们用省吃俭用的钱为儿女们积蓄财产，可没想到碰到了骗子，他们的钱财被明争暗夺去了。更有甚者，这些恶人还会计划一连串的谋杀和绑架。对于受害的家庭来讲，他们呕心沥血储存的食物被强盗一抢而空，内心该是多么难过啊。

昆虫界也存在这样一群懒惰无能的昆虫。为了填饱肚子，它们经常抢夺别人的食物。蜜蜂母亲会把幼虫安置在封闭的小房子里，觉得这样一来就可以高枕无忧了，可是敌人总有办法攻破堡垒。

我看到不远处有只奇特的虫子，靠着自己的武器把自己的卵蛰伏

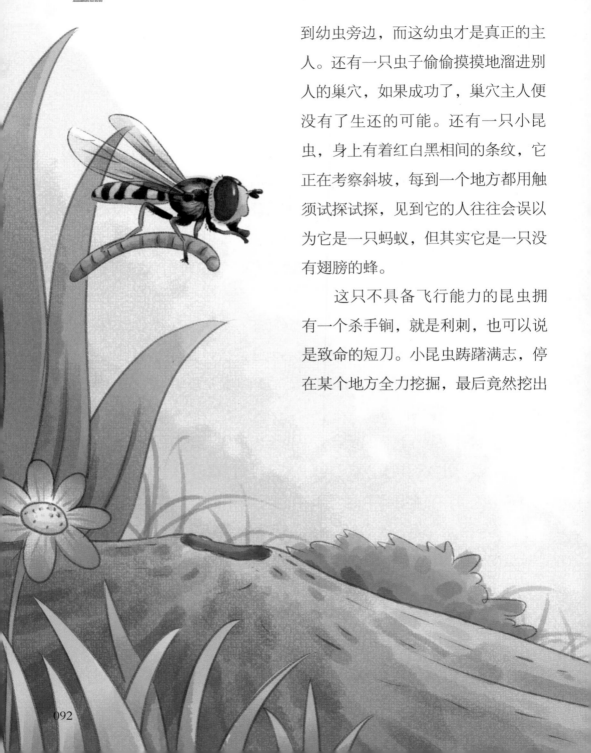

到幼虫旁边，而这幼虫才是真正的主人。还有一只虫子偷偷摸摸地溜进别人的巢穴，如果成功了，巢穴主人便没有了生还的可能。还有一只小昆虫，身上有着红白黑相间的条纹，它正在考察斜坡，每到一个地方都用触须试探试探，见到它的人往往会误以为它是一只蚂蚁，但其实它是一只没有翅膀的蜂。

这只不具备飞行能力的昆虫拥有一个杀手锏，就是利刺，也可以说是致命的短刀。小昆虫踌躇满志，停在某个地方全力挖掘，最后竟然挖出

来一个地下巢穴，真是让人惊讶不已。这样的昆虫简直就是盗墓贼。根据我的观察，蜂巢在地面上并没有什么特殊的标志，可这个贼却能够找到。它迫不及待地钻进别人的巢穴，将卵产在里面，虽然巢穴里面有其他幼虫，可是它的卵孵化速度很快，因此先破壳而出的恶霸子弟就会把蜂巢主人当作一顿美餐享用。

　　我还看到过另外一种昆虫，浑身有着金属光泽，非常好看，它被称为"金蜂"。可是华丽的外表仍旧遮挡不住它肮脏的内心，这种昆虫是十恶不赦的坏蛋。金蜂经常等候在别人巢穴门口，如果昆虫母亲回来，它就尾随其后混入别人家。我看见过一只华丽的金蜂大摇大摆地进入捕蝇蜂的洞穴，当时捕蝇蜂母亲非常疲惫，好不容易猎取到食物，可是还没送到孩子的嘴里就被金蜂夺走了。

　　还有其他蝇类，总是和大家评论的一样，扮演着小偷或歹徒的角色。虽然这些昆虫体型矮小，不值一提，但千万不能因它的弱小就低估了它的危险性。

蟋蟀

　　草地上居住着一群蟋蟀。虽然蟋蟀每天都在不停地鸣叫，但是和树上的歌唱家不一样，它们在几种广为人知的昆虫之中一直有着不错的名声。其中的原因大部分归结于蟋蟀的歌唱天赋远远胜过蝉，同时它也是文学家们最乐于讨论的对象之一，经常出现于名家故事中。我曾经看过一位法国作家写的关于蟋蟀的寓言，但是个人认为这个故事并不是很好，因为它缺乏幽默感和真实性。"蟋蟀常常感叹命运，不满自己的生活。"这位作家这样写道，但事实却并非这样。

　　只有亲自观察过这种小昆虫，才有评说的资本，而不只是听别人的说法。蟋蟀很满意自己舒适的住所，更满意自己嘹亮的歌喉，甚至因此而自豪。

　　值得庆幸的是，寓言作家还是承认了蟋蟀的这种满足。我的居所附近也有蟋蟀，它们每天歌唱，有节奏地卷动着触须。面对翩翩起舞的花蝴蝶，蟋蟀非但不羡慕，反而露出了可怜对方的表情。蟋蟀的表现就像享尽天伦之乐的人谈起流离失所的可怜人，目光中满是怜悯。蟋蟀对自己所拥有的东西向来很满足。从另一个角度来讲，它是一个充满正能量的哲学家，仿佛看透了世界，把一切都归为虚无，舍弃肤浅的欲望。这样的溢美之词，对于蟋蟀而言一点儿都不为过。

　　蟋蟀的住所一直为人称赞，并且吸引了世人的目光。确实如此，在筑巢方面它有着雄厚的实力。而且在数以万计的昆虫当中，也只有蟋蟀

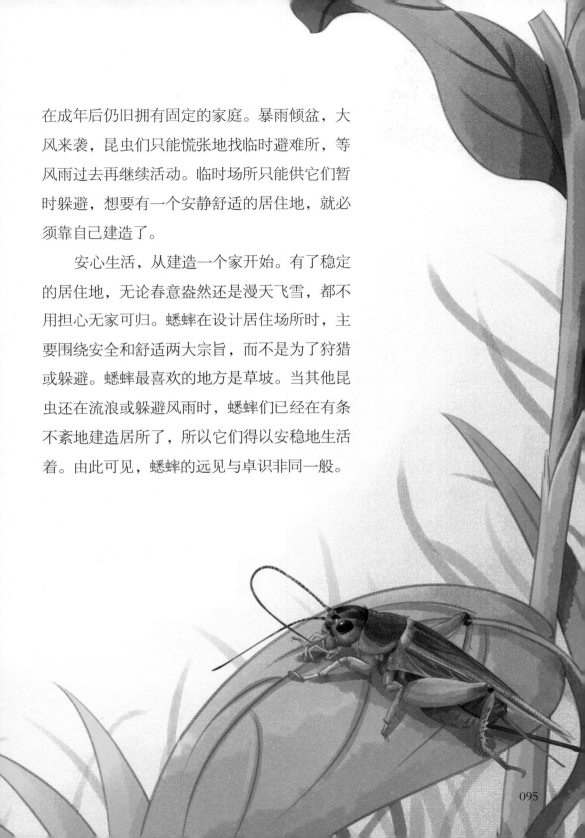

在成年后仍旧拥有固定的家庭。暴雨倾盆，大风来袭，昆虫们只能慌张地找临时避难所，等风雨过去再继续活动。临时场所只能供它们暂时躲避，想要有一个安静舒适的居住地，就必须靠自己建造了。

安心生活，从建造一个家开始。有了稳定的居住地，无论春意盎然还是漫天飞雪，都不用担心无家可归。蟋蟀在设计居住场所时，主要围绕安全和舒适两大宗旨，而不是为了狩猎或躲避。蟋蟀最喜欢的地方是草坡。当其他昆虫还在流浪或躲避风雨时，蟋蟀们已经在有条不紊地建造居所了，所以它们得以安稳地生活着。由此可见，蟋蟀的远见与卓识非同一般。

　　当然，一个安定的住宅建造起来并没有那么容易，否则其他昆虫也就不用担忧了。我曾经见到过狐狸和獾猪的洞穴，那顶多算是个岩洞，没有做过多修整。的确，对大部分动物来讲，它们的巢穴也就只是这个样子，只能遮风挡雨而已。

　　和其他小动物相比，蟋蟀好像是最灵敏、最高傲的，在选址时也有自己的独特见解。蟋蟀会挑选南北向的草坡，这样的地方阳光充足，排水性良好。如果打定主意在这里居住，它们就会着手建造"别墅"了。它们会注意打造好每一个细节，无论居室还是前厅。

　　屋子里虽然不是很奢华，但绝对整洁，而主人也愿意花费更多的精力和时间把屋子墙面打理得光滑美观。蟋蟀把卵产在不是很深的土坑里，那些卵密集地排列在一起，大概有五六百个。卵产下两个星期左右，小宝宝就孵化出来了。再过一段时间，蟋蟀幼虫脱掉外衣，露出灰白色的身体。至于蟋蟀母亲为何要产下那么多卵呢？主要还是害怕受到天敌的迫害，虽然有五六百个卵，但大部分一生下来就被判了死刑。

采棉蜂

大自然界中有很多昆虫并不会自己筑巢，但怎么才能获得容身之所呢？那就只能寻找废弃的坑道或巢穴了。采棉蜂就是这样的一种昆虫。它和其他蜜蜂采取的方式有所不同，它会在芦枝上做个棉袋当作睡袋。

采棉蜂工作时非常精细，还会在棉袋上做一些装饰。棉袋还没有被灌糖之前，看起来就像精致的艺术品，鸟巢都比不过采棉蜂的棉袋。棉袋外形结构坚固，内部却非常柔软蓬松，因为内部放的是棉。对于昆虫来说，以这个棉袋作为居住场所，真的已经优秀到无以复加的地步了。

不过，我也在好奇：这么小的昆虫是怎样把棉花小球编织成坚韧的袋子的？在建造的过程中究竟有没有使用其他工具？难道真的和泥水匠蜂或樵叶蜂一样，只靠着灵巧的嘴吗？不过，根据我的判断，从工作方式和劳动成果上看，它应该和其他蜂类有不同之处。

经过仔细观察我才了解到，它原来是这样进行工作的：它先是稳稳地停在植物枝干上，然后用嘴巴慢慢把植物表皮撕掉；等采到足够多的棉花之后，将自己的胸部当成一个临时工作台，用后足把棉花按压紧实，这样一来大团棉花就会变成一个小球；等棉球做成豌豆大小时，采棉蜂就把小球叼在嘴里，回到芦苇枝上。如果你有耐心等待的话，就会看到它一次又一次地重复着这样的动作，直到棉袋完成。

　　不仅如此，采棉蜂还会把棉花分成不同类型，以满足棉袋各个部分的需要。这一点，和鸟类也确实很相似。鸟儿为了让自己的巢穴更加结实，会用硬邦邦的细树枝做外框，但为了内部温暖舒适，又会用羽毛填充。采棉蜂正是使用了这样的方法。它将最细的棉絮填充在内部，而外部使用的则是比较坚硬的细枝或叶片。

　　虽然我没有观察到采棉蜂在空心芦苇枝内部是如何工作的，但我也并非一无所知，因为它在外部完成的那部分工作，我曾进行过详细观察。采棉蜂会制作一个"塞子"，这个"塞子"其实是巢的屋顶。采棉蜂用后足耐心地把棉花撕碎铺平，再一层一层叠加，并用宽阔的额头把棉花压得非常结实，屋顶的形状就逐渐呈现出来了。

　　采棉蜂所储藏的蜂蜜跟其他蜜蜂极为不同，它的蜂蜜是淡黄色的胶状颗粒，因此不会粘在巢内。采棉蜂的卵产下以后，过不了多久幼虫就会孵化出来。幼虫睁开眼睛后发现自己置身于美食的海洋，完全不用为吃的担忧，一转头就能享受到花蜜，于是身体一天天圆润起来。

　　现在，我们也不用过多留意它们了，因为后面的一切都会很顺利。不久后，幼蜂就会结茧，变成如同母亲一样的采棉蜂。

松毛虫

　　我家院子里不仅有几棵古老的松树，还有各种各样的昆虫和鸟类。有时候，我观察到松树的叶子变得越来越少，留心察看以后才知是因为松毛虫每年都爬到松树上定居，而它们的食物正是松树叶子。为了不让松树继续遭受松毛虫的侵害，我必须想一个办法，那就是在冬天的时候，把松毛虫的巢穴毁掉。但这可不是一件容易的事情。

　　千万不要觉得我过于残忍，实在是因为这群小家伙太猖狂了。如果我真的放任它们胡作非为，那我的松树就会遭殃，而我再也不能在夏天的时候站在松树下乘凉，再也不能在风中听树叶密密私语了。不过，我确实很想了解一下松毛虫的生活方式究竟是怎样的。如果松毛虫可以把它们的一切都告诉我，那么不管花一年时间还是两年时间，我认为都是值得的，而且从此之后，我绝对不会再打扰它们的生活。

　　当然，这只是我跟自己签订的一个契约，但松毛虫并没有拒绝，我就当它们同意了。定下这一协议后，我真的再也没有骚扰过毛毛虫。但是我家门口竟然出现了一群松毛虫，数了一下，大概有30多只。后来我每天都会在路上碰见松毛虫，它们忙碌地爬来爬去，使我不禁更加好奇它们了。

　　还是先让我们了解一下松毛虫的卵吧。如果仔细观察一下松树，就会发现8月前半月，松叶上会有白白的小圆柱，这正是松毛虫产的卵。这些卵形状如同微型手电筒，长约一寸，宽约五分之一寸。近距离观察时，这些白色圆筒白里透红，犹如细滑的丝织品，上面还有细细的鳞片，就像屋顶上的瓦片。如果你轻轻触碰一下，会发现它们就像天鹅绒似的柔软。上面的细小鳞片具有保护作用，可以防止露水流进去。

要是你把最外层的保护鳞片剪掉的话，卵就清晰地露了出来。一个白色圆筒里差不多有300颗卵，它们紧密地排在一起，就像一颗玉米穗。

进入9月，松蛾才开始产卵。那时你再掀起最外层的鳞片，就会发现里面有一些长着黑色脑袋和淡黄色身躯的东西，而且这些脑袋的大小几乎是身体的两倍。这就是松毛虫的幼虫。它们不停地撕咬着，推着盖子挪动，一直爬到小筒上。它们爬出来之后，要做的第一件事就是找食物。一般情况下，它们会把托起巢穴的针叶当食物，等吃完针叶后，它们又会落到附近的针叶上，有时三四只排成一队。它们特别聪明，这时如果你逗它们玩，它们就会昂起头摇来摇去，看上去就像是在打招呼。

吃饱喝足后，它们还得做个帐篷。这个帐篷是由几片叶子支撑起来的，天气过于炎热时，小虫们就会躲在帐篷底下避暑，等温度稍微下降一些时再出来玩耍、寻找食物。差不多两天以后，帐篷就会变得像榛仁一样大；再过半个月，帐篷就快赶上苹果那般大了。这些松毛虫出生不到一个小时就会搭帐篷，仿佛在没出生前就掌握了这一技能。

卷心菜毛虫

很多家庭的餐桌上几乎都出现过卷心菜。卷心菜是一种比较古老的蔬菜，从人类历史有记载开始，卷心菜就已经出现了，只是那个时候人们还没有食用它而已。卷心菜究竟是何时出现的？我们暂且不得而知。也许在几亿年前就已经有了吧。

自然界中有一种昆虫和卷心菜有关，被称为"卷心菜毛虫"。幼年时期，它们最喜欢吃卷心菜和同类植物，比如大头菜、白菜芽等，而这些都属于十字花科植物。那么说到这里，你应该有疑问了——这些虫子是如何辨别十字花科植物的呢？

我一开始也不明白，毕竟它们确实没学习过相关的知识。后来我掌握了一个方法：根据白蝴蝶留的记号做判断，以确定眼前的植物是不是属于十字花科。我特别信任这种蝴蝶，而且它确实从来没有让我出过错。白蝴蝶在每年四五月和十月份成熟，这时候也正好是卷心菜成熟的季节。难道白蝴蝶有着和园丁一样的日历吗？

卷心菜毛虫从产卵到孵化大概需要一周的时间。毛虫破茧之后做的第一件事就是把包裹着自己的卵壳吃掉，我有好几次看到过幼虫把卵壳吃进嘴里。为什么会这样呢？我心里推测，可能是因为卷心菜叶片上有一层蜡质涂层，为了不让自己行走时打滑，幼虫必须要弄些丝一类的东西裹住自己的脚，就像防滑靴一样。然而想吐丝就必须得摄入食物，所以它们吃掉了卵壳，因为卵壳的材料和丝的性质相似，比

起其他食物，这种材料更容易转化成小虫所需的丝。

但是过不了多久，卷心菜毛虫幼虫的战场就转移到了卷心菜上。这些家伙的胃口实在太好了。我从厨房里拿来了卷心菜，把一大把叶子掰下来，喂养实验室里的幼虫，差不多过了两个钟头，所有叶片都被吃得干干净净。如果照这个速度吃下去，恐怕一整片菜地都会被吃得精光。这些幼虫偶尔会舒展一下腿，大部分时间则是在不停地吃。有时候我还看到好几只幼虫并排趴在叶子旁友好地享受着同一份食物。每当发生这种情况，小虫们还会展示一下才艺——它们的头会同时抬起来，然后再同时埋下去。时间久了，这个动作更加整齐，就像经过训练的士兵。我并不了解它们为什么会做这样的动作。难道是因为沉浸在食物的海洋中而非常开心吗？

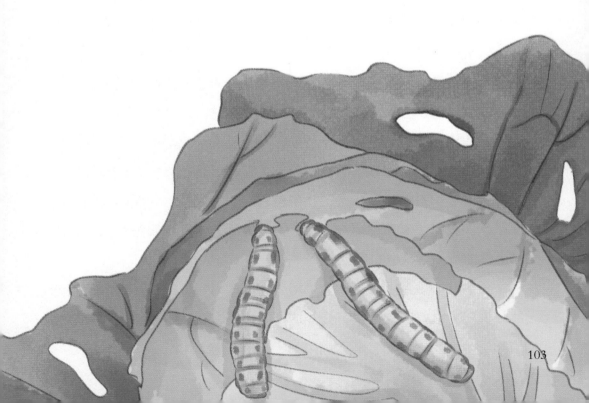

孔雀蛾

孔雀蛾如同它的名字一样，长得非常漂亮，全身有着红棕色绒毛，颈部有白色领结，翅膀好像被洒了颜料，留有灰褐色小点。当然，它之所以被称为"孔雀蛾"，还有一个重要原因，就是它们的翅膀上有着和孔雀尾翎类似的花纹。

5月，我又一次坐在了实验室的桌子旁。那天早上，我亲眼见证了一只孔雀蛾的诞生，我没有丝毫犹豫，直接把它罩在了一个笼子里。我这样做，并没有其他目的，只是养成了一种习惯——我很喜欢收集有趣的昆虫，把它们放在笼子里，然后再仔细观察这些精灵。后来，我为自己的习惯感到骄傲，因为我有了意外的收获。在当天晚上9点左右，每个人都完成了一天的工作，准备上床睡觉的时候，隔壁房间突然有大响动，我的小儿子保罗来不及穿好衣服，就跑了过去。紧接着，他喊我："爸爸快来！这些大蛾子像鸟一样，满房间都是！"

我也迫不及待地跑进隔壁房间，孩子说的话真的丝毫不夸张。房间里飞着许多巨大的蛾子，有四只被关在笼子里，其他只已经飞到了天花板附近。看到这个状况，我忽然想起早上刚刚被我关起来的那只孔雀蛾。我急忙对儿子说："快把笼子放下，穿好衣服跟我来，我们马上就能看到更有趣的东西。"

我俩开心地跑下楼，冲向了房子右侧的书房，但路过厨房时，突然吓了一大跳，因为这里有许多这样的蛾子，我们刚开始还以为是蝙

104

蝠。由此来看，孔雀蛾已经把我家里每个角落都占满了，同时也惊动了家里的每一个成员。我们点了蜡烛，走进书房。书房里开着一扇窗，而我看到了此生中最难忘的一幅场景——这些蛾子挥动着翅膀，绕着笼子飞来飞去，心情好像有些烦躁，左右摇摆着，一会儿飞上屋顶，一会儿又俯冲下来，当发现我们两个人靠近时又冲我们飞了过来，准备把我们手中的蜡烛扑灭。

不仅如此，这些孔雀蛾还停在了我们的肩膀上，甚至咬我们的脸。面对如此疯狂的场面，小保罗害怕极了，紧紧地抓着我的手，努力让自己镇定下来。我推算了一下，这间书房大概有20只孔雀蛾，再加上其他房间里的，差不多有40多只。它们来到我家，难道是为了解救今天早上被我关在笼子里的那只孔雀蛾吗？

后来的那几天，这些飞蛾每天都会来。而那段时间，风雨大作，晚上黑得伸手不见五指，屋子又被浓密的大树遮蔽了起来。孔雀蛾不惧黑暗地从很远的地方飞来，赶到这里，就是为了向笼子里的那位孔雀蛾致敬。这么恶劣的天气使平时凶狠的猫头鹰都不敢轻易出来，可孔雀蛾却不辞辛苦，如此执着，真是令人钦佩。并且，它们在夜里长途跋涉，却没有受伤。难道黑夜对它们而言如同白天一样吗？

孔雀蛾一生中只有一个追求，就是寻找配偶。可上帝似乎故意给它们设置障碍，让孔雀蛾一辈子忙忙碌碌，却只有两三个夜晚可以用来寻找中意的对象。如果在这期间没有找到，就意味着它们的一生将孤独终老。为了尽快实现这一目标，孔雀蛾继承了一种天赋——无论夜晚多么黑，路途多么远，它们都会义无反顾地寻找心仪的对象。这时，我忽然明白了，我的房间里关着的那只孔雀蛾就是它们心仪的对象。

寻找枯露菌的甲虫

　　我想先跟大家分享一下我生活中的一个好朋友：它是一只很厉害的狗，擅长寻找枯露菌。枯露菌其实是一种蘑菇，生长在地下。许多狗狗们最主要的工作是寻找枯露菌，而我也非常幸运，找到了一只在搜寻方面富有经验的狗。它其貌不扬，没事的时候，便懒洋洋地躺在一旁，可是见识过它的本领后，我才不得不承认，它的工作能力真的很强。

　　自然界中的很多道理和人类世界如出一辙：天才与贫穷总是紧紧连接。这只狗的主人是村里有名的商人，专门做枯露菌生意。这个商人一开始带着怀疑的眼光来看待我，以为我是要窥探他生意上的秘密，直到后来有人告诉他，我只是为了采集标本才想要借一借闻名遐迩的狗，他才勉强相信，允许我跟他一起出发去工作。

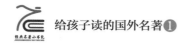

我们事先约定好：在整个过程中，谁都不可以干涉狗，只要它发现菌类，无论是不是人们喜欢吃的，它都应该得到一片面包作为酬劳；而且狗的主人也不能禁止狗去任何它喜欢的地方，哪怕它去的那个地方所采到的蘑菇销售不出去。这一点对我而言没有太大的意义，因为我只是在研究课题，不在乎蘑菇是否可以食用。

我们要去的那个地方实在太远了，一路上我俩都遵循原则，这次也确实比较顺利，最终我们满载而归。一路上，狗踱着碎步，用鼻子使劲儿嗅着，没走几步就停下来，要是发现了什么，就立马盯着主人，好像在说这里一定有蘑菇。主人也非常信任它，按照它说的位置开始向下挖，不过有时候挖偏了，狗则会在一旁急得发出不开心的叫声。让我惊讶的是，他们配合得非常默契，每次都能有所收获。

自然界中还有一种甲虫，和这种狗一样具有

能寻找到枯露菌的能力。这是一种美丽的甲虫，背部黑色，但肚皮白茸茸的，看上去好像樱桃核。我第一次发现它还是在松树林里，那里长满了蘑菇，非常美丽和宁静。10月秋高气爽，我们一家人都去这片松树林里游玩，树林里有喜鹊正在建巢，有聒噪的怪鸟在树上嬉戏，还能看到兔子跑来跑去。

对他人而言这是乐趣，但对我而言，松树林带给我最珍贵的礼物是一种甲虫。松树林里有很多甲虫洞穴，洞门通常是敞开着的，洞笔直向下，大概有几寸深。我用小刀挖下去，发现洞里什么都没有，可能是甲虫已经离开这里了。

有时候，我幸运地在洞里发现了甲虫，但永远只有一只：要么是雄性甲虫，要么是雌性甲虫，总的来说，洞穴里绝对不会成双成对地居住着甲虫。有一次，我看到洞里的甲虫正在吃蘑菇，它看上去已经很疲倦了，但仍然抱着小蘑菇不肯轻易放弃。也许蘑菇就是这种甲虫一生的挚爱吧。

这个洞也成了甲虫的临时宿舍，食物没吃完，它就不会轻易离开，会一直快活地享用美食，完全不在意洞口是敞着的还是关着的。等洞里的美食被吃光了，也就没有什么值得留恋的了，甲虫会毫不犹豫地搬家，找到一个更适合居住的地方。等到新屋子里的蘑菇吃完，它就会理所应当地再搬到另外一个地方。

有个问题我一直不明白：枯露菌并没有特殊气味，甲虫是如何在地面上检测到地下有菌类的呢？大自然赋予这种甲虫超人的天赋，我们人类便望尘莫及了。

条纹蜘蛛

我觉得，应该没有人会喜欢又冷又漫长的冬季吧，尤其是研究昆虫的人，最厌烦这样的季节，因为在冬天很多昆虫都进入了休眠期。好在冬天里总有几日阳光灿烂，这种天气很适合外出，到外面的沙地探寻一番就会有所收获。也许找到的并不是什么价值昂贵的东西，但绝对让你惊喜，能够一扫冬日的阴霾。

有一天，我出去探险，果真找到了一件神秘的东西，那就是条纹蜘蛛的巢穴。无论样貌举止，条纹蜘蛛是我见到过的最完美的一种蜘蛛，它有着丰满的身体，浑身黝黑，还带有黄、黑、银三色相间的条纹。

条纹蜘蛛真的不挑食。不管蜻蜓、蝴蝶还是苍蝇，只要是昆虫，它就毫不犹豫地张开天罗地网。有时它还会在树林和草坡上设下陷阱，因为这些地方经常有蚱蜢出入。虽然条纹蜘蛛有剧毒，但它并不会主动攻击。条纹蜘蛛结的网更牢固一些，如果碰到重量级的猎物，蜘蛛网也足以将其束缚住。

我还看见条纹蜘蛛坐在网中央向各个方向伸展着腿脚，这样就能更灵敏地感知各个方向传来的动静。等做好充分准备，它便只需要静静等待了。如果运气足够好，就能收获一顿大餐，但很多时候只有一些小飞虫粘在网上。

蝗虫一个不注意便会陷入蜘蛛网，失去平衡，可蜘蛛网无法承受强烈的冲撞，很快就裂开了一个洞。我原本以为蝗虫能逃之夭夭，但事

实上并没想象中那么容易。虽然它的体型很大，还有一双力量很强的大腿，可它生还的概率并不大。条纹蜘蛛也没有急于享受晚餐，它要先完成餐前活动——迈开腿接近落网者，然后再发动身体的丝囊用力制造蛛丝，同时用两条后腿牢牢地缠住蝗虫。

当白丝网里的囚徒决定放弃抵抗、坐以待毙的时候，蜘蛛就会得意扬扬地向它走去。条纹蜘蛛有一个比角斗士的三叉戟还厉害的武器，那就是它的毒牙。它用毒牙咬住蝗虫，美滋滋地饱餐一顿，然后回到网中央，继续等待下一个送上门的猎物。

狼　蛛

　　不管在世界上哪个地方，蜘蛛的名声都向来不好。人们之所以觉得蜘蛛可怕，可能和它丑陋的外表有关，但真实的情况和我们想象的也有出入。如果你仔细观察就会知道，蜘蛛非常勤快，它不仅是个天才的纺织家，还是个狡猾的猎人。不管哪一方面，它都有值得被欣赏的地方。所以，即使不从科学的角度看，蜘蛛仍是一种值得研究的昆虫。

　　当然，蜘蛛还有一个罪名——有毒。它会用两颗毒牙把猎物置于死地。如果只从这一点来看的话，蜘蛛的确是一种让人觉得恐怖的动物，但毒死一只虫子和毒死一个人却是完全不同的概念。无论蜘蛛怎样轻而易举地结束一只虫子的性命，对人类来讲，它也不会造成什么可怕的后果。

　　所以我觉得，其实大部分蜘蛛都很无辜，它们总是因为一些误会而被冤枉。不过，我也要提醒大家，确实有某些种类的蜘蛛有剧毒，比如狼蛛。如果被狼蛛刺到，可能会出现痉挛。狼蛛带有的剧毒能作用于神经，使人身体抽搐。

　　狼蛛腹部有黑色绒毛和褐色条纹，腿部有灰色、白色条纹。它最喜欢隐居在干燥的沙地上。我家花园里的荒地正好是狼蛛筑巢的好地点，院子里大概有二十几个洞穴，每当我从那里经过，总是忍不住向里探望，而每次看到的都是几只闪着凶光的大眼睛。狼蛛居所大概有一尺见方，是由它们的毒牙挖掘而成。巢穴一开始是笔直的，后来才慢慢变得弯曲，洞穴边缘则以各种废料和石子修筑。

　　后来，我决定抓一只带回家好好研究，便躲在洞口模仿蜜蜂的叫声。我以为狼蛛听到后会认为是猎物送上门来，可计划却失败了。伏在洞底的狼蛛隐约听到声音时一度想出来，可是它用鼻子嗅了嗅就完全明白了是个陷阱，因此我的计谋便半途而废。

　　看来想要捉到狼蛛，必须用真正的蜜蜂来做诱饵了。于是，我从家里找来一个大玻璃瓶，把一只土蜂装在里面，然后倒扣在狼蛛巢穴洞口。那只土蜂一开始不停叫唤，挣扎过后忽然发现底下竟然有个洞穴，也许觉得跟自己曾经居住的巢穴很像，便飞了进去，但它万万没想到这种举动是在自取灭亡。

巧合的是，狼蛛也正匆忙赶来。两个冤家在拐弯处相撞，这场战争一触即发，但结局毫无悬念。我将钳子伸进洞穴，把土蜂的尸体拖了出来。对于狼蛛来说，到手的猎物竟然被别人夺走，这让它十分不甘心，悄悄地跟了上来。但对我而言这可是个难得的机会，这家伙终于跑到了我的陷阱里。

我用土蜂引诱它，不仅仅是为了捉它，还想看看它是怎样猎食的。我知道它是那种每天都要吃新鲜食物的昆虫，而不是像甲虫那样吃母亲为它储藏的食物，也不像黄蜂那样以奇特的麻醉术使猎物苟延残喘，使其新鲜地保存两周。狼蛛就像凶残的屠夫，一捉到猎物就会将其活活杀死，然后当场吃掉。

不过，狼蛛要得到猎物确实也不容易，它得冒很大风险，因为有着强有力牙齿的蚱蜢和带有毒刺的蜂随时都可能飞进狼蛛的洞里。说到武器，双方不相上下。除了毒牙，狼蛛没有别的武器。它不像条纹蜘蛛那样吐出丝捆住敌人，唯一的办法就是扑到敌人身上立刻杀死对方。

蟹　蛛

　　前面我们也聊到条纹蜘蛛是个很勤快的动物，为了帮它的卵造窝，一直忘我地工作，可是最终它却没能见到孩子，因为它的寿命实在太短了，冬天还没来临，它就已经支撑不住了，而它的卵要等来年春天才能孵化。

　　另外一种蜘蛛比较长寿，但不会织网，通常只是等猎物靠近时才试图捕捉。这种蜘蛛最与众不同的特点就是它是横着走路的，这一点很像螃蟹，所以它也被人们称为"蟹蛛"。蟹蛛没办法靠织网的方式获取猎物，只能采取耗费体力的方式。它通常会埋伏在花丛后等待猎物，如果看见昆虫，就迫不及待地扑上去咬住猎物的颈部，这一击通常就会置猎物于死地。

　　蟹蛛最喜欢捕捉的猎物是蜜蜂，因为蜜蜂在采集花蜜时太过专心，以至于完全忘记自己周围会有敌人。当蜜蜂正埋头苦干时，没想

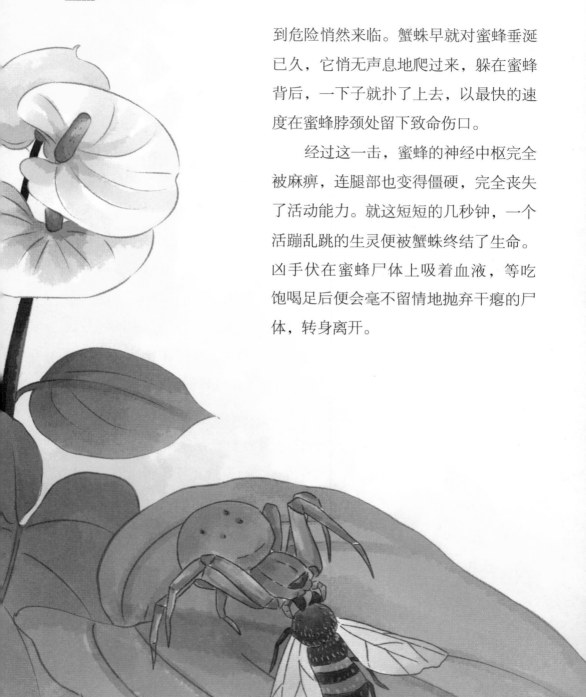

到危险悄然来临。蟹蛛早就对蜜蜂垂涎已久，它悄无声息地爬过来，躲在蜜蜂背后，一下子就扑了上去，以最快的速度在蜜蜂脖颈处留下致命伤口。

经过这一击，蜜蜂的神经中枢完全被麻痹，连腿部也变得僵硬，完全丧失了活动能力。就这短短的几秒钟，一个活蹦乱跳的生灵便被蟹蛛终结了生命。凶手伏在蜜蜂尸体上吸着血液，等吃饱喝足后便会毫不留情地抛弃干瘪的尸体，转身离开。

　　蟹蛛筑巢能力很强。有一次，我发现一株水蜡树上停留着一只蟹蛛，当时它正忙着筑巢。它的白色丝袋还没有封口，看起来像个顶针。白色丝袋做成后，会当作育儿袋使用，盖子上还会配上薄薄的绒毛。做好育儿袋后，它又仔细地用花瓣和丝线建造小屋，育儿袋则被放在一旁。这里阴凉干燥，最适合存放虫卵。

　　产卵后，这位母亲比之前消瘦了不少，几乎完全失去了朝气蓬勃的姿态，一有风吹草动，它就绷起神经，开启备战状态。它迈着长长的腿，以此恐吓不速之客，那狰狞的表情也许真的会把外来者吓得不轻。把鬼鬼祟祟的家伙赶走后，这位母亲重新回到自己的岗位上，继续守护着儿女们。

　　育儿袋被藏在搭建好的小屋子里，蟹蛛母亲站在门前不时地用瘦弱的身体挡着育儿袋，可能它是怕敌人把它的孩子抢走吧。可是，这位母亲已经骨瘦如柴，不管怎么做也是徒劳，为了孩子的安康，它甚至顾不上吃喝。如今，它只是依靠着信念继续守在那里。看到它这样子，我想到了母鸡孵蛋时也是如此紧张兮兮，但不同的是，母鸡至少能够给蛋提供热量，而蟹蛛母亲除了守在孩子周围什么也做不了。

爱好昆虫的孩子

　　现在很多人总爱讨论遗传原理。有人乐于助人，有人拥有超强才能，这些特点总是会被人认为是从祖先那儿遗传而来的。但是，我本人并不赞同这种观点。就拿我本人喜好研究昆虫来说，这一点并不是从任何一位先辈身上遗传而来的。在我的印象里，我的外祖父母和我

的父母，对昆虫向来不感兴趣。

母亲没有接受过像样的教育。父亲进过学校，掌握了读写技能，但成年后被生活所迫，并没有什么空闲时间关注自然领域。也许我生来就对动植物很敏感，能及时观察到令人诧异的奇观。无论我研究动物还是植物，没有任何一个人认为我是受了先辈的影响，唯一督促我前进的是我那旺盛的好奇心和对自然界的热爱。

我们谁都很难预测未来。回顾我的一生，我曾在年轻时花费很多精力学习数学，结果却没有丝毫用处。在我的老年生涯中，动物却成了我的陪伴。

其实不管人类还是动物，都各有自己的天赋。这些昆虫也一样，它们虽然没有学习过专业知识，却生来就会做一些事情。这也许就是生命的魅力吧！

经典名著小书包

姚青锋 主编

给孩子读的国外名著 ①

父与子

[德] 埃·奥·卜劳恩◎著　胡　笛◎译

当代世界出版社

THE CONTEMPORARY WORLD PRESS

图书在版编目（CIP）数据

父与子 /（德）埃·奥·卜劳恩著；胡笛译 . –– 北京：
当代世界出版社 , 2021.7
（经典名著小书包 : 给孩子读的国外名著 . 1）
ISBN 978-7-5090-1580-3

Ⅰ . ①父… Ⅱ . ①埃… ②胡… Ⅲ . ①漫画 – 作品集
– 德国 – 现代 Ⅳ . ① J238.2

中国版本图书馆 CIP 数据核字 (2020) 第 243355 号

给孩子读的国外名著 .1（全5册）

书　　名：父与子
出版发行：当代世界出版社
地　　址：北京市东城区地安门东大街70-9号
网　　址：http://www.worldpress.org.cn
编务电话：（010）83907528
发行电话：（010）83908410（传真）
　　　　　13601274970
　　　　　18611107149
　　　　　13521909533
经　　销：新华书店
印　　刷：三河市德鑫印刷有限公司
开　　本：700毫米×960毫米　　1/16
印　　张：8
字　　数：85千字
版　　次：2021年7月第1版
印　　次：2021年7月第1次
书　　号：ISBN 978-7-5090-1580-3
定　　价：148.00元（全5册）

打开世界的窗口

书籍是人类进步的阶梯。一本好书，可以影响人的一生。

历经一年多的紧张筹备，《经典名著小书包》系列图书终于与读者朋友见面了。主编从成千上万种优秀的文学作品中挑选出最适合小学生阅读的素材，反复推敲，细致研读，精心打磨，才有了现在这版丛书。

该系列图书是针对各年龄段小学生的阅读能力而量身定制的阅读规划，涵盖了古今中外的经典名著和国学经典，体裁有古诗词、童话、散文、小说等。这些作品里有大自然的青草气息、孩子间的纯粹友情、家庭里的感恩瞬间，以及历史上的奇闻趣事，语言活泼，绘画灵动，为青少年打开了认识世界的窗口。

青少年时期汲取的精神营养、塑造的价值观念决定着人的一生，而优秀的图书、美好的阅读可以引导孩子提高学习技能、增强思考能力、丰富精神世界、塑造丰满人格。正如我国著名作家赵丽宏所说："在黑夜里，书是烛火；在孤独中，书是朋友；在喧嚣中，书使人沉

静；在困慵时，书给人激情。读书使平淡的生活波涛起伏，读书也使灰暗的人生荧光四溢。有好书做伴，即使在狭小的空间，也能上天入地，振翅远翔，遨游古今。"

多读书，读好书。希望这套《经典名著小书包》系列图书能够给青少年朋友带来同样的感受，领略阅读之美，涂亮生命底色。

本书主编

2021年5月

目录
CONTENTS

太有趣了

母：去叫儿子出来。

父：吃饭了！吃饭了！

父：太有趣了，这是什么书？

母：你爸爸呢？

母：去，把他叫出来！

父：这书不错，太有趣了！

搞不定

子：这作业太难了！

父：不怕，老爸帮你搞定。

老师：这是你爸爸写的吧？

老师：你爸以前也是我的学生。

父：老师，您怎么来了啊？

父：是！下次我一定认真写。

离家出走

父：站住！看我怎么收拾你！

父：都7点了，儿子怎么还没回来？

父：快9点了，担心死我了。

父：儿子，你去哪儿了？

子：糟糕，玻璃又被打碎了！

父：儿子，你终于回来了。

我要骑大马

父：宝贝，别哭，爸爸陪你玩。

父：那我给你当马骑。

子：马儿，马儿，带我上街去！

路人：这当爸爸的真不容易啊！

子：马儿，马儿，小狗挡住我们了。

父：汪汪！小狗被老爸吓跑了！

"滑板"汽车

父：汽车出故障了。

子：我要去姥姥家。

子：我要去姥姥家！

子：算了，我自己去好了。

子：走了，爸爸！

父：儿子，等等我！

皮箱自己跑了

父：儿子，藏好，别出声！

检票员：先生，您搞错方向了。

父：喔，我真是糊涂了。

检票员：先生！先生！箱子是怎么回事？

父与子

救火

子：怎么回事，这么多烟？

子：不好了！着火了！

子：水来了！

父：臭小子！把老爸的烟都浇灭了！

自作聪明

子：看球！

子：糟了，惹麻烦了。

子：有了，干脆全打碎好了。

子：我把老爸画上去。

子：我很聪明吧？哈哈。

父：奇怪，领结居然会变形？
子：完了，赶紧溜！

加葡萄干的妙招

父：儿子，今天咱们做葡萄干蛋糕。

父：稍等，一会儿就好了。

子：老爸，葡萄干在这儿呢。

父：怎么办呢？蛋糕就快烤好了。

子：老爸，我有办法了！

子：咱们把葡萄干射进蛋糕里。

父：瞄准，射！

剪发

子：我不想理发。呜呜……

父：不哭，爸爸给你表演节目，好
不好？

子：老爸太厉害了！

父：看我的！倒立！

理发师：先生，您的表演太棒了！

理发师：剪完了，怎么样，满意吗？
子：爸爸，好看吗？

小兔子的礼物

父：复活节到啦，把小兔子挂这里。

子：小猪猪，今天对不起了。

子：哈哈！我有钱了！

子：我要多买一些糖果吃！

父：这些糖果是从哪儿弄来的？

子：呜呜，都是小兔子送给我的。

挑战失败

父：这小子居然拿我的烟斗玩。

子：嘻嘻，老爸没发现。

子：站你前面，总该看见我了吧。

子：老爸怎么还没反应啊！

父：小子，就是不理你！

子：呛死我了！这烟斗一点都不好玩！

买四张票

父：今儿天气真好！

父：果子酒，我来尝尝味道怎样。

父：这酒不错，喝了三瓶还不够。

父：儿子，走啦，我们去游乐园。

父：我数数该买几张票啊……
一二三……

父：先生，给我来四张票！

照片里的球赛

售票员：先生，很抱歉，票已经
售完了。

子：伤心，看不成球赛了。

父：儿子，站爸爸肩上，可以拍
照片。

父：快回家看看拍到了什么。

父：赶紧冲洗照片。

父：进了！
子：好球！

大鱼的请假条

父：今天一定能钓到大鱼！

子：祝老爸美梦成真。我先游泳啦。

子：看我咋整你，嘿嘿。

父：儿子，快看，爸爸钓到大鱼了！

父：咱们今天的运气棒棒的。

子：老爸，大鱼请假了。哈哈！

小发明家

父：等一下，小狗要撒尿。

父：小狗又要撒尿了。

父：儿子，再等等，小狗还要撒。

子：真讨厌，为什么不停地撒尿？

子：我帮它做一辆尿尿车吧。

子：啦啦啦，问题解决啦！

越长越矮

父：儿子，老爸给你量量身高。

父：在这做个记号。明年咱们再来。

四季轮回，冬去春来。

父：儿子，你怎么越长越矮了……

没人理睬

劫匪：今天就抢劫他们吧。

劫匪：不许动！把手举起来！

劫匪：打劫！把钱统统拿出来！

劫匪：说你呢，我是劫匪，配合
我一下好吗？

劫匪：喂，再不理我，就崩了你们！

劫匪：哎，真倒霉，居然遇到这
样一个不怕死的主。

本性难改

父：迈开大步向前走！

父：蹲下，起飞！

父：俯冲！加油！

管理员：喂！不要在栏杆上玩耍！

父：好吧，实在抱歉。

父：儿子，他不让咱们在栏杆上玩耍，
那咱们就在栏杆上散步好了。

火拼

子：让你欺负我！

子：爸爸，我被那小子打了。

父：走，咱们算账去！

另一位父亲：你说怎么办吧！

父：怎么办？先吃我一拳！

子：大人也喜欢打架。咱们继续玩。

锻炼成果

父：跟我来！举起来！

父：跟我来！跳起来！

父：跟我来！转起来！

父：手臂伸直，用力！

父：看，这就是爸爸的成果！

子：老爸，这是我锻炼的成果。

玩个够

子：老爸，咱们比赛，看谁扔得远！

子：哇，老爸扔这么远！

子：老爸，只剩最后一块石子了。

父：哎，去哪儿找石子呢？

父：儿子等着，明天老爸给你惊喜。

父：儿子，今天咱们可以玩个够了！

两对父子

父：跟小象玩吧，不用怕。

子：老爸，小象真可爱，它的鼻子好长呢！

父：是啊，它爸爸的鼻子更长呢。

榜样

子：我不要拔牙！不要！

父：男子汉大丈夫，胆子要大一点。

父：老爸给你示范一下。

医：张开嘴巴，啊……

医生：先生，您有一颗蛀牙，必
须要拔掉。

父：等等！别动！我不要拔牙！

嘚瑟的后果

父：哈哈，儿子，看你怎么走！

父：有了！我可以这样走！

子：老爸，你走啊。

子：你慢慢琢磨吧，你输定了！

子：赶快认输吧！

父：臭小子，你牛，我让你嘚瑟！

夕阳长胡子

父：看看今天都有什么新闻。

子：大家瞧好了，我给大家画张有趣的画。

子：这是小船。

子：旁边是波浪。

子：海上落日图，完工啦！

小朋友们：快来瞧，夕阳长胡子了！

甜蜜的梦游

子：想吃糖呢，怎么办？嘿，有了！

父：儿子，怎么还不睡觉？

父：小家伙这是干吗呢？

子：梦游中，请勿打扰！

父：臭小子，原来是想拿糖果啊。

子：成功了！糖果终于到手喽！

胡子好吓人

陌生人：先生，我可以坐这里吗？

父：可以，请坐。

陌生人：咦，怎么变成大胡子了？

陌生人：啊！又变回小胡子了！

陌生人：天啊！又变成大胡子了！

子：爸爸，这位先生怎么一惊一乍的？

真不是我干的

子：小象，想不想吃薄饼啊？

子：想吃就跟着转圈吧。一起来。

父：臭小子，不准欺负小象！

父：好了，小象鼻子复原了。

父：这山羊角是怎么回事？

父：臭小子！是不是你干的？
子：冤枉啊，这次真不是我干的。

再来一次

救生员：别担心，我们正在救你！

父与子：谢谢救生队！

救生员：先补充点能量。

父与子：太好玩了，咱们
再来一次吧！

救生员：啊，怎么又是你们！
父：是啊，太巧了！

莫名其妙挨揍

父：咿呀，咿呀，我要飞……

父：不！不能拔天使的羽毛……

父：啊，这臭小子在干吗？

父：我打打打，竟敢拔天使的羽毛！

地毯上的涂鸦

父：天啊，我的新地毯！

父：臭小子！看我怎么收拾你！

父：我让你长点记性！

父：啊，儿子画得真棒！

父：看我的，爸爸也来试一把。

父：咱们的涂鸦真漂亮！哈哈！

有些人不值得帮

父：我们去帮他一把。

车夫：哈哈，这下我就不用用力了。

车夫：让我休息下，抽根烟。

父：怎么越来越沉了？

父：你这个混蛋！太可恶！

父：不是所有的人都值得帮，
我们走！

爸爸的签字

老师：带回家，让家长签字！

子：分数这么低，这可怎么办？

子：爸爸，我蒙上眼睛也能签名，
你行吗？

父：儿子，这还不简单！

父：看爸爸的签名棒不棒！

子：嘿嘿，签字终于拿到了！

以貌取人

子：爸爸，门口有马粪。

侍者：先生，止步！

侍者：这里不欢迎穷人！

父：狗眼看人！走！咱们换衣服去。

侍者：先生您好，欢迎光临！

侍者：天啊！居然有这样的人！

老枪

父：你老爸当年可厉害啦，看好啦！

父：哎呀，子弹打偏了。

子：咱把靶子挪过来不就中了吗。

子：哇，我好聪明。中了！

偷袭

父：哈哈，你没有打中。

父：看我的，命中目标！

父：你的一号军舰被炸沉了。

父：哈哈，全军覆没！我赢了！

子：海上风暴！你也全军覆没！

父：小子，等会儿看我怎么收拾你！

顽固的苹果

父：这个苹果摇不下来。

父：哎哟！你砸到我了！

父：还差一点儿，快够着了。

父：飞鞋来了！

父：哎呀，鞋子挂在树上了。

父：算了，咱们去买苹果吃！

美好的圣诞节

子：老爸，这是送你的圣诞礼物。

父：儿子的礼物太棒了，爸爸很开心！

父：我们一起唱圣诞歌曲吧。

子：爸爸送的自行车太棒了！

父：儿子送的礼物真不错！

父：臭小子，居然和礼物一起睡着了。

懒马

父与子：骑马真好玩！

父：马儿快走，别停下！

父：快走啊！你这匹懒马！

子：我有办法了！等我。

父：你这匹懒马，太让人失望了！

父：咱们是骑马，还是马骑我们？

善良的儿子

子：老爸，小鸟想吃面包呢。

①

父：小鸟，来吧，给你吃。

②

贵妇：小鸟快来，这儿有更好吃的。

③

子：呜呜，小鸟都跑了。

④

富翁：宝贝，拍完了，咱们走吧。

⑤

子：小鸟，快来吃吧，都给你们。

⑥

冰上留言

子：拉好我的手，咱们一起滑。

哎哟，我的屁股！

滑冰者：眼睛长哪儿了！不会滑就
滚远点！

父：小伙子，别生气，看这是什么！

滑冰者：爱慕虚荣的人。

滑冰者：混蛋，你们气死我了！

父与子

恐怖舞会

子：爸爸，咱们用这个做化装舞会的道具吧？

父：好啊！一起动手吧。

舞会参加者：太恐怖了！那个人的头跑地上了！

天鹅也抽烟

子：天鹅，过来，给你好吃的！

子：还要啊？都给你吧。

父与子：抱歉，已经没有了。

父：太贪心了！

父：来，给你尝尝雪茄！

子：天鹅也会抽烟啊！

自找苦吃

子：狗狗，把它叼回来！

子：漂亮！

陌生人：这狗真听话啊！

陌生人：小狗，把它叼回来！

父与子：抱歉，小狗不听你的话。

陌生人：啊，看来只能自己去捡了。

捉弄兔子

子：看！兔子和它的彩蛋！

子：咱们来逗逗它。

子：彩蛋上可以画爸爸的脸。

兔子：天呀！这是什么！太可怕了！

兔子：救命啊！怪物来了！

爸爸是英雄

劫匪：打劫！快闪开！

子：呜呜，有人把我撞倒了。

劫匪：打劫！都把手举起来！

父：混蛋！居然敢欺负我儿子！

柜员：得救了！这位先生真勇敢！

父：到底怎么回事？

美人鱼

美人鱼：哈喽！可以给我一杯咖啡吗？

父：上来一起坐坐吧。

美人鱼：抱歉呢，我上不去。

父与子：原来是一条美人鱼。

一对活宝

妇人：你看，真是一对活宝！

子：竟敢嘲笑老爸！狗狗过来！

子：我给你的胡子收拾收拾。

子：这会儿还能说什么！

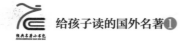

闪电笨狗

子：闪电狗，去把它抓回来！

父：老狐狸！哪里逃！

父：你这笨蛋，怎么把子弹抓回来了！

儿童跷跷板

父：这个跷跷板，真好玩！

子：管理员来了，快把胡子遮起来。

子：这个不好玩，咱们去玩别的吧。

迟来的教训

父：再来一根香蕉。

父：香蕉皮不能乱扔啊！

子：哈哈！那个人好笨！

父：哎哟！

父：谁干的呀？

子：呜呜，以后再也不敢了！

驯马妙招

父：儿子，抓紧啊！

父与子：糟了！

子：老爸，马儿跑得太快，怎么办？

父：有了！咱们绑一块木板上去。

父：再也不怕了！

父：休想甩掉我们！哈哈！

美妙的早晨

父：嘘！大家安静。

父：咱们悄悄把他抬出去。

交警：嘘！大家安静。

子：天啊，我是在做梦吗？

输光了

子：游戏真好玩，我也要玩。

子：老爸，给我一颗纽扣。

子：看我的！哎呀，怎么没中！

子：老爸，再给一颗，这次一定赢回来！

父：又输了！裤子上的也给你！

俩小孩：哈哈，他们连裤子都输了！

出乎意料

子：哇！大鱼！

父：咱们回家做烤鱼吃！

子：鱼儿好可怜，不要杀它！呜呜。

父：那咱们放回去吧。

子：鱼儿回家啦！

父：啊！早知道就不放了……

逃跑的咖啡

子：医生说老爸不能喝咖啡，他就是不听！

子：不行！一定要把咖啡弄走！

父：我的咖啡去哪儿了？

父：咖啡，别跑！等等我！

好心没好报

父：儿子，别打了！

父：咱们要爱护小动物。

父：飞吧，给你自由！

父：哎哟！我的头！

子：我们把它赶走吧？

父：不！我要打死它！

钓鱼狂人

子：爸爸，咱们一起钓鱼吧。

管理员：喂！这里禁止钓鱼！

管理员：我要把你们关起来！

子：老爸，这后面就是小河！

父：咱们接着钓！

管理员：天啊！怎么会这样！

装病

子：爸爸，我发烧了，今天不能上学了。

父：把药喝了，爸爸陪你玩。

父：爸爸给你讲故事好不好？

父：儿子好好休息。爸爸出去忙一下。

子：摇起来！这个吊床太刺激啦！

父：小子，居然装病！给我上学去！

挂镜子

父：镜子可以挂这里。

父：怎么钉不进去。

父：哪里都钉不进去啊！

子：老爸，我来帮你！

父：挂这么高，谁能照到啊！

子：老爸，站我肩上试试！

好心帮倒忙

子：爸爸！有人溺水了！

父：我来救你，你再坚持一下！

运动员：你在干什么？

父：我这是在救你！

运动员：真是莫名其妙！

父：原来他在参加游泳比赛啊……

吓跑大块头

父：今天是植树节，咱们种树去。

父：完工了！回家！

子：老爸，救命！

大块头：让开！我要教训这个臭小子！

父：先打赢我再说！

大块头：天啊！力气太大了！赶紧逃！

迷人的书

售书员：先生，这本书很有趣。

父：慢一点，让爸爸也看看。

子：太精彩了！

父：嗯，确实妙极了！

父：儿子，赶紧去洗澡，爸爸给你收着书。

父：快去洗澡。
子：老爸，这是我的澡盆……

长大后我就成了你

子：我要打扮成老爸的样子。

子：先贴上胡子看看。

子：戴上头套，啊，我成光头了。

子：呜呜，好老，好难看啊！

情不自禁

父：表演开演了，大家安静！

小朋友：加油！加油！打倒魔鬼！

子：啊！英雄输了！

子：我要收拾你，你这坏蛋！

父：臭小子！欠揍！

父：下面表演的是"警察教训坏小孩"！

我们不是兔子

子：老爸，我已经装扮好了！

父：咱们先混进兔子群再说。

父：角度不错。

父：都过来，大家合个影。

子：猎人来了！快跑！

父与子：别开枪！我们不是兔子！

躲过一劫

父：天啊，狮子逃出来了！

父与子：救命啊！

父：快！咱们先藏起来。

子：狮子在你后面！老爸快跑！

狮子：太好玩了！

父：快进屋！

父与子：咱们命大，终于躲过这一劫了。

新年好

父：那人想干什么？

父：儿子快跑！那人追过来了！

陌生人：别跑，等等我！

父与子：哎哟！我的屁股！

陌生人：新年好！这支香槟送给你！

天降美味

父：今晚咱们吃烤鸭！

父：糟了！鸭子刮跑了！

子：我的鸭子！

妻子：家里就剩这点吃的了。

丈夫：老天有眼，烤鸭来了！

父：他们那么开心，就送给他们好了。

意外收获

父：臭小子，我要教训教训你！

父：你给我站住！

父与子：哎哟！

父：这里好滑啊！

父：哈哈！太好玩了！

父与子：好玩！好玩！

会魔术的书

子：爸爸，你的领带真好看。

父：儿子，我的手套去哪儿了？

父：手套到底放哪儿了？

书贩：奇书，奇书，有求必应！

父：我试试灵不灵。

父：手套找到了，真是太神奇了！

父与子

越长越大

海员：小朋友，送给你了，好好
养啊。

子：吃吧，吃吧，小鱼。

子：天啊，鱼缸盛不下了！

父：这鱼长这么快啊！

父：这鱼越来越能吃了！

父：天啊，这究竟是什么鱼？

幸福的继承人

律师：你们是合法的继承人。

律师：这笔遗产都是你们的。

子：这里真是太酷了！

子：老爸，我们还有仆人呢。

子：老爸，他们走了！

父：哈哈！幸福来得太突然！

节俭和浪费

子：老爸，车上掉下好多煤块啊。

父：快去推车来。

父：咱们可不能浪费。

父：司机吗？快开车过来。

父：今天咱们收获可真不小啊。

被嘲笑的绅士

裁缝：先生，您这样看起来很绅士！

父：穿体面点儿，咱们也是有钱人了。

子：太爷爷、爷爷，我们来看你们了。

曾祖父：儿子，快来瞧！这俩大傻瓜！

爷爷：哈哈！这打扮像什么？

父：什么绅士！还是做自己最舒服！

鬼怪很无奈

鬼：我是鬼！

鬼：我凶的很！

鬼：我可以摘下自己的头！

子：看我的！射门！

鬼：我的头！疼死我了！

子：别走啊，鬼先生，咱们再玩会儿！

忠诚的仆人

子：爸爸！快救我！

父：赶紧救我儿子！

仆人：遵命！

子和仆人：救命！救命！

父：不会游泳就别跳下去！

仆人：是！先生！遵命！

书上说了没用

父：儿子，爸爸发现了一本好书。

父：书上说不能体罚孩子。

父：即便孩子犯了错，也不能动手。

父：书上还说……

父：臭小子！你给我站住！

子：哼！书上说的都没用！

更伤感的乐曲

父：先生，请给我们演奏一曲。

父与子：好感人啊。

父：这是给你的小费。

父：能借你的琴用用吗？

小提琴师：真是太让人伤感了。

小提琴师：这些都给你吧。

尽职的仆人

父：可以陪我一起练拳吗？

子：开始吧！

父：请出拳吧！

仆人：遵命，先生。

仆人：很抱歉，先生。

父：他是拳击高手啊！

大善人

乞丐：没钱了，可怜可怜我吧！

父：这些钱，全部都给你。

乞丐：哈！这家伙真慷慨！我赚大了！

一夜之后……

父：这家伙真气派！还请了伴奏师呢！

海上漂流

子：度假去喽！

子：老爸！看！有人溺水了！

父与子：我们去救他！

子：原来是块指示牌呀！

子：老爸，我们这是要去哪儿啊？

饥饿合奏曲

父：终于到岸了。

父与子：好饿啊！

子：那个木箱里不会有吃的吧？

子：咱们撬开看看！

子：原来是一架钢琴。

父：我们来弹一首"饥饿合奏曲"吧。

儿子有火柴

父：爸爸用琴弦给你做把弓箭。

子：哇！我们有肉吃了！

子：老爸，你这是在干吗？

父：钻木取火啊！

父：我再试一试。

子：老爸，需要火柴吗？哈哈！

海上的回信

父：咱们来写封求救信。

子：老爸，使劲儿扔！

父：希望有人能看到信。

六个星期过去了……

子：哇！回信啦！

父与子收：请写清具体位置，老师
　　　　　迈克。

父子和豹

子：爸爸！它快被蛇吃掉了！

父：咱们来帮它一把！

父与子：哎哟！

子：老爸，这是什么啊？

父：是花豹！儿子快跑！

海盗来袭

待在荒岛上，想念亲人了。

子：爸爸！那边有条船！我们得
　　救啦！

父与子：我们终于可以回家了！

海盗：把钱统统交出来！

海盗：今天收获不错，哈哈。

父与子：可恶的海盗！真倒霉！

捕鱼神器

父：这里鱼真多！

父：咱们下去捕鱼吧。

父：裤脚扎上，咱们做个渔网。

子：鱼儿，鱼儿，快快进来！

子：这个捕鱼神器真好用！

子：吃烤鱼喽！

独木舟沉了

父：加油！快要砍倒了！

父：可以造一只小船呢。

父：儿子，一起用力推！

父：快要进入大海了。

子：呜呜，居然沉入海底了！

捉住了爸爸

子：小羊，别跑！我要抓住你！

父：咱们先做一个木锹。

父：然后挖个坑，就可以抓羊了。

父：铺上树叶，就等小羊上钩。

子：老爸，你在哪儿？

父：咩！咩！咩！老爸在这里！

不送信的鸽子

子：鸽子，求你了，一定要把信送出去。

子：绑好了，拜托啦！

父与子：去吧！赶紧飞吧！

父与子：你快点飞啊！

父：你这个不称职的家伙！

子：真香啊！

可恶的小鸟

父：儿子，咱们有希望了！

父：小麦成熟以后，就可以播种了！

父：这里将长出一大片麦田。

父：有了麦子，咱们就可以做面包和汉堡。

子：老爸，小鸟！咱们的希望破灭了！

打猎不开心

子：老爸快来，发现一只兔子。

子：耶！打中喽！

子：小兔子死了……

父与子：呜呜，小兔子真可怜。

荒岛邮局

父：快看，飘来一个大木箱！

父：哈哈！原来是箱啤酒。

父：太棒了！

子：欢迎光临！漂流瓶邮局开张喽！

废船

父：风暴来了。

父：啊！冲上来一艘船！

父：过去看看里面有什么！

子：哇塞！这么多东西啊！

父：我们有新家啦！

可爱的勋章

父：马蜂！别过来！

父：哎哟！哎哟！

子：老爸怎么了？

父：海底这么多小动物呀。

父：嘿，这世界真精彩。

子：长官，你的勋章好可爱呀！敬礼！

获救

子：老爸，快点下来！

父：好的，马上就来。

子：老爸，你的衣服飞走了！

舰长：上去看看，到底怎么回事了。

父与子：救救我们！

子：终于可以回家喽！

被赶下潜艇

舰长：我来领你们参观参观。

子：这东西好神奇！

怎么回事？

舰长：你这臭小子！快住手！

天啊！

舰长：给我滚！这里不欢迎你们！

回家了

仆人：臭乞丐！赶紧走开！

父：看看我是谁？

仆人们：啊？先生，欢迎回来！

父：洗个热水澡真舒服！

子：大餐来啦！

父与子：吃的太饱了！

巧戴眼镜

子：爸爸，这里有副眼镜。

子：老爸能看清吗？

父：我把眼镜往前移移看。

父：现在可以了。

子：我有办法了！

子：老爸戴眼镜简直帅呆了！

父亲的误会

子：爸爸，危险！

子：小蛇，快滚开！

子：你还敢咬我！看怎么教训你！

父：哎哟！我的头！

子：终于打跑喽！

父：臭小子！把我们的午餐搞哪儿去了？

给儿子庆生

父：儿子，祝你生日快乐！

父：一起跳起来！

子：嘿！我们比老爸重！

父：唱起来！跳起来！

路人：当父亲真不容易啊。

子：再见了，朋友们！

屁股变脸

摄影师：注意，开始拍照了。

父：咱们来个特别的姿势！

摄影师：咦，脸在哪里？

摄影师：怎么办？只能这样了。

父：照片洗好了吗？

子：这是屁股还是脸？

帮儿子的忙

父：臭小子，在干吗？

父：要不要老爸帮忙？

子：好啊，爸爸一起来！

父：哎哟，用力！

子：我先撤了。

父：臭小子！你给我站住！

酒后剃须

父：胡子该刮了。

父：嗯，先涂点泡沫。

父：磨好剃刀，接着来。

父：慢一点，我要刮仔细一点。

父：怎么还是老样子！气死我了！

子：老爸又酒后剃胡子了吧？

快乐骑行团

子：老爸，我也要骑！

父：儿子危险！别闹！

子：不嘛！我就要！

哎哟！

父与子：我们是快乐的骑行团！

愿望实现了

子：希望他可以很快收到。

子：爸爸，使劲儿扔远点！

父：好的！

游泳者：哎哟！我的头！

父：他不会就是漂流瓶的发明者吧？

当众惹事

父：哎呦！谁在踢我？

父：你敢踢我屁股！

子：敢动我老爸！该打！

陌生人：警官，这两个家伙打我！

警察：故意挑衅，我要罚你们！

父：天啊！明明是他先动的手！

109

荡秋千更好

父：儿子，过来看西洋镜。

子：这有什么好看的！

子：嘿！我有办法了！

子：等会儿就可以荡秋千了。

父：啊？荡秋千对身体好。

父：儿子，我们这就去荡秋千！

父与子

真假父子

父：这么多蜡像啊。

父：啊，居然和我们长得一模一样。

父：竟然把我当成蜡像了。

保洁员：哎哟！

保洁员：刚才是谁踢的我？

子：爸爸快跑！哈哈！

竟然中奖

父：儿子，咱们要拿下一等奖！

父：瞄准，射！

父：真伤心，居然没射中，走吧！

子：哈哈！不小心让我射中了！

子：奖品到手啦！真高兴！

发明风暴

能下棋的领带

蒸汽动力咖啡壶

带锁的衣服

捡东西不用再弯腰了

翻领式
低帮皮鞋

无顶帽子

父与子陷入创意发明中。

真相揭晓

子：这个把戏，我应该也能做到！

子：今天给老爸露一手！

观众：天啊！这个表演真蹩脚！

父：这是摔东西！算什么表演！

父：这个杂技演员是从哪儿来的？

父：臭小子！原来是你啊！

两个怪物

父：儿子，我现在力大无穷！

子：老爸，我现在身轻如燕！

路人：快看，那边过来两个怪物！

主人公

父：儿子，坐下休息会儿。

子：这些人盯着我们干什么？

群众：这不是书里的主人公吗？

父：哼！怪了，真是莫名其妙！

父与子出名了

子：爸爸，那是我们形象的烟灰缸。

子：哈哈！我们成代言人了！

父：啊，这是我们的演出团吗？

父：天啊，怎么都在模仿我们啊？

父：原来是些假头套！

子：唉，出名真不好玩呢。

再见，朋友们

亲爱的朋友们，再见。

子：老爸，咱们去哪儿呀？

父：儿子，我们要离开地球。

他们手牵着手一起走向云端。

六个星期后……

父：你是最亮的一颗星。我爱你。
子：老爸，我也爱你。